中国机械工业教育协会"十四五"普通高等教育规划教材

西门子 S7-1500 PLC 技术及应用

主　编　陈建明
副主编　赵明明　白　磊
参　编　郭香静　王成凤

机械工业出版社

本书贯彻了基本概念、工作原理与实际工程应用不可分割的理念，内容包含原理解析与应用实践两部分，特色鲜明。在 PLC 部分，本书以目前较为先进的西门子 S7-1500 PLC 为对象，结合 TIA 博途 V16 软件，从系统结构、基本模块、基本配置和基本指令等基本内容开始，逐步深入到硬件组态、PROFINET 接口配置、分布式 I/O 参数配置、编程与仿真等技术环节，最后以丰富多样的实际案例进一步讲解、示范真实工程应用，旨在帮助读者由浅入深、循序渐进地掌握 PLC 技术，实现轻松学习。

本书注重工程应用导向，讲解透彻、通俗易懂、图文并茂。本书可作为高等院校自动化、电气技术及相近专业的"现代电气控制""可编程控制器及技术"或类似课程的教材，同时也适合广大从事自动化、智能控制领域的技术人员阅读和学习。

本书提供的相关资源可在机械工业出版社教育服务网（www.cmpedu.com）下载。

图书在版编目（CIP）数据

西门子 S7-1500 PLC 技术及应用／陈建明主编．
北京：机械工业出版社，2024.8. --（中国机械工业教育协会"十四五"普通高等教育规划教材）． -- ISBN 978-7-111-76324-6

Ⅰ．TM571.61

中国国家版本馆 CIP 数据核字第 2024WM9484 号

机械工业出版社（北京市百万庄大街 22 号　邮政编码 100037）
策划编辑：王雅新　　　　　责任编辑：王雅新　刘琴琴
责任校对：郑　婕　陈　越　封面设计：张　静
责任印制：邓　博
北京盛通印刷股份有限公司印刷
2024 年 9 月第 1 版第 1 次印刷
184mm×260mm・16.75 印张・412 千字
标准书号：ISBN 978-7-111-76324-6
定价：49.80 元

电话服务　　　　　　　　　网络服务
客服电话：010-88361066　　机　工　官　网：www.cmpbook.com
　　　　　010-88379833　　机　工　官　博：weibo.com/cmp1952
　　　　　010-68326294　　金　书　网：www.golden-book.com
封底无防伪标均为盗版　　　机工教育服务网：www.cmpedu.com

前言

西门子工业自动化集团于 2010 年发布全集成自动化软件"TIA 博途"(TIA Portal),通过 TIA Portal,可以不受限制地访问西门子的完整数字化服务系列,从数字化规划和一体化工程到透明地运行。新版本通过仿真工具等来缩短产品上市时间,通过附加诊断及能源管理功能提高工厂生产力,并通过连接到管理层来提供更大的灵活性。TIA Portal 是数字化企业实现自动化的理想途径,TIA Portal 与 PLM 和 MES 一起,构成数字化企业套件的一部分。本书采用博途 V16 及其以上版本介绍西门子 S7-1500 PLC 的硬件配置和编程思想,具有极强的针对性、可读性和实用性。

电气控制与 PLC 应用是综合了继电-接触控制技术、计算机技术、自动控制技术和通信技术的一门新兴技术,应用十分广泛。由于电气控制与可编程控制器本是起源于同一体系,只是发展的阶段不同,在理论和应用上是一脉相承的。

本书共有 9 章。第 1 章通过介绍可编程控制器的基本组成和工作原理,了解 PLC 在控制系统中的作用以及以 PLC 为核心的控制系统的特点;第 2、3 章介绍 S7-1500 PLC 基本模块、开发环境以及硬件配置;第 4 章从数据类型、存储区与寻址和程序块出发,着重介绍位逻辑运算指令、定时器和计数器指令、数据操作指令、数学函数指令,简单介绍工艺指令和通信指令,最后通过电动机的起、停控制程序的仿真来介绍 S7-1500 PLC 仿真器 (S7-PLCSIM V16);第 5 章介绍 S7-1500 PLC 的通信及其应用,包括通信基础、I-Device 智能设备、S7-1500 PLC 与驱动器的 PROFINET 通信、S7-1500 PLC 与人机界面,以及 S7-1500 PLC 与第三方设备的通信;第 6 章重点介绍常用工艺指令的应用,包括 PID 控制的功能与编程、计数模块的功能与编程、运动控制的功能与编程;第 7 章介绍 S7-1500 PLC 的上位机 WinCC RT,包括组态计算机的设置、运行计算机的设置、项目下载与运行以及 OPC UA 在 WinCC RT 上的应用;第 8 章介绍可编程控制器系统设计与应用,一方面介绍 PLC 控制系统设计的原则与方法、基于 TIA 博途软件的工程项目创建,另一方面介绍 PLC 输入输出模块的接线、PLC 应用的典型环节及设计技巧,最后通过案例介绍 PLC 在工业控制中的应用;第 9 章简要介绍项目资料的打印与归档。

本书可作为高等院校自动化、电气技术及相近专业的"现代电气控制""可编程控制器及技术"或类似课程的教材,也可作为电子技术、电气技术、自动化技术等工程技术人员的参考书。

郑州西亚斯学院陈建明教授担任本书的主编,华北水利水电大学赵明明、白磊老师担任本书的副主编，华北水利水电大学郭香静、王成凤老师参与编写。在编写过程中，西门子（中国）有限公司、河南省自动化类专业教学指导委员会、河南省科技协会的相关技术人员给予了很大的支持，并提供了许多工程实例，在此一并表示感谢。

限于篇幅及编者的水平，在内容上若有局限和欠妥之处，竭诚希望同行和读者提出宝贵的意见。

编　者

目 录

前言
第1章 可编程控制器基础 ………… 1
  1.1 可编程控制器概述 …………………… 1
    1.1.1 可编程控制器的产生与发展 ……… 1
    1.1.2 可编程控制器的特点 ……………… 3
    1.1.3 可编程控制器的组成及分类 ……… 4
  1.2 可编程控制器的工作原理 …………… 7
    1.2.1 可编程控制器的等效电路 ………… 7
    1.2.2 可编程控制器的工作过程 ………… 8
  1.3 可编程控制器的硬件基础 …………… 9
    1.3.1 可编程控制器的I/O单元 ………… 10
    1.3.2 可编程控制器的系统配置 ………… 11

第2章 S7-1500 PLC的系统配置与开发环境 ………………………………… 13
  2.1 S7-1500 PLC ………………………… 13
    2.1.1 S7-1500 PLC概述 ………………… 14
    2.1.2 S7-1500 CPU简介 ………………… 14
    2.1.3 电源选型 …………………………… 16
  2.2 S7-1500 PLC功能模块 ……………… 17
    2.2.1 信号模块 …………………………… 17
    2.2.2 通信模块 …………………………… 21
    2.2.3 工艺模块 …………………………… 22
  2.3 S7-1500 PLC开发环境 ……………… 24
    2.3.1 博途软件概述 ……………………… 24
    2.3.2 博途软件安装 ……………………… 25
    2.3.3 博途PLCSIM仿真软件 …………… 30

第3章 S7-1500 PLC的硬件配置 …… 33
  3.1 硬件配置基本流程 …………………… 33
    3.1.1 硬件配置的功能 …………………… 33
    3.1.2 配置一个S7-1500 PLC设备 ……… 34
    3.1.3 配置S7-1500 PLC的中央机架 …… 34
  3.2 CPU的参数配置 ……………………… 37
    3.2.1 常规配置 …………………………… 38
    3.2.2 PROFINET接口配置 ……………… 38
    3.2.3 CPU的启动 ………………………… 44
    3.2.4 CPU循环扫描 ……………………… 45
    3.2.5 通信负载 …………………………… 46
    3.2.6 系统和时钟存储器 ………………… 46
    3.2.7 显示屏的功能 ……………………… 47
  3.3 I/O模块的硬件配置 ………………… 48
    3.3.1 数字量输入模块参数配置 ………… 48
    3.3.2 数字量输出模块参数配置 ………… 50
    3.3.3 模拟量输入模块参数配置 ………… 54
    3.3.4 模拟量输出模块参数配置 ………… 58
  3.4 分布式I/O参数配置 ………………… 62
    3.4.1 分布式I/O设备 …………………… 62
    3.4.2 配置ET200MP接口模块 ………… 63
    3.4.3 PROFINET I/O模式下的DI组态 ………………………………… 64
    3.4.4 PROFINET I/O模式下的DQ组态 ………………………………… 68
  3.5 硬件配置的编译与下载 ……………… 70
    3.5.1 硬件配置的编译 …………………… 70
    3.5.2 硬件配置的下载 …………………… 71

第4章 S7-1500 PLC基本指令系统 … 76
  4.1 基本数据类型 ………………………… 76
  4.2 存储区与寻址 ………………………… 80
    4.2.1 存储区的地址表示格式 …………… 80
    4.2.2 系统存储器寻址 …………………… 81
  4.3 程序块 ………………………………… 83
    4.3.1 程序块的类型 ……………………… 83
    4.3.2 OB可实现的功能 ………………… 83

4.3.3 用户程序的结构 ………………… 85
4.4 基本指令 …………………………… 86
　4.4.1 位逻辑运算指令 ………………… 86
　4.4.2 定时器和计数器指令 …………… 90
　4.4.3 比较指令 ………………………… 93
　4.4.4 数学运算指令 …………………… 94
　4.4.5 移动指令 ………………………… 96
　4.4.6 转换指令 ………………………… 97
　4.4.7 程序控制指令 …………………… 98
　4.4.8 字逻辑运算指令 ………………… 99
　4.4.9 移位和循环指令 ………………… 101
4.5 工艺指令与通信指令 ……………… 103
　4.5.1 工艺指令 ………………………… 103
　4.5.2 通信指令 ………………………… 103
4.6 S7-1500 PLC 的仿真 ……………… 105
　4.6.1 启动 S7-PLCSIM 仿真器 ……… 105
　4.6.2 创建和填充 SIM 表格 …………… 109
　4.6.3 创建和填充序列 ………………… 110
　4.6.4 仿真通信功能 …………………… 111

第 5 章　S7-1500 PLC 的通信及其应用 ……………………………… 112

5.1 S7-1500 PLC 通信基础 …………… 112
　5.1.1 通信与网络结构 ………………… 112
　5.1.2 从 PROFIBUS 到 PROFINET …… 113
　5.1.3 S7-1500 PLC 支持的以太网通信服务 …………………………… 114
　5.1.4 S7-1500 PLC PROFINET 设备名称 ……………………………… 116
5.2 I-Device 智能设备 ………………… 117
　5.2.1 在相同项目中配置 I-Device …… 117
　5.2.2 在不同项目中配置 I-Device …… 120
5.3 S7-1500 PLC 与驱动器的 PROFINET 通信 ………………………………… 125
　5.3.1 G120 变频器的速度控制 ……… 125
　5.3.2 V90 伺服驱动器的速度控制 …… 131
5.4 S7-1500 PLC 与 HMI ……………… 135
　5.4.1 精简系列面板 …………………… 135
　5.4.2 精简系列面板的画面组态 ……… 136
5.5 S7-1500 PLC 通信应用 …………… 145

第 6 章　S7-1500 PLC 的工艺指令应用 ……………………………… 149

6.1 PID 控制的功能与编程 …………… 149
　6.1.1 PID 控制概述 …………………… 149
　6.1.2 PID 控制器 ……………………… 150
　6.1.3 PID_Compact 指令的 PID 控制示例 ………………………………… 151
6.2 高速计数模块的功能与编程 ……… 161
　6.2.1 概述 ……………………………… 161
　6.2.2 TM Count 2×24V 模块的计数功能实现 …………………………… 163
6.3 运动控制的功能与编程 …………… 169
　6.3.1 概述 ……………………………… 169
　6.3.2 TM PTO4 模块在运动控制中的应用 ………………………………… 169

第 7 章　S7-1500 PLC 的上位机 WinCC RT …………………………… 177

7.1 组态计算机的设置 ………………… 177
　7.1.1 网络配置 ………………………… 177
　7.1.2 共享配置 ………………………… 179
　7.1.3 项目组态 ………………………… 179
7.2 运行计算机的设置 ………………… 185
　7.2.1 网络配置 ………………………… 185
　7.2.2 共享配置 ………………………… 186
　7.2.3 PG/PC 接口配置 ………………… 186
7.3 项目下载与运行 …………………… 187
　7.3.1 下载 PLC ………………………… 187
　7.3.2 下载 WinCC RT Professional … 187
　7.3.3 项目运行 ………………………… 189
　7.3.4 关于授权 ………………………… 191
7.4 OPC UA 在 WinCC RT 上的应用 … 191
　7.4.1 OPC UA 概述 …………………… 191
　7.4.2 S7-1500 PLC OPC UA 通信功能 ……………………………… 192
　7.4.3 服务器为 WinCC RT 和客户端为精智面板 OPC UA 通信功能 … 199

第 8 章　可编程控制器系统设计与应用 ……………………………… 205

8.1 PLC 控制系统设计 ………………… 205
　8.1.1 PLC 控制系统设计的基本原则 … 205
　8.1.2 PLC 控制系统设计的内容 ……… 205
　8.1.3 PLC 控制系统设计的一般步骤 … 207
8.2 基于 TIA 博途软件的工程项目创建 … 208
　8.2.1 工程项目案例介绍 ……………… 208
　8.2.2 硬件安装与接线 ………………… 209

8.2.3 项目编辑 …………………… 210
8.2.4 项目下载 …………………… 217
8.2.5 项目调试 …………………… 219
8.2.6 监视程序运行 ………………… 220
8.2.7 在线查看故障 ………………… 222
8.3 PLC 输入输出模块的接线 ……… 224
    8.3.1 数字量输入模块 DI 32×24VDC BA ………………………………… 224
    8.3.2 数字量输出模块 DQ 32×24VDC/ 0.5A HF …………………………… 224
    8.3.3 模拟量输入模块 AI 8×U/I/RTD/TC ST ………………………………… 226
    8.3.4 模拟量输出模块 AQ 8×U/I HS ……………………………… 226
8.4 PLC 应用的典型环节及设计技巧 …… 229
8.5 PLC 在工业控制中的应用 ……… 233
    8.5.1 S7-1500 PLC 控制液体混料机 …… 234
    8.5.2 S7-1500 PLC 控制的工业识别系统 ……………………………… 236

第 9 章 项目资料的打印与归档 …… 250
9.1 打印功能与内容 ……………… 250
    9.1.1 打印功能 …………………… 250
    9.1.2 打印设置 …………………… 251
    9.1.3 框架与封面选择 ……………… 253
    9.1.4 文档信息设置 ………………… 254
    9.1.5 打印预览 …………………… 255
9.2 归档和恢复项目 ……………… 256
    9.2.1 项目归档方法 ………………… 256
    9.2.2 项目恢复 …………………… 257

参考文献 …………………………… 258

第1章

可编程控制器基础

本章内容包括可编程控制器产生的背景、特点、组成、发展以及可编程控制器工作的一般原理。通过对本章的学习，掌握可编程控制器的基础知识，有利于后面章节的学习。

本章主要内容：
- 可编程控制器产生的背景、特点、性能指标以及今后的发展方向。
- 可编程控制器的硬件组成形式。
- 可编程控制器的软件及工作过程。

本章重点内容是对可编程控制器工作原理的熟悉和掌握。

1.1 可编程控制器概述

可编程控制器是计算机家族中的一员，是为工业控制应用而设计制造的一种专用计算机。

可编程控制器（Programmable Controller，PC）经历了可编程序矩阵控制器（PMC）、可编程序顺序控制器（PSC）、可编程序逻辑控制器（Programmable Logic Controller，PLC）和可编程控制器（PC）几个不同时期。为与个人计算机（Personal Computer，PC）相区别，现在仍然沿用 PLC 这个老名字。

1987 年国际电工委员会（International Electrotechnical Commission，IEC）颁布的 PLC 标准草案中对 PLC 做了如下定义：

"PLC 是一种专门为在工业环境下应用而设计的数字运算操作的电子装置。它采用可以编制程序的存储器，用来在其内部存储执行逻辑运算、顺序运算、计时、计数和算术运算等操作的指令，并能通过数字式或模拟式的输入和输出，控制各种类型的机械或生产过程。PLC 及其有关的外围设备都应该按易于与工业控制系统形成一个整体，易于扩展其功能的原则而设计。"

1.1.1 可编程控制器的产生与发展

可编程控制器的兴起与美国现代工业自动化生产发展的要求密不可分。在可编程控制器出现以前，工业电气控制领域中，继电器控制占主导地位，应用广泛。但是继电器控制系统存在体积大、可靠性低、排查故障困难等缺点，特别是其接线复杂、不易更改，对生产工艺变化适应性差。

1968年美国通用汽车公司（GM）为了适应汽车型号不断更新、生产工艺不断变化的需求，实现小批量、多品种生产，希望能有一种新型工业控制器，当生产工艺改变时，它能做到尽可能减少重新设计和更换电器控制系统及接线，以降低成本，缩短周期。于是就设想将计算机功能强大、灵活、通用性好等优点与电器控制系统简单易懂、价格便宜等优点结合起来，制成一种通用控制装置，而且这种装置采用面向控制过程、面向问题的"自然语言"进行编程，使不熟悉计算机的人也能够快速掌握使用。通用汽车公司提出了著名的"GM十条"，1969年美国数字设备公司（DEC）根据通用汽车公司的这种要求，研制成功了世界上第一台可编程控制器"PDP-14"，并在通用汽车公司的自动装配线上试用，取得很好的效果。从此这项技术迅速发展起来。

早期的可编程控制器仅有逻辑运算、定时、计数等顺序控制功能，只能用来取代传统的继电器控制，通常称为可编程控制器。随着微电子技术和计算机技术的发展，20世纪70年代中期微处理器技术应用到PLC中，使PLC不仅具有逻辑控制功能，还增加了算数运算、数据传输和数据处理等功能。

20世纪80年代以后，随着大规模、超大规模集成电路等微电子技术的迅速发展，16位和32位微处理器应用于PLC中，使PLC得到迅速发展。PLC不仅控制功能增强，同时可靠性提高，功耗、体积减小，成本降低，编程和故障检测更加灵活方便，而且具有通信和联网、数据处理和图像显示等功能，使PLC真正成为具有逻辑控制、过程控制、运动控制、数据处理、联网通信等功能的名副其实的多功能控制器。

自从第一台PLC出现以后，日本、德国、法国等也相继开始研究PLC，并得到了迅速的发展。目前，世界上有200多家PLC厂商，400多种PLC产品，按地域可分成美国、欧洲和日本等3个流派产品，各流派PLC产品都各具特色，如日本主要发展中小型PLC，其小型PLC性能先进、结构紧凑、价格便宜，在世界市场上占有重要地位。著名的PLC生产厂家主要有美国的A-B（Allen-Bradley）公司、GE（General Electric）公司，日本的三菱电机（Mitsubishi Electric）公司、欧姆龙（OMRON）公司，德国的AEG公司、西门子（Siemens）公司，法国的TE（Telemecanique）公司等。

推动PLC技术发展的动力主要来自两个方面，第一是企业对高性能、高可靠性自动控制系统的客观需要和追求，例如关于PLC最初的性能指标就是由用户提出的。第二是大规模及超大规模集成电路技术的飞速发展，微处理器性能的不断提高，为PLC技术的发展奠定了基础并开拓了空间。这两个因素的结合，使得当今的PLC控制器在对高性能的追求上，主要体现在以下几个方面。

（1）向高集成、高性能、高速度、大容量发展

微处理器技术、存储技术的发展十分迅猛，功能更强大，价格更便宜，研发的微处理器针对性更强。这为可编程控制器的发展提供了良好的环境。大型可编程控制器大多采用多CPU结构，不断地向高性能、高速度和大容量方向发展。

在模拟量控制方面，除了专门用于模拟量闭环控制的PID指令和智能PID模块，某些可编程控制器还具有模糊控制、自适应、参数自整定功能，使调试时间减少，控制精度提高。

(2) 向普及化方向发展

由于微型可编程控制器的价格便宜、体积小、重量轻、能耗低，很适合于单机自动化，它的外部接线简单，容易实现或组成控制系统等优点，它在很多控制领域中得到广泛应用。

(3) 向模块化、智能化发展

可编程控制器采用模块化的结构，方便了使用和维护。智能 I/O 模块主要有模拟量 I/O、高速计数输入、中断输入、机械运动控制、热电偶输入、热电阻输入、条形码阅读器、多路 BCD 码输入/输出、模糊控制器、PID 回路控制、通信等模块。智能 I/O 模块本身就是一个小的微型计算机系统，有很强的信息处理能力和控制功能，有的模块甚至可以自成系统，单独工作。它们可以完成可编程控制器的主 CPU 难以兼顾的功能，简化了某些控制领域的系统设计和编程，提高了可编程控制器的适应性和可靠性。

(4) 向软件化发展

编程软件可以对可编程控制器控制系统的硬件组态，即设置硬件的结构和参数，例如设置各框架各个插槽上模块的型号、模块的参数，各串行通信接口的参数等。在屏幕上可以直接生成和编辑梯形图、指令表、功能块图和顺序功能图程序，并可以实现不同编程语言的相互转换。可编程控制器编程软件有调试和监控功能，可以在梯形图中显示触点的通断和线圈的通电情况，查找复杂电路的故障非常方便。历史数据可以存盘或打印，通过网络或 Modem 卡，还可以实现远程编程和传送。

个人计算机（PC）的价格便宜，有很强的数学运算、数据处理、通信和人机交互的功能。目前已有多家厂商推出了在 PC 上运行的可实现可编程控制器功能的软件包，如亚控公司的 KingPLC。"软 PLC"在很多方面比传统的"硬 PLC"有优势，有的场合"软 PLC"可能是理想的选择。

(5) 向通信网络化发展

伴随科技发展，很多工业控制产品都加设了智能控制和通信功能，如变频器、软启动器等。可以和现代的可编程控制器通信联网，实现更强大的控制功能。通过双绞线、同轴电缆或光纤联网，信息可以传送到几十公里远的地方，通过 Modem 和互联网可以与世界上其他地方的计算机装置通信。

相当多的大中型控制系统都采用上位计算机加可编程控制器的方案，通过串行通信接口或网络通信模块，实现上位计算机与可编程控制器交换数据信息。组态软件引发的上位计算机编程革命，很容易实现两者的通信，降低了系统集成的难度，节约了大量的设计时间，提高了系统的可靠性。国际上比较著名的组态软件有 Intouch、Fix 等，国内也涌现出了组态王、力控等一批组态软件。有的可编程控制器厂商也推出了自己的组态软件，如西门子公司的 WinCC。

1.1.2 可编程控制器的特点

可编程控制器实际上是面向用户需要，适宜安装在工作现场的、为进行生产控制所设计的专用计算机。因而它和计算机有基本类似的结构，但按其作用它有自己的特点：

1) 编程简单，使用面向控制操作的控制逻辑语言。例如梯形图、顺序功能流程图。生产现场的工人易于掌握和使用它，便于普及和应用。

2) 可靠性高，抗干扰能力强，适于在恶劣的生产环境下运行。它完全不需要一般计算机所要求的环境。因为它采用了很多硬件措施（屏蔽、滤波、隔离等）和软件措施（故障的检测与处理、信息的保护与恢复等），以提高可靠性，适应生产现场的要求。

3）系统采用了分散的模块化结构。这不但使之可针对各类不同控制需要进行组合，便于扩展；也易于检查故障和维修更换，从而大大提高了效率。目前较高档的 PLC 还配有各类智能化模块，如模拟量 I/O 模块，PID 过程控制模块，I/O 通讯模块，视觉输入、伺服及编码专用模块等，大大提高了 PLC 的功能与适应性。

4）由于 PLC 采用了大规模集成电路技术和微处理器技术，故可将其设计得紧凑、坚固、小体积，再加上它的可靠性，PLC 易于装入机械设备内部，实现机电一体化。

5）相对于继电器逻辑控制而言，PLC 可节省大量继电器，故降低了成本且提高了可靠性，而且用程序来执行控制功能，使其灵活易于修改。这一切都大大提高了其性价比。

6）目前，中、高档 PLC 均具有极强的联网通信能力。通过简单的组合可连成工业局域网，在网络间通信。并可通过网络连接主控级的计算机，实现计算机集成制造系统，对全厂的自动化生产和管理都能进行控制。

1.1.3 可编程控制器的组成及分类

1. 可编程控制器的组成

PLC 是一种工业控制用的专用计算机，在设计理念上，是计算机技术与继电器控制电路相结合的产物，因而它与工业控制对象有非常强的接口能力。由于 PLC 本质上仍然是一台适合于工业控制的微型计算机，所以它的基本结构和组成也具备一般微型计算机的特点：以中央处理器（CPU）单元为核心，在系统程序（相当于操作系统）的管理下运行。PLC 与控制对象的接口由专门设计的 I/O 部件来完成，通常还需要配以专用的供电电源以及其他专用功能模块。PLC 的基本组成部件如图 1-1 所示。

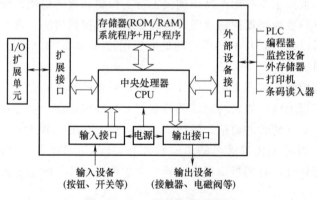

图 1-1 PLC 的基本组成部件

（1）中央处理器单元

中央处理器（Central Processing Unit，CPU）单元是 PLC 的控制核心，负责完成逻辑运算、数字运算以及协调系统内各部分的工作。其主要功能有：

1）接收并存储用户程序和数据。
2）诊断电源故障、硬件故障以及用户程序的语法错误。
3）通过输入接口读取输入设备的状态和数据，并存储到相应的存储区。

4) 读取用户程序指令，循环解释执行用户程序，完成逻辑运算、数字运算、数据传递、存储等任务。

5) 刷新输出映像，将输出映像内容送至输出单元。

PLC 可以有多个 CPU 并行工作，当主 CPU 正常工作时，其他 CPU 处于热备用状态，随时可接替发生故障的 CPU 的工作，大大提高了系统的可靠性。

（2）存储器单元

PLC 的存储器与计算机的存储器很相似。按照存储器的性质不同，存储器单元可分为随机存取存储器（RAM）和只读存储器（ROM）两种。按照存储内容的不同，存储器单元分成系统程序存储器和用户程序存储器。

1) 系统程序存储器。用于存放 PLC 生产厂家编写的系统程序，系统程序在出厂时已经被固化在 PROM 或 EPROM 中。这部分存储区不对用户开放，用户程序不能访问和修改。PLC 的所有功能都是在系统程序的管理下实现的。

2) 用户程序存储器。可分为程序存储器和数据存储器，程序存储器用于存放用户编写的控制程序，数据存储器存放的是程序执行过程中所需要的或者所产生的中间数据，包括输入/输出过程映像、定时器、计数器的预置值和当前值等。用户程序存储器容量的大小才是我们真正关心的，通常情况下，厂家向我们提供的 PLC 存储器容量，若无特别说明，均指用户程序存储器容量。

（3）电源单元

电源单元，负责给 PLC 提供其工作所需的 DC5V 和 DC24V 电源，除了给自身供电外，有些电源单元也可以作为负载电源，通过 PLC 的 I/O 接口向负载提供 DC24V 电源。PLC 的电源一般采用开关电源，输入电压范围宽，抗干扰能力强。电源单元的输入与输出之间有可靠的隔离措施，以确保外界的扰动不会影响到 PLC 的正常工作。

电源单元还提供掉电保护电路和后备电池电源，以维持部分 RAM 存储器的内容在外界电源断电后不会丢失。在面板上通常有发光二极管（LED）作为电源的状态指示灯，便于判断电源工作是否正常。

（4）输入/输出单元

PLC 的输入、输出单元也叫 I/O 单元，对于模块式的 PLC 来说，I/O 单元以模块形式出现，所以又称为 I/O 模块。I/O 单元是 PLC 与工业现场的接口，现场信号与 PLC 之间的联系通过 I/O 单元实现。工业现场的输入和输出信号包括数字量和模拟量两类，因此 I/O 单元也有数字 I/O 和模拟 I/O 两种，前者又称为 DI/DO，后者又称为 AI/AO。

输入单元将来自现场的电信号转换为中央处理器能够接受的电平信号，如果是模拟信号就需要进行 A/D 转换，变成数字量，最后送给中央处理器进行处理；输出单元则将用户程序的执行结果转换为现场控制电平，或者模拟量，输出至被控对象，例如电磁阀、接触器、执行机构等。

作为抗干扰措施，输入、输出单元都带有光电耦合电路，将 PLC 与外部电路隔离。此外，输入单元带有滤波电路和显示，输出单元带有输出锁存器、显示、功率放大等部分。

PLC 的输入单元类型通常有直流、交流、交直流 3 种；输出单元通常有继电器方式、晶体管方式、晶闸管方式 3 种。继电器输出方式可带交直流两种负载，晶体管方式可带直流负载，晶闸管方式可带交流负载。

PLC 的输入、输出单元还应包括一些功能模块，所谓功能模块就是一些智能化了的输入和输出模块。例如温度检测模块、位置检测模块、位置控制模块、PID 控制模块等。

（5）其他接口单元

PLC 的 I/O 单元也属于接口单元的范畴，它完成 PLC 与工业现场之间电信号的往来联系。除此之外，PLC 与其他外界设备和信号的联系都需要相应的接口单元。

1）I/O 扩展接口。I/O 扩展接口用于扩展输入/输出点数，当主机的 I/O 通道数量不能满足系统要求时，需要增加扩展单元，这时需要用到 I/O 扩展接口将扩展单元与主机连接起来。

2）通信接口。在 PLC 的 CPU 单元或者专用的通信模块上，集成有 RS232C 口或 RS485 口等，可与 PLC、上位机、远程 I/O、监视器、编程器等外部设备相连，实现 PLC 与上述设备之间的数据及信息的交换，组成局域网络或"集中管理，分散控制"的多级分布式控制系统。

3）编程器接口。编程器接口是连接编程器的，PLC 本体通常是不带编程器的。为了能对 PLC 编程和监控，PLC 上专门设置有编程器接口。通过这个接口可以接各种形式的编程装置，还可以利用此接口做通信、监控工作。

4）存储器接口。存储器接口是为了扩展存储区而设置的。用于扩展用户程序存储区和用户数据参数存储区，可以根据使用的需要扩展存储器。其内部也是接到总线上的。

5）其他外部设备接口。包括条码读入器的接口、打印机接口等。

2. 可编程控制器的分类

可编程控制器的品种很多，发展也很快，在分类上并没有严格统一的标准，目前较为通行的分类方法有两个：按结构分类和按控制规模分类。

（1）按结构分类

PLC 在结构上主要有两种类型：整体式和模块式。整体式的 PLC 将 CPU 单元、存储器单元、I/O 单元、电源单元都集中安装在一个箱体内，是不可分的，称为主机。主机上通常有编程接口和扩展接口，前者用于连接编程器，后者用于连接扩展单元。整体式 PLC 又称一体化的 PLC、箱体式 PLC 等。

模块式 PLC 是将各个功能单元制作成独立的模块，如 CPU 模块、数字输入模块、数字输出模块、模拟量输入模块、模拟量输出模块、电源模块以及其他特殊功能模块和智能模块，用户根据控制需要选择相应的模块，将其组装在一起构成完整的 PLC。模块之间的数据传递和信息交换是通过内部总线完成的，因此每个模块都有总线接口，总线的连接形式多种多样，涉及 PLC 的安装形式，具体要参看相关厂家的技术手册。

（2）按控制规模分类

控制规模是 PLC 性能指标之一，习惯上总是用数字量 I/O 点数的多少来衡量 PLC 系统规模的大小。目前关于控制规模的划分方式并不统一，较为细致的划分可以将 PLC 归为微型机（数十点）、小型机（500 点以下）、中型机（500 点至上千点）、大型机（数千点）、超大型机（上万点）等多种级别。也有粗略地划分为小型机（256 点以下）、中型机（256 至 2048 点之间）、大型机（2048 点以上）等级别的。

上述标准主要是基于习惯，但是 PLC 的发展趋势总是在不断地突破人们的习惯，所以上述的划分并不严格，只是大致的，其目的是便于用户在选型时有一个数量级别的概念，从而便于选择，尽量使控制系统的性价比达到最优。

1.2 可编程控制器的工作原理

可编程控制器是基于电子计算机的工业控制器，从 PLC 产生的背景来看，PLC 系统与继电—接触器控制系统有着极深的渊源，PLC 是替代继电—接触器控制系统用于工业控制的一套系统，因此可以比照着继电器系统来学习 PLC 的工作原理。

如图 1-2 所示，一个继电—接触器控制系统必然包含 3 部分：输入设备、逻辑电路、输出设备。输入设备主要包括各类按钮、转换开关、行程开关、接近开关、光电开关、传感器等；输出设备则是各种电磁阀线圈、接触器、信号指示灯等执行元件。将输入与输出联系起来的就是逻辑电路，一般由继电器、计数器、定时器等元件的触点、线圈按照对应的逻辑关系连接而成，能够根据一定的输入状态按照一定的规则输出所要求的控制动作。

基于 PLC 的控制系统也同样包含这 3 部分，唯一的区别是，PLC 是通过通用逻辑电路（硬件）和控制程序（软件）的结合来实现上述的所谓"逻辑电路"的功能，用户所编制的控制程序体现了特定的输入、输出之间的逻辑关系。如图 1-3 所示。

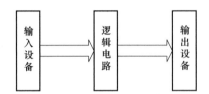

图 1-2 继电—接触器控制系统组成图

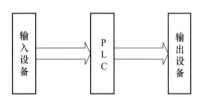

图 1-3 基于 PLC 的控制系统组成图

1.2.1 可编程控制器的等效电路

图 1-4 所示为一个典型的传统继电—接触器控制的电动机起动/停止控制电路，由继电器等元件组成。电路中有两个输入，分别为起动按钮（SB$_1$）、停止按钮（SB$_2$）。接触器 KM 作为输出器件控制被控设备。图中的输入、输出逻辑关系由硬件连线实现。

当用 PLC 作为控制器来完成这个控制任务时，就是用 PLC 替代图 1-4 中的逻辑电路部分实现逻辑控制。可将输入设备接入 PLC，而用 PLC 的输出单元连接驱动输出器件接触器 KM，它们之间要满足的逻辑关系由用户编写程序实现。

与图 1-4 逻辑电路等效的基于 PLC 的控制系统逻辑控制环节如图 1-5 所示，需要注意的是 PLC 仅仅取代了传统继电—接触器控制中的"逻辑电路"部分，而其他的环节仍然保留，即主回路和必要的保护电路保持不变。

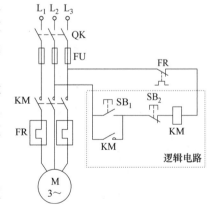

图 1-4 传统电动机起动/停止控制电路

两个输入按钮信号经过 PLC 的接线端子进入输入接口电路，PLC 的输出经过输出接口、输出端子驱动接触器 KM。用户程序所采用的编程语言为梯形图语言。两个输入分别接入

X403 和 X407 端口，输出所用端口为 Y432，图中仅画出 8 个输入端口和 8 个输出端口，实际使用时可任意选用。输入映像和输出映像对应的是 PLC 内部的数据存储器，而非实际的继电器线圈。

以三菱 PLC 指令标识符号为例（其他型号 PLC 的指令标识符号类似），图 1-5 中的 X400~X407、Y430~Y437 分别表示输入、输出端口的地址，也对应着存储器空间中特定的存储位以及对应的接线端子，这些位的状态（ON 或者 OFF）表示相应输入、输出端口的状态。每一个输入、输出端口的地址是唯一固定的，PLC 的接线端子号与这些地址一一对应。由于所有的输入、输出状态都是由存储器位来表示的，它们并不是物理上实际存在的继电器线圈，所以常称它们为"软元件"，它们的常开、常闭触点可以在程序中无限次使用。

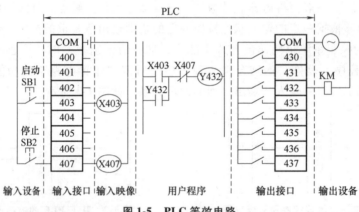

图 1-5　PLC 等效电路

1.2.2　可编程控制器的工作过程

PLC 的工作过程以循环扫描的方式进行，当 PLC 处于运行状态时，它的运行周期可以简单划分为 3 个基本阶段：输入采样阶段、程序执行阶段、输出刷新阶段。

1. 输入采样阶段

在这个阶段，PLC 逐个扫描每个输入端口，将所有输入设备的当前状态保存到相应的存储区，我们把专用于存储输入设备状态的存储区称为输入映像寄存器，图 1-5 中以椭圆（也称作"线圈"）形式标出的 X403、X407，实际上是输入映像寄存器的形象比喻。

输入映像寄存器的状态被刷新后，将一直保存，直至下一个循环才会被重新刷新，所以当输入采样阶段结束后，如果输入设备的状态发生变化，也只能在下一个扫描周期才能被 PLC 接收到。

2. 程序执行阶段

PLC 将所有的输入状态采集完毕后，进入用户程序的执行阶段。所谓用户程序的执行，并非是系统将 CPU 的工作交由用户程序来管理，CPU 所执行的指令仍然是系统程序中的指令。在系统程序的指示下，CPU 从用户程序存储区逐条读取用户指令，经解释后执行相应动作，产生相应结果，刷新相应的输出映像寄存器，期间需要用到输入映像寄存器、输出映像寄存器的相应状态。

当 CPU 在系统程序的管理下扫描用户程序时，按照先上而下、先左后右的顺序依次读取梯形图中的指令。以图 1-5 中的用户程序为例，CPU 首先读到的是常开触点 X403，然后在输入映像寄存器中找到 X403 的当前状态，接着从输出映像寄存器中得到 Y432 的当前状态，两者的当前状态进行"或"逻辑运算，结果暂存；CPU 读到的下一条梯形图指令是 X407 的常闭触点，同样从输入映像寄存器中得到 X407 的状态，将 X407 常闭触点的当前状态与上一步的暂存结果进行逻辑"与"运算，最后根据运算结果得到输出线圈 Y432 的状态（ON 或者 OFF），并将其保存到输出映像寄存器中，也就是对输出映像寄存器进行了刷新。请注意，在程序执行过程中用到了 Y432 的状态，这个状态是上一个周期执行的结果。

当用户程序被完全扫描一遍后，所有的输出映像都被依次刷新，系统进入下一个阶段——输出刷新阶段。

3. 输出刷新阶段

在这个阶段，系统程序将输出映像寄存器中的内容传送到输出锁存器中，经过输出接口、输出端子输出，驱动外部负载。输出锁存器一直将状态保持到下一个循环周期，而输出映像寄存器的状态在程序执行阶段是动态的。

4. 小结

根据上述描述，可以对 PLC 工作过程的特点总结如下：

1）PLC 采用集中采样、集中输出的工作方式，这种方式减少了外界干扰的影响。

2）PLC 的工作过程是循环扫描的过程，循环扫描时间的长短取决于指令执行速度、用户程序的长度等因素。

3）输出对输入的响应有滞后现象。PLC 采用集中采样、集中输出的工作方式，当采样阶段结束后，输入状态的变化将要等到下一个采样周期才能被接收，因此这个滞后时间的长短又主要取决于循环周期的长短。此外，影响滞后时间的因素还有输入电路滤波时间、输出电路的滞后时间等。

4）输出映像寄存器的内容取决于用户程序扫描执行的结果。

5）输出锁存器的内容由上一次输出刷新期间输出映像寄存器中的数据决定。

6）PLC 当前实际的输出状态由输出锁存器的内容决定。

除了上面总结的 6 条外，需要补充说明的是，当系统规模较大、I/O 点数众多，用户程序比较长时，单纯采用上面的循环扫描工作方式会使系统的响应速度明显降低，甚至会丢失、错漏高频输入信号，因此大多数大中型 PLC 在尽量提高程序指令执行速度的同时，也采取了一些其他措施来加快系统响应速度。例如采用定周期输入采样、输出刷新，直接输入采样、直接输出刷新（详见基本指令中的立即指令介绍），中断输入、输出，或者开发智能 I/O 模块。该模块本身带有 CPU，可以与主机的 CPU 并行工作，分担一部分任务，从而加快整个系统的执行速度。

1.3　可编程控制器的硬件基础

I/O 单元是组成 PLC 系统的重要环节，本节以介绍 I/O 单元的硬件电路为主，在此基础上简单介绍 PLC 系统的硬件配置。应当说明的是，不同 PLC 在硬件的具体实现方案上总是有区别的，本节的任务是讨论一般性的原理，而非某一具体型号的结构特征。

1.3.1 可编程控制器的 I/O 单元

PLC 的输入、输出部分，可以分为数字 I/O（DI/DO）和模拟 I/O（AI/AO）两大类。

1. 数字量 I/O（DI/DO）

PLC 一般总是将输入、输出分成若干组，每组共用一个输入、输出端口，下面分别介绍数字量输入、输出电路的具体形式。

（1）数字量输入单元

数字量输入电路有多种形式，能分别适用于直流和交流的数字输入量。而在直流数字量的输入电路中，根据具体的电路形式又有源型和漏型之别。图 1-6 所示是漏型数字量输入电路示意图。

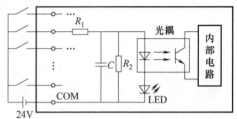

图 1-6 漏型数字量输入电路示意图

在图 1-6 中，若干个输入点组成一组，共用一个公共端 COM。每一个点都构成一个回路，图中只画出了一路。回路的电流流向是从输入端口流入 PLC，从公共端流出。图中的电阻 R_2 和电容 C 构成 RC 滤波电路，光耦将现场信号与 PLC 内部电路隔离，并且将现场信号的电平（图中为 DC24V）转换为 PLC 内部电路可以接受的电平。发光二极管（LED）用来指示当前数字量输入信号的高、低电平状态。

源型输入电路的形式与图 1-6 基本相似，不同之处在于光耦、发光二极管、DC24V 电源均反向，电流流向是从公共端 COM 流入 PLC，从信号端流出。

目前有很多 PLC 采用双向光电耦合器，并且使用两个反向并联的发光二极管，这样一来，DC24V 电源的极性可以任意接，电流的流向也可以是任意的。

交流数字量输入电路也有多种形式，有些采用桥式整流电路将交流信号转换成直流，然后经过光耦隔离输入内部电路；而有些 PLC 则直接使用双向光电耦合器和双向发光二极管，从而省去了桥式整流电路。图 1-7 所示是带整流桥的交流输入电路示意图。

（2）数字量输出单元

PLC 的数字量输出有 3 种形式：继电器模式、晶体管模式、晶闸管模式，分别用于驱动不同形式的负载。图 1-8 给出了继电器输出模式的原理图，图中的 KA 为输出继电器，它的线圈由光耦驱动，而光耦的状态取决于 PLC 内部电路中的输出锁存器，继电器输出模式可以带交流、直流两种负载。

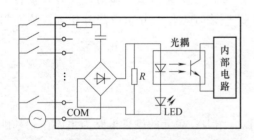

图 1-7 带整流桥的交流输入电路示意图

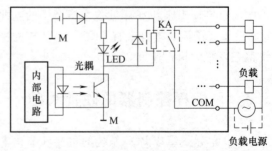

图 1-8 继电器输出模式原理图

不同的 PLC 在具体电路的实施上会有所不同。在第 2 章中，有针对西门子 S7-1500 PLC 3 种输出模式的更为详细的介绍，可供读者借鉴和参考，因此这里不再给出晶体管模式和晶闸管模式的原理图。

2. 模拟量 I/O（AI/AO）

PLC 的模拟量 I/O 接口用于处理连续变化的电压或电流信号，在过程控制领域以及数据采集及监控系统中用途极广。

（1）模拟量输入单元

传感器将被控对象中连续变化的物理量（例如温度、压力、流量、速度等）转换成对应的连续电量（电压或电流）并送给 PLC，PLC 的模拟量输入单元将其转换成数字量后，CPU 可对其进行运算处理。因此，模拟量输入单元的核心部件是 A/D 转换器，对于多路输入的模块，需要多路开关配合使用，图 1-9 所示为具有 8 个输入通道的模拟量输入单元原理框图。

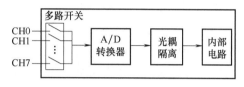

图 1-9　8 通道模拟量输入单元原理框图

模拟量输入信号可以是电压或电流，在选型时要考虑输入信号的范围以及系统要求的 A/D 转换精度。常见的输入范围有 DC±10V、0~10V、±20mA、4~20mA 等，转换精度有 8 位、10 位、11 位、12 位、16 位等，PLC 生产厂家的相关技术手册都会提供这些参数。此外，选型时还需要考虑接线形式是否与传感器匹配。

（2）模拟量输出单元

模拟量输出的过程与输入正相反，它将 PLC 运算处理过的二进制数字转换成相应的电量（例如 4~20mA、0~10V 等），输出至现场的执行机构，它的核心部件是 D/A 转换器，图 1-10 所示为模拟量输出单元的原理框图。

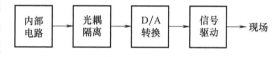

图 1-10　模拟量输出单元原理框图

模拟量输出单元的主要技术指标同样包括输出信号形式（电压或电流）、输出信号范围（例如 4~20mA、0~10V 等）以及接线形式等，在选型时要充分考虑这些因素与工业现场执行元件相互结合的问题。

1.3.2　可编程控制器的系统配置

PLC 的种类繁多，其结构形式、性能、容量、指令系统、编程方法、价格等各有自己的特点，适用场合也各有侧重。站在硬件选型的角度，首先需要考虑的是设备容量与性能是否与任务相适应；其次要看 PLC 运行速度是否能够满足实时控制的要求。

所谓设备容量，主要是指系统 I/O 点数的多少以及扩充的能力。对于纯开关量控制的应用系统，如果对控制速度的要求不高，例如单台机械的自动控制，可选小型一体化 PLC。这一类型的 PLC，体积小，安装方便，主机加扩展单元基本能够满足小规模系统的要求，可以采用简易编程器在线编程。

对于以开关量控制为主，带有部分模拟量控制的应用系统，如工业中常遇到的温度、压力、流量、液位等，应配备模拟量 I/O（AI/AO），并且选择运算功能较强的小型 PLC，例如西门子公司的 S7-200 SMART 系列 PLC。

对于比较复杂、控制功能要求较高的系统，例如需要 PID 调节、位置控制、高速计数、通信联网等功能时，应当选用中、大型 PLC，这一类 PLC 多为模块式结构，除了基本的模块外，还提供专用的特殊功能模块。当系统的各个部分分布在不同的地域时，可以利用远程 I/O 组成分布式控制系统。适合这一类型的产品有西门子公司的 S7-1200/1500 系列 PLC 等。

此外，PLC 的输出控制相对于输入的变化总是有滞后的，最大可达 2~3 个循环周期，这对于一般的工业控制是允许的。但有些系统的实时性要求较高，不允许有较大的滞后时间，在这种要求比较高的场合，必须格外重视 PLC 的指令执行速度指标，选择高性能、模块式结构的 PLC 较为理想。例如西门子公司的 S7-1200/1500，浮点运算指令的执行时间可以达到微秒级，另一个好处是可以配备专用的智能模块，这些模块都自带 CPU 独立完成操作，可大大提高控制系统的实时性。

最后谈一下电源问题，一体化机型的 PLC 将电源部件集成在主机内，只需从电网引入外界电源即可，扩展单元的用电通过扩展电缆馈送。模块式 PLC 通常需要专用的电源模块，在选择电源模块时要考虑功率问题，可以通过查阅模块技术手册得到各个模块的功耗，其总和加上裕量就是选择电源模块的依据。注意，有些情况下需要 PLC 电源通过 I/O 单元驱动传感器和负载，这一部分功耗也须考虑在内。

第2章

S7-1500 PLC的系统配置与开发环境

带全集成自动化软件（TIA博途）的控制器系列 SIMATIC S7-1500 PLC 为用户提供多种选项，可提高机器的生产率并使工程组态过程更加高效。由于具有紧凑的设计、良好的扩展性、价格适中以及强大的指令系统，使得 S7-1500 PLC 可以近乎完美地满足中、大规模的控制要求。此外，丰富的 CPU 类型和电压等级使其在解决用户的工业自动化问题时，具有很强的适应性和可选择性。

> 本章主要内容：
> - S7-1500 PLC 系统的基本组成。
> - TIA 博途软件功能与应用。
> - 了解博途 PLCSIM 仿真软件。

本章重点是熟练掌握 S7-1500 PLC 的系统配置，掌握 S7-1500 PLC 的开发环境（TIA 博途软件）的功能与使用方法，了解博途 PLCSIM 仿真软件的应用。通过对本章的学习，做到根据需要配置 S7-1500 PLC 的基本单元及扩展模块，构成一个满足用户要求的控制系统。

2.1 S7-1500 PLC

SIMATIC S7-1500 PLC 是对 SIMATIC S7-300 PLC 和 S7-400 PLC 进行进一步开发的自动化系统，通过集成大量的新性能特性，S7-1500 PLC 具有卓越的用户可操作性和极高的性能。SIMATIC S7-1500 PLC 是 SIMATIC PLC 产品家族的旗舰产品，为中高端工厂自动化控制任务而量身定制，目前，SIMATIC S7-1500 PLC 产品家族的 CPU（所谓主机）种类齐全，有 6 款标准型 CPU、2 款分布 CPU，以及 2 款紧凑型 CPU。S7-1500 PLC 以其卓越的产品设计理念、多方面技术革新和更高的性价比，在提升客户生产效率、缩短新产品上市时间以及提高客户核心竞争力等方面树立了新的标杆，也为实现客户工厂的可持续发展提供了强有力的保障。

S7-1500 系列 PLC 使用完全集成的新工程组态 SIMATIC STEP 7，并借助其对 S7-1500 PLC 进行编程。SIMATIC STEP 7 的设计理念是直观、易学和易用。这种设计理念有助于在工程组态中实现最高效率。一些智能功能，例如直观编辑器、拖放功能和"智能感知"（IntelliSense）工具，能让工程进行得更加迅速。

S7-1500 PLC 系统为大家提供了很多可以参考和学习的手册，这些手册数目和种类众多。总的来说，S7-1500 PLC 自动化系统提供的手册分为以下 3 类：

1）系统手册：描述某个产品系列的整体信息，包括该产品系列的组件、硬件配置、安装、接线规则、调试和维护以及相关技术规范和尺寸图。

2）功能手册：介绍各种产品使用时需要了解的概念、背景知识和各种功能的实现方法。

3）设备手册：详细介绍产品组件的特性、技术参数、使用及故障诊断方法。

2.1.1 S7-1500 PLC 概述

S7-1500 PLC 的特点主要体现在高性能、开放性、高效的工程组态、集成运动控制功能、可靠诊断和创新设计等方面。

凭借集成的通信和工艺功能，SIMATIC S7-1200 基本型控制器尤其适用于小型自动化解决方案。而 SIMATIC S7-1500 自动化系统，则是高复杂性和高系统性能要求的工厂最佳选择。SIMATIC S7-1500 控制器中包含 SIMATIC S7-1200 基本型控制器的诸多简单功能，可完美满足系统性能、灵活性和网络功能等各种严格要求。SIMATIC ET 200SP 分布式控制器集 S7-1500 的优势与 ET 200SP 的设计紧凑的高密度通道于一身。通过使用智能的分布式功能，可节省控制柜的成本和空间。CPU 1513pro-2 PN 和 CPU 1516pro-2 PN 采用 ET 200pro 设计形式且防护等级高达 IP65/IP67，可提供 SIMATIC S7-1500 功能，适合在控制柜外使用。如果需要使用基于 PC 的自动化功能，可使用 SIMATIC S7-1500 软件控制器。在运行过程中，这一款基于 PC 的控制器可独立于操作系统自主运行。如果要提高系统可用性，请使用冗余系统 S7-1500R/H。在该系统中，两个 CPU（主 CPU 和备用 CPU）会并行处理用户程序，并永久地同步所有相关数据。如果主 CPU 发生故障，则备用 CPU 将在中断点处接管过程控制。

SIMATIC 控制器集成在 TIA 博途（Totally Integrated Automation Portal）软件中，用于确保数据的高度一致以及全系统统一的操作方式。正是基于这些集成的功能，在 TIA 博途进行工程组态可确保所有功能数据的高度一致。

图 2-1 所示为基于 S7-1500 PLC 的典型自动化系统，系统的核心是 S7-1500 PLC，通过现场层、控制层和管理层分别部署 S7-1500 PLC 的硬件产品和 TIA 博途软件，实现管理控制一体化。

图 2-2 所示为 S7-1500 PLC 与 S7-1200 PLC 的区别。S7-1500 PLC 自动化系统支持所有适用的通信标准，所有 S7-1500 CPU 都集成有运动控制功能。工艺 CPU 支持各种扩展运动控制功能，S7-1500 CPU 也可用作故障安全控制器，可对所有组件进行诊断操作，极大简化了故障排查过程。而集成的显示器，又进一步简化了参数的分配过程。

2.1.2 S7-1500 CPU 简介

S7-1500 PLC 是一种模块化的控制系统，采用模块化与无风扇设计，很容易实现分布式结构，主要应用在纺织机械、包装机器、通用机械、机床、汽车工程、水处理、食品饮料等行业中。S7-1500 PLC 主要由电源模块、中央处理器（CPU）、导轨、信号模块、通信模块和工艺模块等部件组成。图 2-3 所示为 S7-1500 PLC 中标准型 CPU（CPU1511-1 PN）的安装

第2章　S7-1500 PLC的系统配置与开发环境

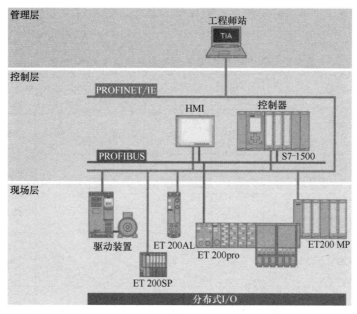

图 2-1　基于 S7-1500 PLC 的典型自动化系统

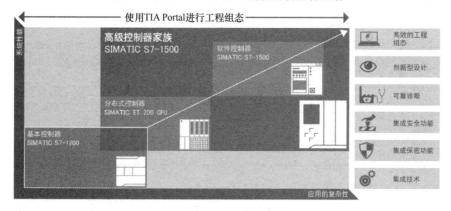

图 2-2　S7-1500 PLC 与 S7-1200 PLC 的区别

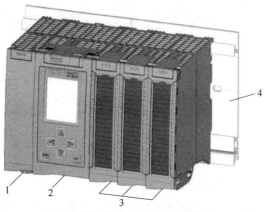

1—系统电源模块　2—CPU　3—I/O模块
4—带有集成顶帽翼型导轨的安装导轨

图 2-3　S7-1500 PLC 实物图

示意图，S7-1500 自动化系统可安装在一根安装导轨上，最多可在安装导轨上安装 32 个模块。这些模块通过 U 型连接器互相连接。表 2-1 为 S7-1500 PLC 系列 CPU 指标。

表 2-1 S7-1500 PLC 系列标准型和紧凑型 CPU 指标

CPU 类型	适用领域	FROFIBUS 接口	PROFINET IO RT/IRT 接口	PROFINET IO RT 接口	PROFINET 基本功能	程序工作存储容量	数据工作存储容量	位运算时间
CPU1511-1 PN	适用于中小型设备的标准型 CPU	无	1个	无	无	300KB	1.5MB	25ns
CPU1513-1 PN	适用于中等型设备的标准型 CPU	无	1个	无	无	600KB	2.5MB	25ns
CPU1515-2 PN	适用于大中型设备的标准型 CPU	无	1个	1个	无	1MB	4.5MB	6ns
CPU1516-3 PN/DP	适用于高端设备和通信任务的标准型 CPU	1个	1个	1个	无	2MB	7.5MB	6ns
CPU1517-3 PN/DP	适用于高端设备和通信任务的标准型 CPU	1个	1个	1个	无	2MB	8MB	2ns
CPU1518-4 PN/DP	适用于高性能设备、高性能通信任务和超短响应时间的标准型 CPU	1个	1个	1个	1个	6MB	60MB	1ns
CPU 1511C-1 PN	适用于中小型设备的紧凑型 CPU	无	1个	无	无	300KB	1.5MB	25ns
CPU 1512C-1 PN	适用于中小型设备的紧凑型 CPU	无	1个	无	无	400KB	2MB	25ns

本书的大部分实例以标准型 CPU1511-1 PN 为基础进行讲解。图 2-4 所示为配置 CPU1511-1 PN 的自动化工程组态，是由 S7-1500 PLC、I/O、ET200MP（分布式 I/O 模块）及触摸屏（HMI）共同组成的。

硬件安装与接线过程与步骤可参考 "SIMATIC S7-1500/ET 200MP 自动化系统"手册。

2.1.3 电源选型

根据工程规模，确定所需的自动化系统电源。S7-1500 CPU 通过负载电源（PM）

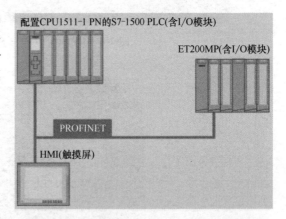

图 2-4 配置 CPU1511-1 PN 的自动化工程组态

或系统电源（PS）进行供电，为背板总线供电的系统电源集成在 CPU 中。根据具体系统组态，最多可添加使用两个附加系统电源模块，对集成的系统电源进行扩展。如果工厂具有较高的电力要求（如 I/O 负载组），则可额外连接负载电源。

表2-2列出了S7-1500 PLC自动化系统的两种电源的主要差异。为系统和模块供电可以有3种配置方式：

1）只通过负载电源给背板总线供电。位于CPU左侧0号槽的负载电源给CPU供电，集成于CPU内部的系统电源给背板总线供电。

2）只通过系统电源给背板总线供电。位于CPU左侧0号槽的系统电源通过背板总线给CPU供电。

3）通过系统电源给背板总线供电。负载电源给CPU供电，同时向系统电源提供允许的电源电压。

图2-5显示了带有负载电源和附加系统电源时的系统组态。

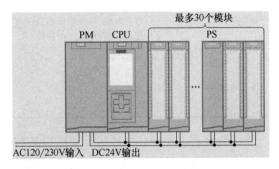

图2-5 带有负载电源和附加系统电源时的系统组态

表2-2 S7-1500 PLC的两种电源选型

电源	说明
负载电源（PM）	为S7-1500 PLC系统组件提供DC 24V电压，如CPU、系统电源（PS）、I/O模块的I/O电路以及各种传感器和执行器，负载电源可直接安装在CPU的左边（不连接背板总线）；如果通过系统电源为背板总线供电，则可选择通过DC 24 V为CPU或接口模块供电。
系统电源（PS）	仅提供内部所需的系统电压；为部分模块电子元件和LED指示灯供电。

2.2 S7-1500 PLC功能模块

2.2.1 信号模块

信号模块（Signal Module，SM）也称I/O模块，I/O模块是CPU与控制设备之间的接口，S7-1500 PLC支持各种I/O模块。通过输入模块将输入信号送到CPU进行计算和逻辑处理，然后将逻辑结果和控制命令通过输出模块输出以达到控制设备的目的。表2-3列出了不同功能类别I/O模块的特性和技术规范。

表2-3 S7-1500 PLC选配的I/O模块

类型	适用领域	是否带有模拟量模块
高速型（HS）	适用于超高速应用的专用模块 输入延时时间极短 转换时间极短 等时同步模式	否
高性能型（HF）	应用极为灵活 尤其适用于复杂应用 支持按通道进行参数设置 支持按通道进行诊断 支持附加功能	带有模拟量模块 • 最高精度<0.1% • 高共模电压（如DC 60V/AC 30V），需要时进行单通道电气隔离

(续)

类型	适用领域	是否带有模拟量模块
标准型(ST)	价格适中 支持按负载组/模块进行参数设置 支持按负载组/模块进行诊断	• 带有模拟量模块 • 通用模块 • 精度=0.3% • 共模电压10~20V
基本型(BA)	经济实用型基本模块 无参数设置 无诊断功能	否

外部的信号主要分数字量信号和模拟量信号。所以I/O模块包括数字量输入模块、数字量输出模块、数字量输入/输出模块、模拟量输入模块、模拟量输出模块、模拟量输入/输出模块等类型。以下介绍常用的部分模块特点，详细数据可参考设备手册。

1. 数字量输入模块

S7-1500 PLC/ET 200MP 的部分常用数字量输入模块类型和技术参数见表2-4。

表2-4 数字量输入模块类型和技术参数

数字量输入模块	DI 16×DC24V BA	DI 32×DC24V BA	DI 16×DC24V HF	DI 32×DC24V HF
输入点数	16	32	16	32
通道间电气隔离	—	√(通道组)	—	√(通道组)
电位组的数量	1	2	1	2
额定输入电压	DC 24V			
等时同步模式	—	—	√	√
诊断中断	—	—	√	√
沿触发硬件中断	—	—	√	√
通道诊断LED	—	—	√(红色LED)	√(红色LED)
模块诊断LED	—	—	√(红色LED)	√(红色LED)
输入延时	1.2~4.8ms(不可设置)		0.05~20ms(可设置)	
集成计数功能	—	—	前2个通道可作为计数器,最高3kHz	

2. 数字量输出模块

S7-1500 PLC ET 200MP 的部分常用数字量输出模块类型和技术参数见表2-5。

表2-5 数字量输出模块类型和技术参数

数字量输出模块	DQ16×DC24V/ 0.5A BA	DQ32×DC24V/ 0.5A BA	DQ16×DC24V/ 0.5A HF	DQ32×DC24V/ 0.5A HF
输出点数	16	32	16	32
通道间电气隔离	—			
输出类型	晶体管	晶体管	晶体管	晶体管
电位组的数量	2	4	—	—
额定输出电压	DC 24V			

(续)

数字量输出模块	DQ16×DC24V/0.5A BA	DQ32×DC24V/0.5A BA	DQ16×DC24V/0.5A HF	DQ32×DC24V/0.5A HF
等时同步模式	—	—	√	√
诊断中断	—	—	√	√
断路诊断	—	—	√	√
通道诊断 LED	—	—	√(红色 LED)	√(红色 LED)
模块诊断 LED	—	—	√(红色 LED)	√(红色 LED)
替换值输出	—	—	√	√
开关循环计数器	—	—	√	√
脉宽调制	—	—	—	—

3. 模拟量输入模块

S7-1500 PLC ET 200MP 的部分常用模拟量输入模块类型和技术参数见表 2-6。

表 2-6 模拟量输入模块类型和技术参数

模拟量输入模块	AI 8×U/R/RTD/TC HF AI 8×U/I/RTD/TC ST AI 8×U/I/RTD BA	AI 8×U/I HF AI 8×U/I HS	AI 4×U/R/RTD/TC ST
输入数量	8AI	8AI	4AI
分辨率	16 位(含符号位)	16 位(含符号位)	16 位(含符号位)
测量类型	电压(HS 最高-1V~1V) 电流(HS 除外) 电阻 热敏电阻 热电偶(BA 除外)	电压 电流	电压 电流 电阻 热敏电阻 热电偶
通道间电气隔离	√(HF)	√(HF)	—
额定电源电压	DC24V	DC24V	DC24V
过采样	—	√(HS)	—
等时同步模式	—	√(HS)	—
诊断中断	√	√	√
包含积分时间的每通道转换时间	快速模式 4/18/22/102ms(HF) 标准模式 9/52/62/302ms(HF) 9/23/27/107ms(ST) 10/24/27/107ms(BA)	62.5μs(每个模块,与激活的通道数无关)	9/23/27/107ms

4. 模拟量输出模块

S7-1500 PLC ET 200MP 的部分常用模拟量输出模块类型和技术参数见表 2-7。

5. 模拟量输入/输出模块

S7-1500 PLC ET 200MP 的部分常用模拟量输入/输出模块类型和技术参数见表 2-8。

表 2-7 模拟量输出模块类型和技术参数

模拟量输出模块	AQ 2×U/I ST	AQ 4×U/I HF AQ 4×U/I ST	AQ 8×U/I HS
输出数量	2AO	4AO	8AO
分辨率	16 位(含符号位)		
输出方式	电压(1~5V、0~10V、±10V) 电流(0~20mA、4~20mA、±20mA)		
通道间电气隔离	—	√(HF)	—
额定电源电压	DC24V		
过采样	—	√(HF)	√
替代值输出	√		
等时同步模式	—	√(HF)	
诊断中断	√		
转换时间	0.5ms(备注)	125μs(备注)	50μs(备注)
备注	如果需要得到通道的响应时间,除转换时间外,还需要考虑模块的循环时间和稳定时间(与负载类型有关)		

表 2-8 模拟量输入/输出模块类型和技术参数

模拟量输入/输出模块	AI 4×U/R/RTD/TC/AQ 2×U/I ST
输入参数	
输入数量	4AI
分辨率	16 位(含符号位)
测量类型	电压、电流、电阻、热敏电阻、热电偶
通道间电气隔离	—
额定电源电压	DC24V
过采样	—
等时同步模式	—
诊断中断	√
转换时间(每通道)	9/23/27/107ms
输出参数	
输出数量	2AO
分辨率	16 位(含符号位)
输出方式	电压(1~5V、0~10V、±10V) 电流(0~20mA、4~20mA、±20mA)
通道间电气隔离	—
电位组的数量	—
额定电源电压	DC24V
过采样	—
等时同步模式	—
诊断中断	√
替代值输出	√
转换时间(每通道)	0.5ms(备注)
备注	如果需要得到通道的响应时间,除转换时间外,还需要考虑模块的循环时间和稳定时间(与负载类型有关)

2.2.2 通信模块

通信模块（Communication Module，CM）用于多个相对独立的站点连成网络并建立通信关系。每一个 SIMATIC S7-1500 CPU 都集成有 PN 接口，可进行主站间、主从站间以及编程调试的通信。

S7-1500 PLC 系统的通信模块分为 3 大类，分别为点对点通信模块、PROFIBUS 通信模块和 PROFINET/ETHERNET 通信模块。

1. 点对点通信模块

点对点通信模块也就是串口模块，部分常用模块类型和技术参数见表 2-9。

表 2-9 点对点通信模块参数

点对点通信模块	CM PtP RS232 BA	CM PtP RS422/485 BA	CM PtP RS232 HF	CM PtP RS422/485 HF
接口	RS232	RS422/485	RS232	RS422/485
数据传输速率	300~19200 bit/s		300~115200 bit/s	
最大帧长度	1KB		4KB	
诊断中断	√			
硬件中断	—			
等时同步模式	—			
所支持的协议	Freeport 协议 3964(R)		Freeport 协议 3964(R) Modbus RTU 主站 Modbus RTU 从站	

2. PROFIBUS 通信模块

PROFIBUS 通信模块的部分常用类型和技术参数见表 2-10。

表 2-10 PROFIBUS 通信模块参数

PROFIBUS 通信模块	CM 1542-5	CP 1542-5	CPU 集成的 DP 接口
接口	RS485		
数据传输速率	9600bit/s~12Mbit/s		
诊断中断	√		
硬件中断	—		
等时同步模式	—		
所支持的协议	DPV1 主站/从站 S7 通信 PG/OP 通信 开放式用户通信		
可连接 DP 从站个数	125	32	—
备注	目前只有 CPU 1516、CPU 1517、CPU 1518 带有 DP 接口,且只能作为主站		

3. PROFINET/ETHERNET 通信模块

PROFINET/ETHERNET 通信模块的部分常用类型和技术参数见表 2-11。

表 2-11　PROFINET/ETHERNET 通信模块参数

PROFINET 通信模块	CP 1543-1	CM 1542-1	CPU 集成的 PN 接口
接口	RJ45		
数据传输速率	10/100/1000Mbit/s	10/100Mbit/s	
诊断中断	√		
硬件中断	—	√	
等时同步模式	—		
所支持的协议	TCP/IP、ISO、UDP、Modbus TCP、S7 通信、IP 广播/组播、信息安全、诊断 SNMPV1/V3、DHCP、FTP 客户端/服务器、E-Mail、IPv4/IPv6	TCP/IP、ISO-on-TCP、UDP、Modbus TCP、S7 通信、IP 广播/组播（集成接口除外）、SNMPV1	
支持 PROFINET	—	√	
PROFINET IO 控制器	—	√	
PROFINET IO 设备	—	√	
可连接 PN 设备个数	—	128，其中最多 64 台 IRT 设备	与 CPU 类型有关，最多 512，其中最多 64 台 IRT 设备
备注	不包括 CPU 1515/1516/1517/1518 第二个以太网接口参数		

2.2.3　工艺模块

工艺模块（Thread Module，TM）也称线程模块。工艺模块通常实现单一或特殊功能，而这些特殊功能往往单靠 CPU 自身无法实现。目前，工艺模块有计数、测量和定位模块，基于时间的 I/O 模块和 PTO 脉冲输出模块等。

1. 计数、测量和定位模块

计数、测量和定位模块类型和技术参数见表 2-12。

表 2-12　高速计数器模块参数

高速计数器模块	TM Count 2×24V	TM PosInput 2
支持的编码器	信号增量编码器，24V 非对称，带有/不带方向信号的脉冲编码器，向上/向下脉冲编码器	RS422 的信号增量编码器（5V 差分信号），带有/不带方向信号的脉冲编码器，向上/向下脉冲编码器，绝对值编码器（SSI）
最大计数频率	200kHz 800kHz，具有四倍频脉冲	1MHz 4MHz，具有四倍频脉冲
集成 DI	每个计数器通道 3 个 DI，用于启动、停止、捕获、同步	每个计数器通道 2 个 DI，用于启动、停止、捕获、同步
集成 DQ	2 个 DQ，用于比较器和限值	2 个 DQ，用于比较器和限值
测量功能	频率，周期，速度	频率，周期，速度
诊断中断	√	
硬件中断	√	
等时同步模式	√	

2. 基于时间的 I/O 模块

许多控制系统对响应都有严格的精确性和确定性要求。基于时间的 I/O 模块可达到最高的精度和速度,而无须考虑控制器和现场总线性能。基于时间的 I/O 模块可在精确定义的响应时间内输出信号,在既定时间内完成 I/O 信号的处理。

使用等时同步（PROFINET IRT）技术,可以将最多 8 个这样的模块进行时钟同步,各站点接收到的时钟同步信号相差在 1μs 以内（1500 PLC 时基模块精度可达 1μs）。模块在检测到输入触发信号时开始计时,计时 20ms 后输出,由于 I/O 都具有定时功能,这样使得输出与各个循环周期无关,因此大大提高了控制精度。

表 2-13 列出了基于时间的 I/O 工艺模块的参数。与工艺对象"Output cam"和"Cam track"一同使用时,TM 定时器 DIDQ 16×24V 可确保高精准的凸轮输出;与工艺对象"Measuring input"一同使用时,TM 定时器 DIDQ 16×24V 可确保高精准的产品传输检测。

表 2-13 基于时间的 I/O 工艺模块参数

基于时间的 I/O 模块	TM Timer DIDQ 16×24V
可连接的编码器	24V 增量式编码器,信号 A 和 B 24V 脉冲编码器,带信号
最大计数频率	200kHz,四倍频检测功能
集成 DI	多达 8 个数字量输入,具有以下功能: • 每个循环最多 2 个时间戳（精度 1μs） • 32x 过采样 • 计数功能,高达 50kHz • 增量式编码器采集,二相移跟踪 • 可组态输入滤波器进行干扰抑制
集成 DQ	多达 16 个数字量输出,具有以下功能: • 每个循环最多 2 个时间戳（精度 1μs） • 32x 过采样 • 脉宽调制输出 • 可组态替换值（按 DQ）
诊断中断	√
硬件中断	—
等时同步模式	√（时间戳和细分采用功能所必需）

3. PTO 脉冲输出模块

脉冲/方向接口（Pulse Train Output, PTO）是 SIMATIC 控制器与驱动装置间的一种简单的通用接口。PTO 支持大多数步进电机和伺服驱动器,并且大量应用于定位技术中,如调整轴和进给轴等。

PTO 脉冲/方向接口由两个信号组成。脉冲输出的频率代表速度,输出的脉冲数量代表行进距离,方向输出用于定义行进的方向。因此位置数据精确到一个增量之内。脉冲/方向接口特别适合对工艺对象 TO_SpeedAxis、TO_PositioningAxis 和 TO_SynchronousAxis 的操作。TM PTO 4 脉冲输出模块的参数见表 2-14。

表 2-14　TM PTO 4 脉冲输出模块参数

脉冲输出模块	TM PTO 4
通道数	4 通道,数量可组态,分通道参数分配
最大计数频率	200kHz,四倍频检测功能
接口	• RS422/TTL(5V)或 24V 输出信号 P/A 以及用于 PTO 功能的 D/B[每个通道,对于 RS422,最大 1MHz;对于 24V/TTL(5V),最大 200kHz] • 面向参考开关、测量输入、就绪输入功能的数字量输入信号 DI0 和 DI1(每个通道) • 用于 PTO 或驱动器使能功能的数字量输出信号 DQ0(每个通道) • 用于 PTO 功能的数字量输出信号 DQ1(每个通道) • 用于驱动器使能或就绪输入功能的数字量输入/输出信号 DIQ2(每个通道)电源电压 L+
可组态的诊断(每个通道)	√
可组态自动反转脉冲周期	√
可组态的输入延时	无,0.05~20ms
脉冲输出的信号类型	• 具有方向信号的脉冲编码器 • 使用正向和反向信号的脉冲编码器 • 双信号增量编码器带,信号之间相位偏移为 90°
支持的系统功能	• 等时模式 • 固件更新 • 标识数据 I&M

2.3　S7-1500 PLC 开发环境

TIA 博途是全集成自动化软件 (Totally Integrated Automation Portal) 的简称,是西门子工业自动化集团发布的一款全新的全集成自动化软件。它是业内首个采用统一的工程组态和软件项目环境的自动化软件,几乎适用于所有自动化任务。借助该全新的工程技术软件平台,用户能够快速、直观地开发和调试自动化系统。

2.3.1　博途软件概述

TIA 博途作为首个用于集成工程组态的共享工作环境,在单一的框架中提供了各种 SIMATIC 系统。因此,TIA 博途还首次支持可靠且方便的跨系统协作。所有必需的软件包,包括从硬件组态和编程到过程可视化,都集成在一个综合的工程组态框架中。

如图 2-6 所示,使用 TIA 博途不仅可以组态应用于控制器及外部设备程序编辑的 STEP 7、应用于安全控制器的 Safety,也可以组态应用于设备可视化的 WinCC,同时 TIA 博途还集成了应用于驱动装置的 Startdrive、应用于运动控制的 SCOUT 等,还可在单一界面中执行多用户管理和能源管理等新的功能,为全集成自动化的实现提供了统一的工程平台。

TIA 博途软件可兼容不同系列的 PLC,具有完整的工业通信接口、多级工业安全保护、友好的开发界面、多驱动全集成化、优化的编程语言以及故障全面诊断等特点。

图 2-6　TIA 博途平台

1. SIMATIC STEP 7

TIA 博途 STEP 7 是用于组态 SIMATIC S7-1200、SIMATIC S7-1500、SIMATIC S7-300/400 和 WinCC 等软件控制器的工程组态软件。

TIA 博途 STEP 7 包含两个版本：

- TIA 博途 STEP 7 基本版，用于组态 SIMATIC S7-1200 控制器。
- TIA 博途 STEP 7 专业版，用于组态 SIMATIC S7-1200、SIMATIC S7-1500、SIMATIC S7-300/400 和 WinCC。

2. SIMATIC WinCC

TIA 博途 WinCC 包含 4 种版本，具体使用取决于可组态的操作员控制系统：

- WinCC Basic，用于组态精简系列面板，在博途 STEP 7 中已包含此版本。
- WinCC Comfort，用于组态所有面板（包括精简面板、精致面板和移动面板）。
- WinCC Advanced，用于组态所有面板以及运行 TIA 博途 WinCC Runtime Advanced 的 PC。
- WinCC Professional/WinCC Unified，用于组态所有面板以及运行 TIA 博途 WinCC Runtime 高级版或 SCADA 系统 TIA 博途 WinCC Runtime Professional/WinCC Runtime Unified 的 PC。

3. SIMATIC StartDrive

在 TIA 博途统一的工程平台上实现 SINAMICS 驱动设备的系统组态、参数设置、调试和诊断。

4. SIMATIC SCOUT

在 TIA 博途统一的工程平台上实现 SIMOTION 运动控制器的工艺对象配置、用户编程、调试和诊断。

2.3.2　博途软件安装

下面以博途 V16 为例介绍其安装过程，其他版本的安装过程几乎一样，安装界面从 V14 开始也基本相同，建议采用默认的"典型"安装，有特殊需求的用户可以选择"用户自定义"安装。

1）按照安装指南启动安装文件，图 2-7 为博途 V16 的安装界面。

2）安装语言选择，如图 2-8 所示；产品语言选择，一般选择"简体中文（H）"，将"英语（E）"作为基本产品语言进行安装，不可取消，如图 2-9 所示。

3）若要以最小配置安装程序，则选择"最小（M）"；若要以典型配置安装程序，则选择"典型（T）"；若自主选型需要安装组件，则选择"用户自定义（U）"。如图 2-10 所示。接下来，需要确认接受所有许可协议，如图 2-11 所示。

4）如果在安装 TIA 博途时需要更改安全和权限设置，则打开安全控制对话框，接受对安全和权限设置的更改，如图 2-12 所示。安装前会显示安装设置概览，如图 2-13 所示，单击"安装"按钮，安装随即启动，如图 2-14 所示。

5）安装完成后，显示重启计算机提示，按照要求重启计算机完成安装全过程，如图 2-15 所示。

图 2-7　博途 V16 的安装界面

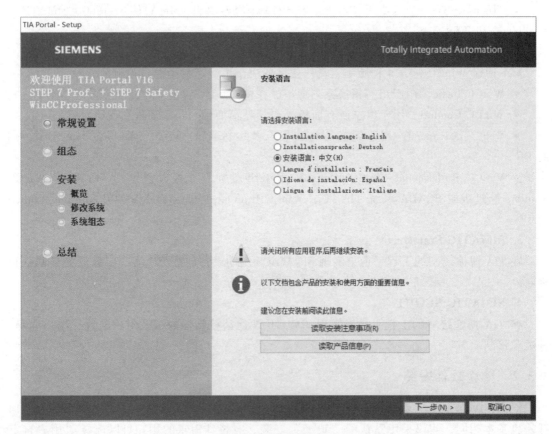

图 2-8　选择安装语言

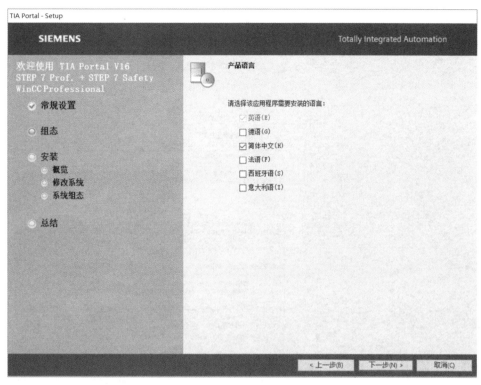

图 2-9　选择产品语言

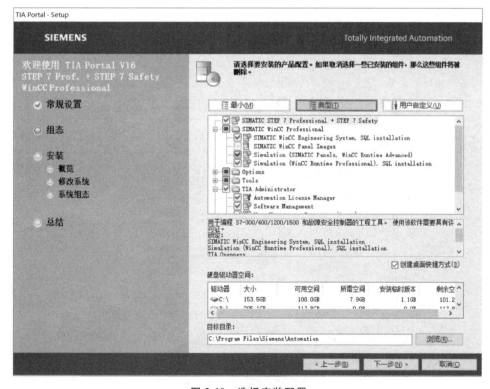

图 2-10　选择安装配置

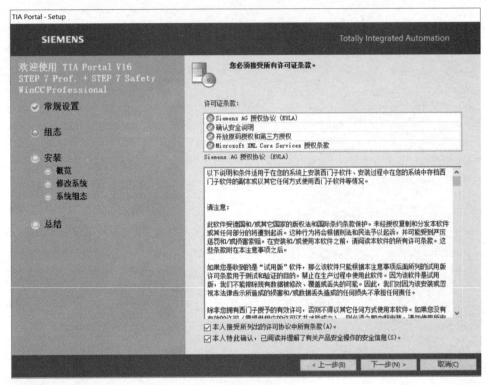

图 2-11　许可证条款认证

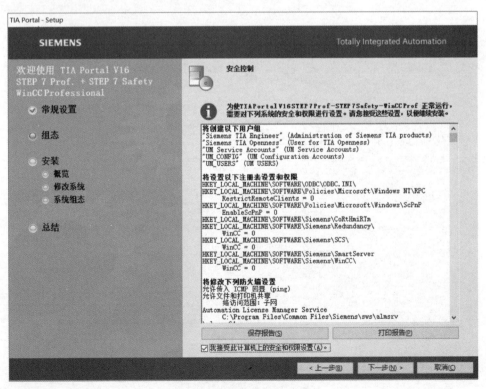

图 2-12　安全和权限设置

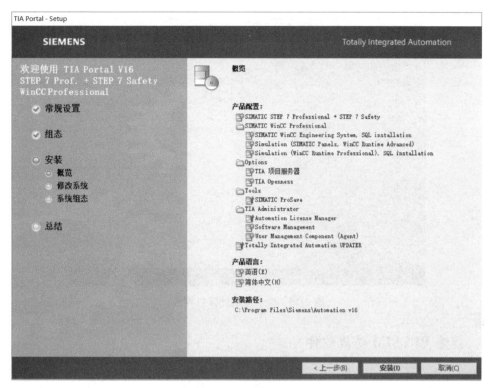

图 2-13　安装设置概览

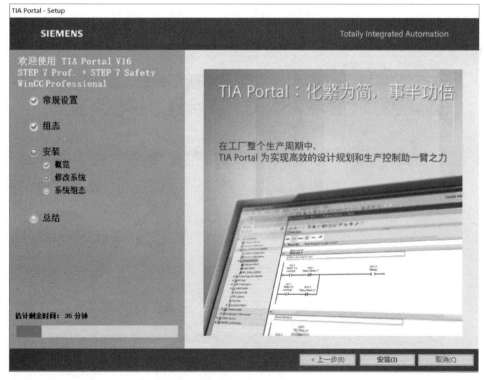

图 2-14　开始安装

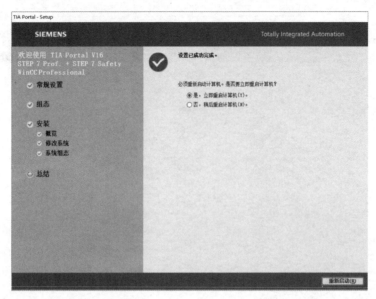

图 2-15　提示重启计算机界面

2.3.3　博途 PLCSIM 仿真软件

PLCSIM 软件可以仿真 PLC 大部分的功能,利用仿真可以在没有硬件的情况下,快速地熟悉 PLC 指令和软件操作。

博途 PLCSIM 仿真软件几乎支持 S7-1500 PLC 的所有指令(系统函数和系统函数块)。

博途 PLCSIM 仿真软件的安装过程与 TIA 博途 V16 的安装过程相同,安装完成后,也要重启计算机,如图 2-16~图 2-19 所示。

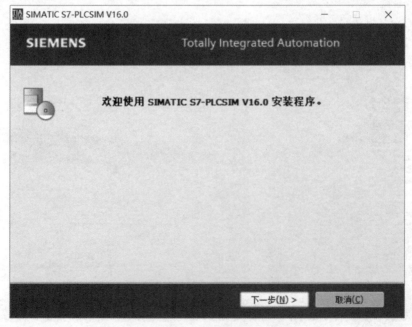

图 2-16　博途 PLCSIM 安装界面

第2章　S7-1500 PLC的系统配置与开发环境

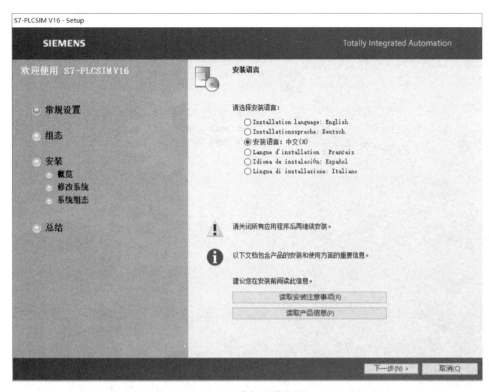

图 2-17　选择安装语言

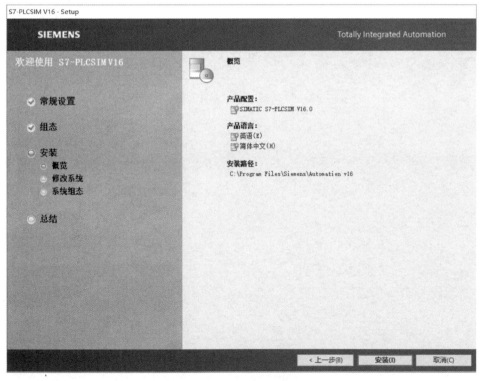

图 2-18　安装设置概览

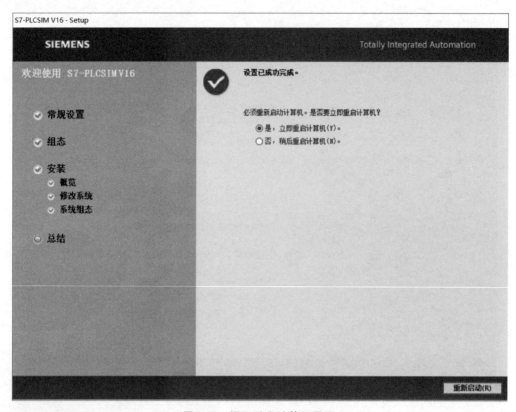

图 2-19　提示重启计算机界面

仿真通信与实物相比还是有区别的，具体可以查看 PLCSIM 手册。

第3章

S7-1500 PLC的硬件配置

一个博途项目中可以包含多个PLC站点、触摸屏和驱动等设备。在使用S7-1500 PLC之前，需要在博途中创建一个项目并添加S7-1500 PLC站点，其中主要包括系统的硬件配置信息和用户程序。

> 本章主要内容：
> - S7-1500 PLC 系统的硬件配置。
> - S7-1500 PLC 的 CPU 参数配置。
> - S7-1500 PLC 的 I/O 参数配置。

本章重点是熟练掌握S7-1500 PLC的系统硬件配置的作用与方法，掌握S7-1500 PLC的CPU参数配置方法和I/O参数配置方法，了解并熟悉硬件配置的编译和下载。

3.1 硬件配置基本流程

硬件配置就是在博途平台上或网络视图中将S7-1500 PLC、触摸屏及驱动装置进行排列、设置和关联。博途采用图形化方式表示各模块和机架，与"实际"的模块和机架一样，在设备视图中插入模块。插入模块时，博途将自动或手动为其分配地址，并为其指定一个唯一的硬件标识符（HW）。硬件配置可以通过参数分配指定CPU对错误的响应。

3.1.1 硬件配置的功能

硬件配置是对S7-1500 PLC的参数化过程，即使用博途将CPU模块、电源模块、信号模块等硬件配置到相应的机架上，并进行参数设置。硬件配置对系统的正常运行非常重要，其功能如下：

1）将硬件配置信息下载到CPU中，CPU将按硬件配置的参数执行。

2）将I/O模块的物理地址映射为逻辑地址，用于程序块的调用。

3）通过CPU比较硬件配置信息与实际安装的模块是否匹配，如I/O模块的安装位置、模拟量模块选择的测量类型等。如果不匹配，CPU将报警，并将故障信息存储在CPU的诊断缓冲区中，此时需要根据CPU提供的故障信息进行相应的修改。

4）CPU根据硬件配置信息对模块进行实时监控，如果模块有故障，CPU将报警，并将故障信息存储在 CPU 的诊断缓冲区中。

5) 一些智能模块的硬件配置信息存储在 CPU 中,如通信处理器 CP/CM、工艺模块 TM 等,若发生故障,则可直接更换,不需要重新下载硬件配置信息。

3.1.2 配置一个 S7-1500 PLC 设备

博途的工程界面分为博途视图(Portal 视图)和项目视图,在两种视图下均可以组态新项目。博途视图以向导的方式组态新项目,项目视图是硬件组态和编程的主视窗。下面以博途项目视图为例介绍如何添加和组态一个 S7-1500 PLC 站点。

打开博途并切换到项目视图,如图 3-1 所示。

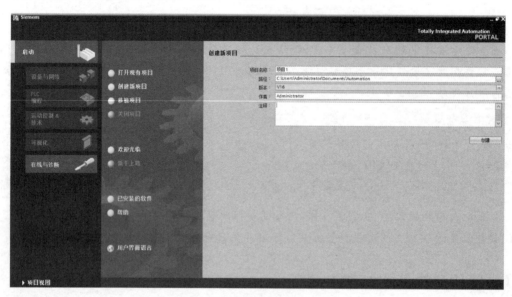

图 3-1 "创建新项目"界面

输入项目名称并单击"创建",在弹出的界面中选择"设备与网络",根据实际的需求选择"添加新设备",如图 3-2 所示。这些设备可以是"控制器""HMI""PC 系统"等,设备名称根据博途版本不同会有所不同。首先选择"控制器",然后打开分级菜单,选择 CPU 类型,这里选择"CPU 1511-1 PN",设备名称为默认的"PLC_1",用户也可以对其进行修改。CPU 的固件版本要与实际硬件的版本匹配。勾选弹出窗口中左下角的"打开设备视图"选项,单击"添加"按钮即直接打开设备视图,如图 3-3 所示。

在设备视图中可以对 PLC 的中央机架或分布式 I/O 系统模块进行详细的配置和组态。图 3-3 中,①区为项目树,列出项目中所有设备及各设备项目数据的详细分类;②区为详细视图,提供项目树中被选中对象的详细信息;③区为设备视图,用于硬件组态;④区可以浏览模块的属性信息,并对属性进行设置和修改及编译信息和诊断等;⑤区表示插入模块的设备概览,包括 I/O 地址及设备类型和订货号等;⑥区为硬件目录,可以单击"过滤",只保留与所选设备相关的模块;⑦区可以浏览模块的详细信息,并可以选择组态模块的固件版本。

3.1.3 配置 S7-1500 PLC 的中央机架

配置 S7-1500 PLC 的中央机架,应注意以下几点:

第3章　S7-1500 PLC的硬件配置

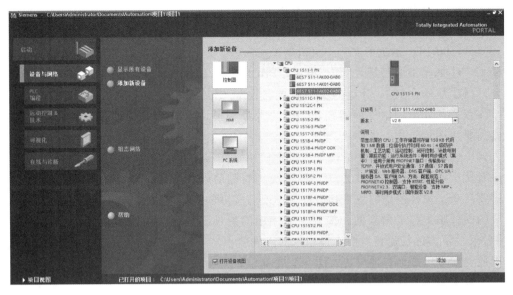

图 3-2　"添加新设备"界面

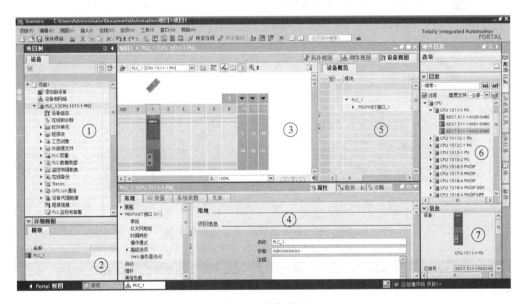

图 3-3　设备视图

1) 中央机架最多可插装 32 个模块，使用 0~31 共 32 个插槽，CPU 使用 1 号插槽，不能修改，如图 3-4 所示。

2) 插槽 0 可以插入负载电源模块 PM 或系统电源模块 PS。由于负载电源模块 PM 不带有背板总线接口，所以也可以不进行硬件配置。如果将一个系统电源模块 PS 插入 CPU 左侧，则该模块可以与 CPU 一起为机架中的右侧设备供电。

3) CPU 右侧的插槽中最多可以插入 2 个额外的系统电源模块。这样加上 CPU 左侧可以插入 1 个系统电源模块，在中央机架上最多可以插入 3 个系统电源模块（即电源模块的数量最多为 3 个）。所有模块的功耗总和决定了所需要系统电源模块的数量。

4）从2号插槽起，可以依次插入I/O模块或者通信模块。由于S7-1500 PLC机架不带有源背板总线，相邻模块间不能有空槽位。

5）S7-1500 PLC系统不支持中央机架的扩展。

6）2~31插槽最多可插入30个模块。PROFINET/Ethernet通信处理器模块和PROFIBUS通信处理器模块的个数与CPU的类型有关，比如CPU1518支持8个通信处理器模块，而CPU1511仅支持4个通信处理器模块。模块数量与模块宽窄无关。如果需要配置更多的模块，则需要使用封闭式I/O模块。

先选中插槽，然后在右侧的硬件目录中使用鼠标双击选中的模块即可将模块添加到机架上，或者使用更加方便的拖放方式，将模块从右侧的硬件目录中直接添加到机架上的插槽中。需要注意，硬件模块的型号和固件版本要与实际的工程项目一致。一般情况下，添加硬件模块的固件版本都是最新的，如果当前使用的硬件模块固件版本不是最新的，则可以在"硬件目录"下方的信息窗口中选择相应的固件版本。

以此类推可以添加其他模块。图3-4是插入系统电源模块后的中央机架配置，图3-5是添加2个数字输入模块、1个数字输出模块、1个模拟输入模块和1个模拟输出模块后的中

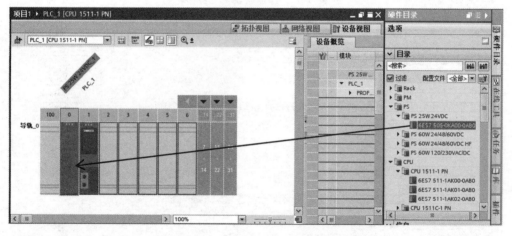

图3-4 插入系统电源模块后的中央机架

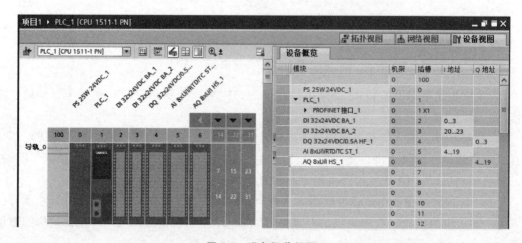

图3-5 设备概览视图

央机架配置。在配置过程中，博途软件自动检查配置的正确性。最后可以单击设备视图右上方的"切换分区方向"图标，读取显示整个硬件组态的详细信息，包括模块、插槽号、输入地址、输出地址、类型、订货号、固件版本等；单击"保存窗口设置"图标，保持窗口视图的格式，以便下次打开硬件视图时，与关闭前的视图设置一样。

3.2 CPU 的参数配置

选中机架中的 CPU，在博途底部的巡视窗口中（图 3-3 中的④区）单击"属性"，显示 CPU 属性视图，如图 3-6 所示。在此可以配置 CPU 的各种参数，如启动特性、通信接口以及显示屏的设置，具体包含：

① 启动特性。
② 接口参数（例如 IP 地址和子网掩码）。
③ Web 服务器。
④ OPC UA 服务器。
⑤ 全局安全证书管理。
⑥ 循环时间（例如最大循环时间）。
⑦ 屏幕操作属性。
⑧ 系统和时钟存储器。
⑨ 用于防止访问已分配密码参数的保护等级。
⑩ 时间和日期（夏令时/标准时）。

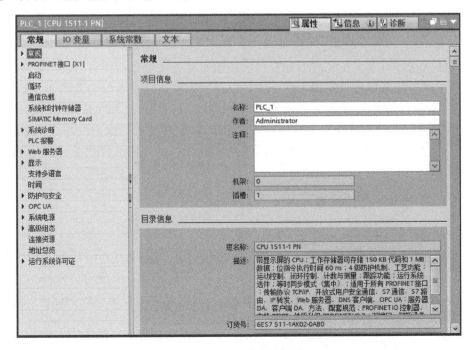

图 3-6　CPU 的属性视图

3.2.1 常规配置

单击 CPU 属性视图中的"常规"选项卡，如图 3-7 所示，包括"项目信息""目录信息""标识与维护"等项目。

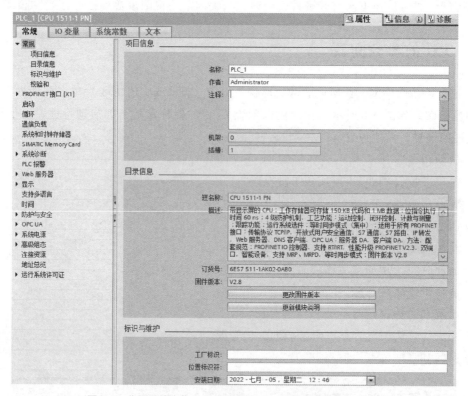

图 3-7 "项目信息""目录信息"和"标识与维护"界面

用户可以在图 3-7 所示的"项目信息"界面编写和查看项目相关信息，比如在"名称""作者""注释"的方框中填写提示性标注，机架和插槽信息由系统自动给出，不可更改；在"目录信息"界面查看 CPU 的"短名称""描述""订货号""固件版本"信息。

用户可以在"标识与维护"界面中输入不多于 32 字符的工厂标识；界面中输入不多于 22 字符的位置标识、不多于 54 字符的附加信息。CPU 可以使用函数"Get_IM_Data"将信息读取出来以进行识别。

3.2.2 PROFINET 接口配置

1. 常规配置

PROFINET［X1］表示 CPU 集成的第一个 PROFINET 接口，在 CPU 的显示屏中有标识。单击 CPU 属性视图中的"PROFINET"选项卡，PROFINET 配置的"常规"选项卡如图 3-8 所示，用户可以在"名称""作者""注释"等方框中填写提示性的标注。这些标注不同于"标识与维护"数据，不能通过程序块读出。

2. 以太网地址配置

单击"以太网地址"选项卡，可以创建网络、设置 IP 地址等，如图 3-9 所示。

第3章　S7-1500 PLC的硬件配置

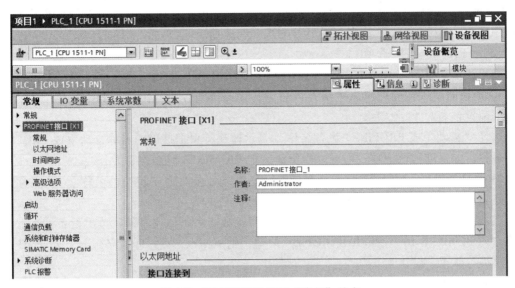

图 3-8　PROFINET 接口 "常规" 信息

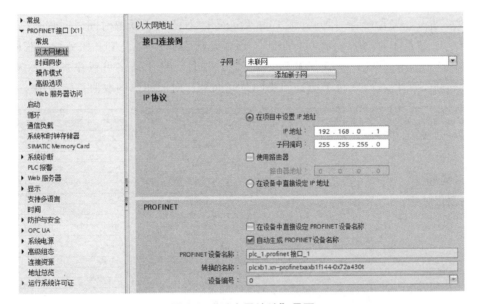

图 3-9　"以太网地址" 界面

图 3-9 中的主要参数及功能描述如下：

（1）"接口连接到" 选项

如果有可连接子网，可以通过下拉菜单选择需要连接到的子网。如果选择的是 "未联网"，那么可以通过 "添加新子网" 按钮，为该接口添加新的以太网网络。新添加的以太网的子网名称默认为 PN/IE_1。

（2）"IP 协议" 选项

默认状态为 "在项目中设置 IP 地址"，可以根据需要设置 "IP 地址" 和 "子网掩码"。这里使用默认的 IP 地址 192.168.0.1 以及子网掩码 255.255.255.0。如果该 PLC 需要和其他非同一子网的设备进行通信，那么需要激活 "使用路由器" 选项，并输入路由器（网关）

39

的 IP 地址。如果激活"在设备中直接设定 IP 地址",表示不在硬件组态中设置 IP 地址,而是使用函数"T_CONFIG"或者显示屏等方式分配地址。

(3)"PROFINET"选项

如果激活"在设备中直接设定 PROFINET 设备名称"选项,表示当 CPU 用于 PROFI-NET IO 通信时,不在硬件组态中组态设备名,而是通过函数"T_CONFIG"或者显示屏等方式分配设备名。

选择"自动生成 PROFINET 设备名称"表示博途将根据接口的名称自动生成 PROFINET 设备名称。如果取消该选项,则可以由用户设定 PROFINET 设备名称。

PROFINET 设备名称不符合 IEC 61158-6-10 规则时会产生"转换的名称",该名称是实际装载到设备上的设备名称,用户不能直接修改。

"设备编号"表示 PROFINET IO 设备的编号,故障时可以通过函数读出设备编号。如果使用 IE/PBLink PN IO 连接 PROFINET DP 从站,则从站也占用一个设备编号。对于 IO 控制器无法进行修改,默认为 0。

3. 时间同步设置

PROFINET 接口时间同步参数的设置界面如图 3-10 所示。"NTP 模式"表示该 PLC 可以通过以太网从 NTP 服务器(Network Time Protocol,NTP)上获取时间以同步自己的时钟。如果激活"通过 NTP 服务器启动同步时间"选项,则表示 PLC 从 NTP 服务器上获取时间以同步自己的时钟。同步后,添加 NTP 服务器的 IP 地址,这里最多可以添加 4 个 NTP 服务器,更新周期定义 PLC 每次请求时钟同步的时间间隔,时间间隔的取值范围为 10s~24h。

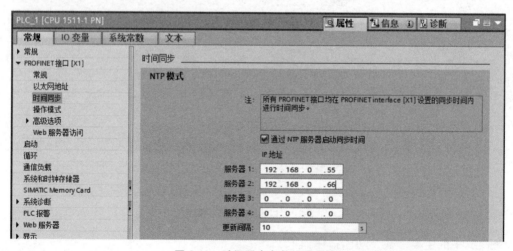

图 3-10 时间同步参数设置界面

4. 操作模式设置

PROFINET 接口的操作模式界面如图 3-11 所示。在"操作模式"中,可以将接口设置为 IO 控制器或 IO 设备。"IO 控制器"选项不可修改,即一个 PROFINET 网络中的 CPU 即使被设置为 IO 设备,也可同时作为 IO 控制器使用。如果该 PLC 作为智能设备,则需要激活"IO 设备",并在"已分配的 IO 控制器"选项中选择一个 IO 控制器。如果 IO 控制器不在该项目中,则选择"未分配"。如果激活"PN 接口的参数由上位 IO 控制器进行分配",则 IO 设备的设备名称由 IO 控制器分配,具体的通信参数以及接口区的配置参见第 5 章中的

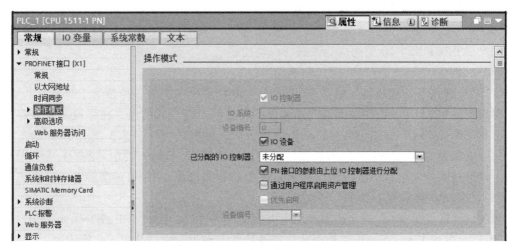

图 3-11 "操作模式"界面

相关内容。

5. 接口选项的配置

PROFINET 接口的高级选项中的接口选项界面如图 3-12 所示。在"高级选项"中可以对接口特性进行设置,其主要参数及选项功能描述如下:

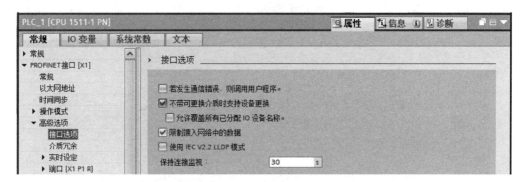

图 3-12 "接口选项"界面

(1)"若发生通信错误,则调用用户程序"选项

在默认情况下,一些关于 PROFINET 接口的通信事件,如维护信息、同步丢失等,会进入 CPU 的诊断缓冲区,但不会调用诊断中断 OB82。如果激活"若发生通信错误,则调用用户程序"选项,则在出现上述事件时,CPU 将调用诊断中断 OB82。

(2)"不带可更换介质时支持设备更换"选项

如果不通过编程设备(PG)或可移动存储介质(如 MMC 卡,上面存储有设备名称)替换旧设备,则需要激活"不带可更换介质时支持设备更换"选项。新设备不是通过可移动存储介质或 PG 来获取设备名称的,而是通过预先定义的拓扑信息和正确的相邻关系由 IO 控制器直接分配设备名称。"允许覆盖所有已分配 IP 设备名称"是指当使用拓扑信息分配设备名称时,不再需要将设备进行"重置为出厂设置"操作(S7-1500 PLC 需要固件版本 V1.5 或更高版本)。强制分配设备名称,即使原设备带有设备名称也可以分配新的设备名称。

(3)"限制馈入网络中的数据"选项

该功能可以限制标准以太网数据的带宽和峰值,以确保 PROFINET IO 实时数据通信。如果配置了 PROFINET IO 的通信,该选项自动使能。

(4)"使用 IEC V2.2 LLDP 模式"选项

LLDP 为链路层发现协议,是在 IEEE-802.1AB 标准中定义的一种独立于制造商的协议。以太网设备使用 LLDP,按固定间隔向相邻设备发送关于自身的信息,相邻设备则保存此信息。所有联网的 PROFINET 设备接口必须设置为同一种模式(IECV2.3 或 IECV2.2)。当组态同一个项目中 PROFINET 子网的设备时,博途自动设置正确的模式,用户无须考虑设置问题。如果是在不同项目下组态(如使用 GST 组态智能设备),则可能需要手动设置。

(5)"保持连接监视"选项

选项默认设置为 30s,表示该服务用于面向连接的协议,例如 TCP 或 ISO-on-TCP,周期性(30s)地发送 Keep-alive 报文检查伙伴的连接状态和可达性,并用于故障检测。

6. 介质冗余的设置

PROFINET 接口支持 MRP 协议,即介质冗余协议,可以通过 MRP 协议来实现环网的连接,如图 3-13 所示。如果使用环网,则在"介质冗余角色"中选择管理器、客户端、管理员(自动)。环网管理器发送检测报文用于检测网络连接状态,而客户端只是转发检测报文。由于 CPU1511 仅有两个 PN 端口,所以无须选择"环形端口"。当网络出现故障时,若希望调用诊断中断 OB82,则激活"诊断中断"。

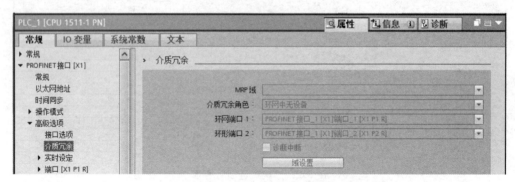

图 3-13 "介质冗余"界面

7. 实时设定

PROFINET 接口的实时设定界面如图 3-14 所示,其主要参数及选项功能描述如下:

(1)"IO 通信"选项

设置 PROFINET 的发送时钟,默认为 1.000ms,最大为 4.000ms,最小为 250μs,表示 IO 控制器和 IO 设备交换数据的最小时间间隔。

(2)"同步"选项

同步是指域内的 PROFINET 设备按照同一时基进行时钟同步,准确来说,若一台设备为同步主站(时钟发生器),则所有其他设备均为同步从站。在"同步功能"选项可以设置此接口是未同步、同步主站或同步从站。当组态 IRT(等时实时)通信时,所有的站点都在一个同步域内。

(3)"带宽"选项

博途根据 IO 设备的数量和 I/O 字节可自动计算"为循环 IO 数据计算得出的带宽",最大带宽一般为"发送时钟"的一半。

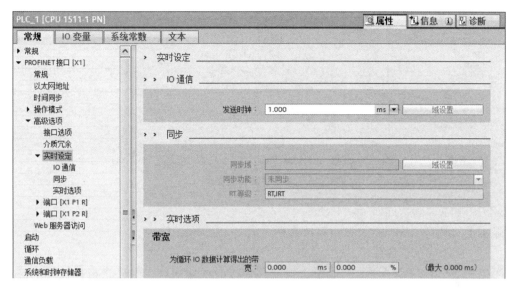

图 3-14 "实时设定"界面

8. 端口参数的配置

PROFINET 接口的端口参数设置界面如图 3-15 和图 3-16 所示,其主要参数及选项功能描述如下:

(1)"常规"选项

用户可以在"名称""作者""注释"方框中填写提示性的标注。

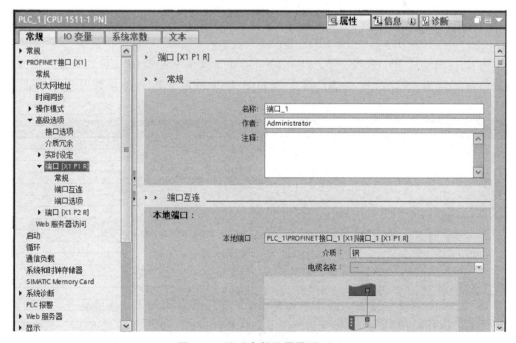

图 3-15 端口参数设置界面(1)

43

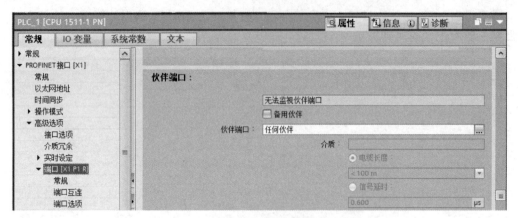

图 3-16 端口参数设置界面（2）

（2）"本地端口"选项

显示本地端口、介质的类型，默认为铜，铜缆无电缆名。

（3）"伙伴端口"选项

可以在"伙伴端口"下拉列表中选择需要连接的伙伴端口，如果在拓扑视图中已经组态了网络拓扑，则在"伙伴端口"处会显示连接的伙伴端口、介质类型及电缆长度或信号延时等信息。电缆长度或信号延时两个参数，仅适用于 PROFINET IRT 通信。若选择电缆长度，则博途根据指定的电缆长度可自动计算信号延时时间；若选择信号延时，则可人为指定信号延迟时间。

如果激活了"备用伙伴"选项，则可以在拓扑视图中将 PROFINET 接口中的一个端口连接至不同设备，同一时刻只有一个设备真正连接在端口上，并且使用功能块来启用/禁用设备，实现在操作期间替换 IO 设备（替换伙伴）的功能。

3.2.3 CPU 的启动

单击 CPU 属性视图"常规"选项卡中的"启动"选项，进入 CPU 启动参数化界面，所有设置的参数均与 CPU 的启动特性有关，如图 3-17 所示，其主要参数及选项功能描述如下：

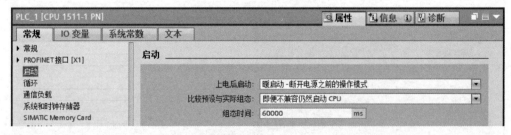

图 3-17 CPU 启动界面

（1）"上电后启动"选项

选择"上电后启动"选项，则 S7-1500 PLC 只支持暖启动方式，暖启动有"暖启动-断开电源之前的操作模式""未启动（仍然处于 STOP 模式）"和"暖启动-RUN"3 种方式可选。默认选项为"暖启动-断开电源之前的操作模式"，此时，CPU 上电后，会进入断电之前的运行模式。当 CPU 运行时，通过博途的"在线工具"可将 CPU 停止，当断电后再上电，CPU 仍然是 STOP 状态。

选择"未启动（仍然处于 STOP 模式）"，CPU 上电后处于 STOP 模式。

选择"暖启动-RUN"，CPU 上电后进入暖启动和运行模式。如果 CPU 的模式开关为"STOP"，则 CPU 不会执行启动模式，也不会进入运行模式。

（2）"比较预设与实际组态"选项

选择"比较预设与实际组态"选项，决定当硬件配置信息与实际硬件不匹配时，CPU 是否可以启动。

"仅兼容时启动 CPU"表示如果实际模块与组态模块一致或兼容，那么 CPU 可以启动。兼容是指实际模块要匹配组态模块的输入/输出数量，且必须匹配电气和功能属性。匹配模块必须完全能够替换已组态模块，功能可以更多，但不能少。比如组态的模块为 DI 16×24VDC HF（6ES7 521-1BH00-0AB0），但实际模块是 DI 32×24VDC HF（6ES7 521-1BL00-0AB0），则实际模块兼容组态模块，CPU 可以启动。

"即便不兼容仍然启动 CPU"表示实际模块与组态模块不一致，但是仍然可以启动 CPU。比如，组态模块是 DI 模块，实际模块是 AI 模块，此时 CPU 可以运行，但是带有诊断信息提示。

（3）"组态时间"选项

"组态时间"选项表示在 CPU 启动过程中，将检查集中式 I/O 模块和分布式 I/O 站点中的模块在所组态的时间段内是否准备就绪，如果没有准备就绪，则 CPU 的启动特性取决于"比较预设与实际组态"选项中的硬件兼容性设置。

3.2.4　CPU 循环扫描

单击 CPU 属性视图"常规"选项卡中的"循环"选项，进入循环参数设置界面，如图 3-18 所示，其主要参数及选项功能描述如下：

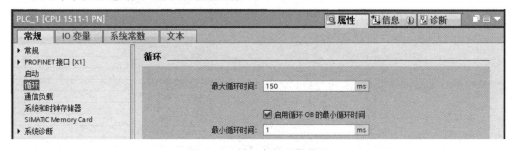

图 3-18　循环参数设置界面

（1）"最大循环时间"选项

该选项用于设定 CPU 的循环时间，如果超过了这个时间，则在没有下载 OB80 的情况下，CPU 会进入停机状态。通信处理、连续调用中断（故障）、程序故障等会增加 CPU 的循环时间。S7-1500 PLC 可以在 OB80 中处理超时错误，循环时间会变为原来的 2 倍，如果此后的循环时间再次超过了该限制，则 CPU 仍然会进入停机状态。

（2）"最小循环时间"选项

在有些应用中需要设定 CPU 最小循环时间。如果实际循环时间小于此设定的最小循环时间，则 CPU 将等待，指导达到此最小循环时间后才进行下一个扫描周期。

3.2.5 通信负载

单击 CPU 属性视图"常规"选项卡中的"通信负载"选项，如图 3-19 所示。

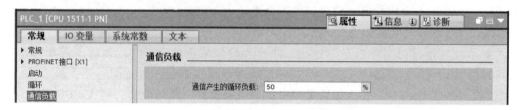

图 3-19 "通信负载"界面

CPU 间的通信以及调试时程序的下载等操作将会影响 CPU 扫描周期时间。假定 CPU 始终有足够的通信任务要处理，那么图 3-19 所示的"通信产生的循环负载"参数可以限制通信任务在一个循环时间中所占的比例，以确保 CPU 的循环时间内通信负载小于设定的比例。

3.2.6 系统和时钟存储器

单击 CPU 属性视图"常规"选项卡中的"系统和时钟存储器"选项，如图 3-20 所示。

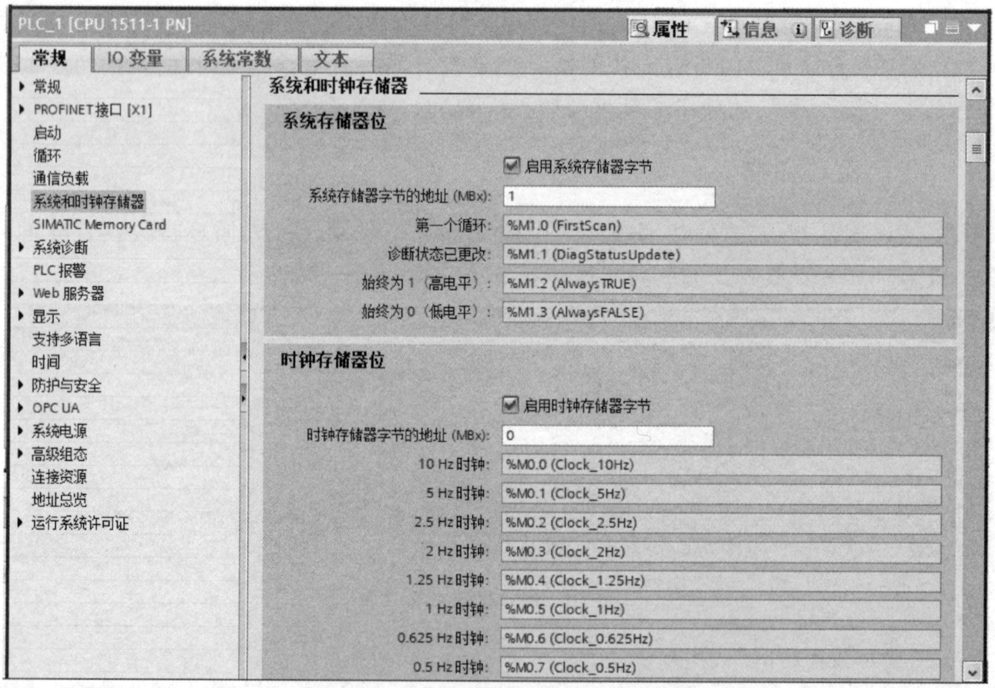

图 3-20 "系统和时钟存储器"界面

在该选项中，可以将系统和时钟信号赋值到标志区（M）的变量中。如果激活"启动系统存储器字节"选项，则将系统存储器位赋值到一个标志位存储器的字节中（MB1）。其中，第 0 位为首次扫描位，只有在 CPU 启动第一次程序循环中为 1；第 1 位表示诊断状态发生更改，当诊断状态已更改时，该位始终为 1；第 2 位始终为 1；第 3 位始终为 0；第 4~7

位是保留位。如果激活"启用时钟存储器字节",则CPU将8个固定频率的方波时钟信号赋值到一个标志位存储器的字节中(MB0),见表3-1。

表3-1 8个固定频率的方波时钟信号赋值

名　　称	变量表	数据类型	地　　址
Clock_10Hz	默认变量表	Bool	%M0.0
Clock_5Hz	默认变量表	Bool	%M0.1
Clock_2.5Hz	默认变量表	Bool	%M0.2
Clock_2Hz	默认变量表	Bool	%M0.3
Clock_1.25Hz	默认变量表	Bool	%M0.4
Clock_1Hz	默认变量表	Bool	%M0.5
Clock_0.625Hz	默认变量表	Bool	%M0.6
Clock_0.5Hz	默认变量表	Bool	%M0.7

3.2.7　显示屏的功能

单击CPU属性视图"常规"选项卡中的"显示"选项,进入显示屏参数化界面,在该界面中可以设置CPU显示屏的相关参数,其主要参数及选项功能描述如下:

(1)"常规"选项

当进入待机模式时,显示屏保持黑屏,并在按下任意键时立即重新激活。图3-21为显示功能中的"常规"选项。

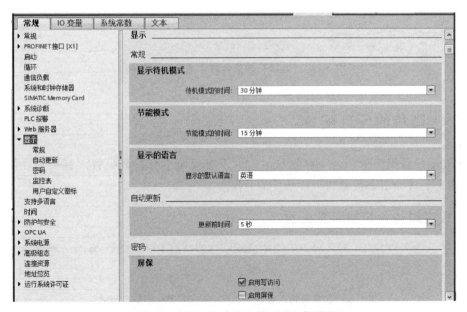

图3-21　"显示"功能中的"常规"界面

"待机模式的时间"表示显示屏进入待机模式时所需要的无任何操作的持续时间。当进入节能模式时,显示屏将以低亮度显示信息,按下任意键,节能模式立即结束。

"节能模式的时间"表示显示屏进入节能模式时所需要的无任何操作的持续时间。

"显示的默认语言"表示显示屏默认的菜单语言,设置后下载至 CPU 中立即生效,也可以在显示屏中更改菜单语言。

"更新前时间"可以更新显示屏的时间间隔,默认值为 5s。

"密码"可以设置密码保护功能。使能"启用写访问"选项,则可以修改显示屏的参数;使能"启用屏保"选项,则可以使用密码保护显示内容,同时需要配置无任何操作下访问授权自动注销的时间。

(2)"监控表"选项

在"监控表"选项中可以添加项目中的监控表和强制表,并设置访问方式为只读或读/写,如图 3-22 所示。下载后可以在显示屏中的"诊断"→"监控表"菜单下显示或修改监控表、强制表中的变量。显示屏只支持符号寻址方式,所以监控表或强制表中绝对地址的变量不能显示。

图 3-22 "显示"功能中的"监控表"界面

3.3 I/O 模块的硬件配置

在博途的设备视图中组态 I/O 模块时,可以对模块进行参数配置,包括常规信息、输入/输出通道的诊断组态信息和 I/O 地址的分配等。

3.3.1 数字量输入模块参数配置

以数字量输入模块 DI 32×24VDC BA(6ES7 521-1BL10-0AA0)为例,如图 3-23 所示,它可以组态为 3 种形式,见表 3-2。

表 3-2 数字量输入模块 DI 32×24VDC BA 的组态形式

组态形式	GSD 文件中的简短标识/模块名	博途软件版本要求
1×32 通道(不带值状态)	DI 32×24VDC BA	V13 或更高版本
4×8 通道(不带值状态)	DI 32×24VDC BA S	V13 Update 3 或更高版本(仅限于 PROFINET IO)

(续)

组态形式	GSD 文件中的简短标识/模块名	博途软件版本要求
1×32 通道（带最多 4 个子模块中模块内部共享输入的值状态）	DI 32×24VDC BA MSI	V13 Update 3 或更高版本（仅限于 PROFINET IO）

在正常情况下，即在图 3-23 所示的配置情况下，一般组态为 1×32 通道 DI 32×24VDC BA 的地址空间。图 3-24 显示了组态为 1×32 通道模块的地址空间分配。模块的起始地址可任意指定。通道的地址将从该起始地址开始。模块上已印刷字母 a~d，例如 IB a 是指模块起始地址输入字节 a。分配过程在组态 I/O 模块期间进行，单击"模块"→"属性"标签→"常规"→"I/O 地址"，就可以设置过程映像。

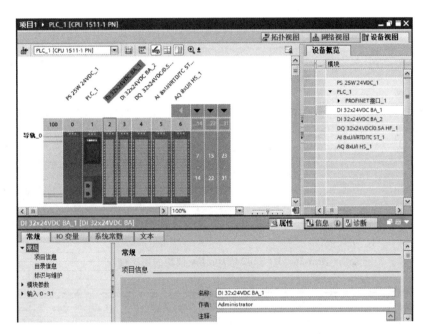

图 3-23 数字量输入 DI 32×24VDC BA 模块

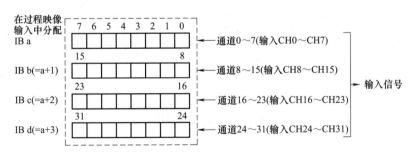

图 3-24 组态为 1×32 通道模块的地址空间分配

图 3-25 为 DI 32×24VDC BA 模块的"属性"→"模块参数"→"常规"界面，定义了启动的 3 种情况，分别是"来自 CPU""仅兼容时启动 CPU""即便不兼容仍然启动 CPU"。

图 3-26 为 DI 32×24VDC BA 模块的组态情况。由于本次组态为主控制器，不是 PROFI-

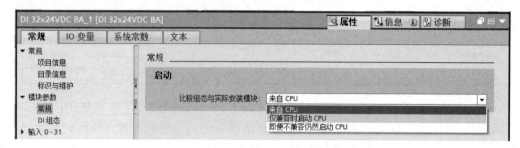

图 3-25 DI 32×24VDC BA 模块的启动界面

NET IO,因此"子模块的组态"(模块分配)显示灰色,"共享设备的模块副本(MSI)"显示灰色。本次组态为连续的 32 个输入通道,其地址可以任意指定,如图 3-27 所示。其中本模块默认地址为 I0.0~I3.7。

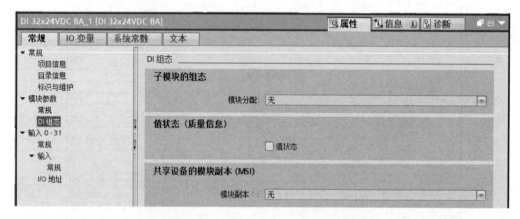

图 3-26 DI 32×24VDC BA 模块的组态情况

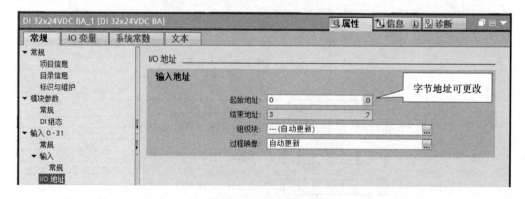

图 3-27 I/O 地址界面

3.3.2 数字量输出模块参数配置

1. DQ 组态地址

以数字量输出模块 DQ 32×24VDC/0.5A HF(6ES7 522-1BL01-0AB0)为例,如图 3-28 所示,它可以组态成 5 种形式,见表 3-3。

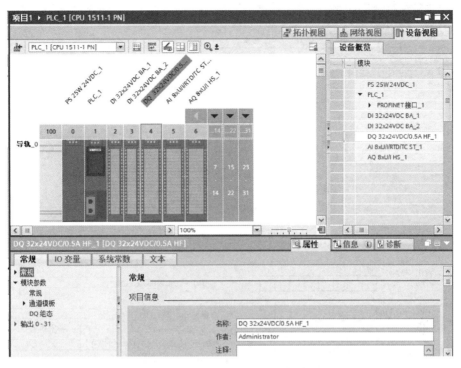

图 3-28　数字量输出模块 DQ 32×24VDC/0.5A HF

表 3-3　数字量输出模块 DQ 32×24VDC/0.5A HF 的组态形式

组态形式	GSD 文件中的缩写/模块名	是否集成在硬件中
1×32 通道（不带值状态）	DQ 32×24VDC/0.5A HF	是
1×32 通道（带值状态）	DQ 32×24VDC/0.5A HF QI	是
4×8 通道（不带值状态）	DQ 32×24VDC/0.5A HF S	是 （仅限于 PROFINET IO）
4×8 通道（带值状态）	DQ 32×24VDC/0.5A HF S QI	是 （仅限于 PROFINET IO）
1×32 通道（带最多 4 个子模块中模块内部共享输出的值状态）	DQ 32×24VDC/0.5A HF MSO	是 （仅限于 PROFINET IO）

在正常情况下，即在如图 3-29 所示的配置情况下，一般组态为 1×32 通道 DQ 32×24VDC/0.5A HF 的地址空间。如果勾选了"值状态"选项，则模块同时又占用额外的 32 个通道的输入地址空间，用于向 CPU 传送通道质量信息。

图 3-30 显示了组态为带"值状态"的 32 通道模块的地址空间分配，可任意指定模块的起始地址。通道的地址将从该起始地址开始，模块上已印刷字母 a～d，例如 QB a 是指模块起始地址输出字节 a。

图 3-31 为带"值状态"的 I/O 地址。数字量输出模块不仅有输出地址，同时还增加了输入地址。由于 2 个 DI 32×24VDC BA 模块已占用了输入字节地址 IB0～IB23（其中 IB4～IB19 预留备用），所以本模块的输入地址接续使用 IB24～IB27 字节地址；输出地址范围为 QB0～QB3。

组态为 4×8 通道的地址空间、组态为 MSO 的地址空间请参考 3.4.4 节。

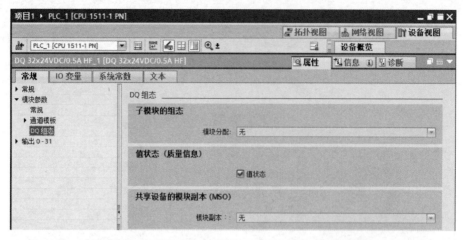

图 3-29 DQ 32×24VDC/0.5A HF 的 "DQ 组态" 界面

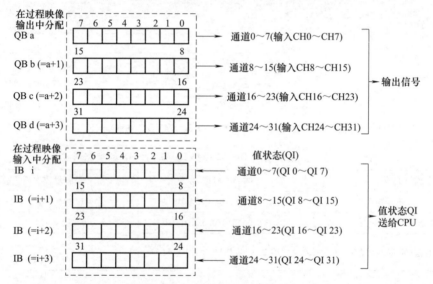

图 3-30 带 "值状态" 的 32 通道模块的地址空间分配

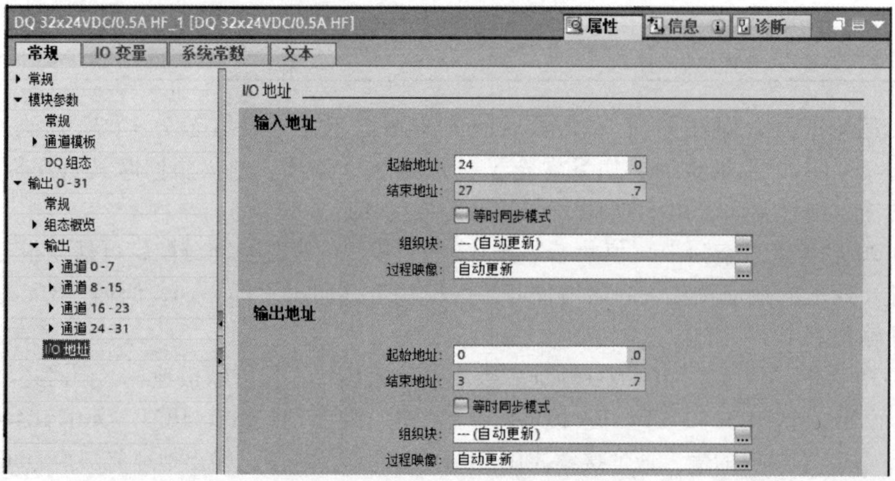

图 3-31 带 "值状态" 的 I/O 地址

2. 通道输出组态

图 3-32 为数字量 DQ 32×24VDC/0.5A HF 模块的通道模板输出组态，即在"无电源电压 L+""断路""接地短路"下启用诊断。

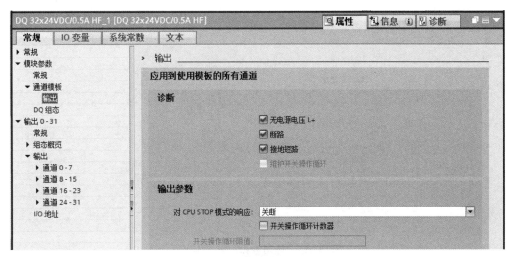

图 3-32 通道模板输出组态

图 3-33 为"对 CPU STOP 模式的响应"选项，可选择"关断""保持上一个值""输出替换值 1"三种中的一种。

图 3-33 "对 CPU STOP 模式的响应"选项

以上两种设置既可以全部应用到所有通道，也可以在每个通道中进行单独设置。图 3-34

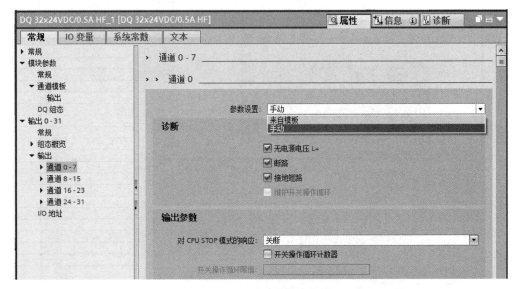

图 3-34 通道 0 的输出组态

所示为通道 0 的输出组态，"参数设置"可以选择"来自模板"或"手动"。

当输出通道设置完毕，就可在"输出参数"选项中看到所有的"输出参数概览"，如图 3-35 所示。

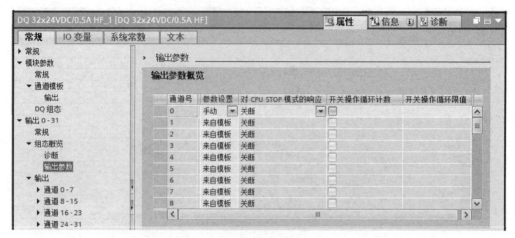

图 3-35 "输出参数概览"界面

3.3.3 模拟量输入模块参数配置

1. AI 组态地址

以模拟量输入模块 AI 8×U/I/RTD/TC ST（6ES7 531-7KF00-0AB0）为例，如图 3-36 所示，它可以组态为 5 种形式，见表 3-4。

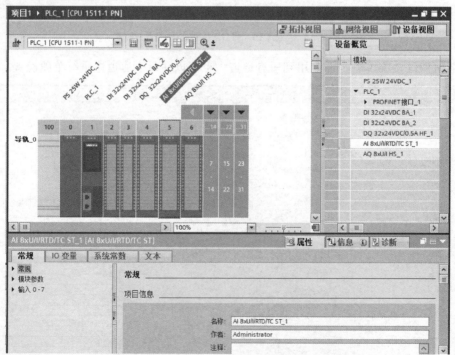

图 3-36 模拟量输入 AI 8×U/I/RTD/TC ST 模块

表 3-4　模拟量输入 AI 8×U/I/RTD/TC ST 模块的组态形式

组态形式	GSD 文件中的缩写/模块名	博途软件版本要求
1×8 通道（不带值状态）	AI 8×U/I/RTD/TC ST	V12 或更高版本
1×8 通道（带值状态）	AI 8×U/I/RTD/TC ST QI	
8×1 通道（不带值状态）	AI 8×U/I/RTD/TC ST S	V13 Update 3 或更高版本 （仅限于 PROFINET IO）
8×1 通道（带值状态）	AI 8×U/I/RTD/TC ST S QI	
1×8 通道（带最多 4 个子模块中模块 内部共享输入的值状态）	AI 8×U/I/RTD/TC ST MSI	

图 3-37 显示了组态为带"值状态"的 1×8 通道 AI 8×U/I/RTD/TC ST 模块的地址空间分配。可以任意指定模块的起始地址，通道的地址将从该起始地址开始，IB x 是指模块起始地址的输入字节 x。

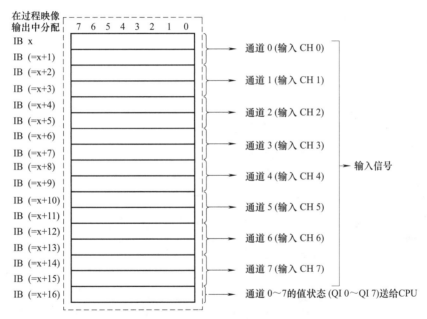

图 3-37　带"值状态"的 1×8 通道模拟量输入模块的地址空间分配

图 3-38 所示为 AI 组态选择"值状态"，模块 I/O 地址占用 17 个字节，即如图 3-39 所

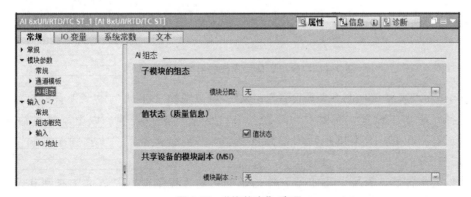

图 3-38　"值状态"选项

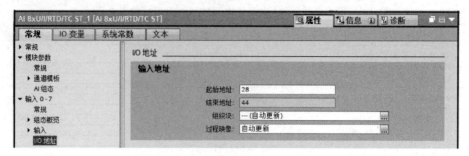

图 3-39 "输入地址"选项

示的 IB28~IB44,如果去掉"值状态"勾选,则为 16 个字节,即 IB28~IB43。由于前面模块已占用输入字节地址至 27,所以本模块输入字节地址范围为 IB28~IB44。

2. AI 通道输入属性

AI 模块可以通过选择通道模板来设置"诊断"和"测量"属性,也可以手动设置每一个通道的"诊断"和"测量"属性。图 3-40 是"应用到使用模板的所有通道"选项,包括"无电源电压 L+""上溢""下溢""共模"等多种方式诊断电流、电压、热敏电阻、热电偶的测量输入。

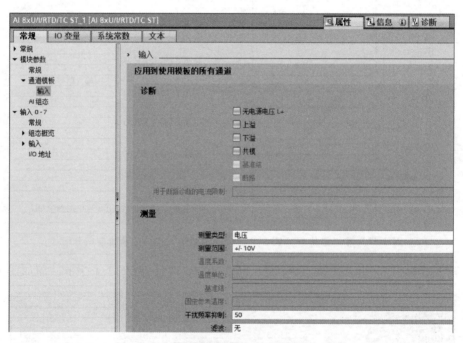

图 3-40 "应用到使用模板的所有通道"选项

图 3-41 为"通道 0"的"参数设置"选项,可以选择"手动"或"来自模板"。

若选择"手动"设置,需要对"诊断"和"测量"进行设置。以电压测量输入为例,需要依次通过图 3-42~图 3-45 所示的"测量类型""测量范围""干扰频率抑制"和"滤波"选项进行设置。

完成以上步骤后,就可以在如图 3-46 所示的"输入参数概览"界面中看到 0~7 通道的参数设置、测量类型和测量范围等信息。

第3章　S7-1500 PLC的硬件配置

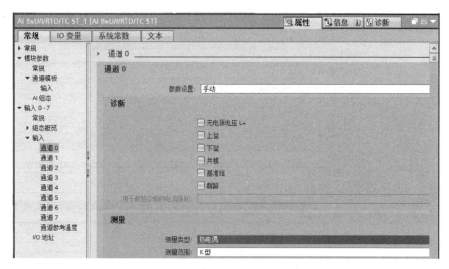

图 3-41 "通道 0"的"参数设置"选项

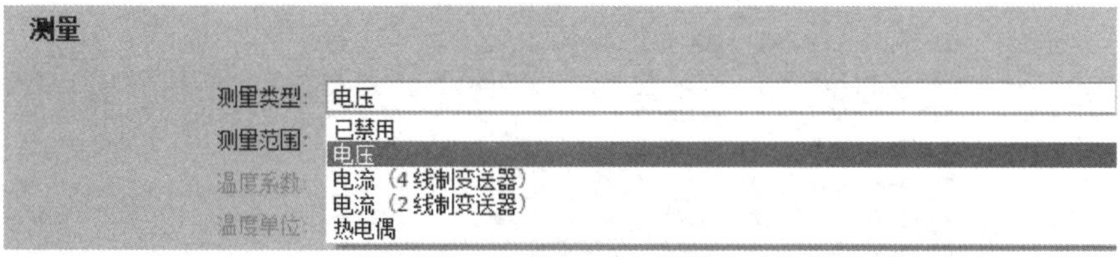

图 3-42 "测量类型"选项

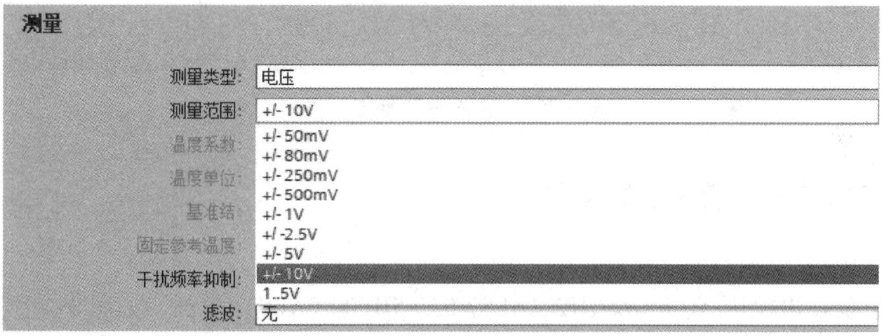

图 3-43 "测量范围"选项

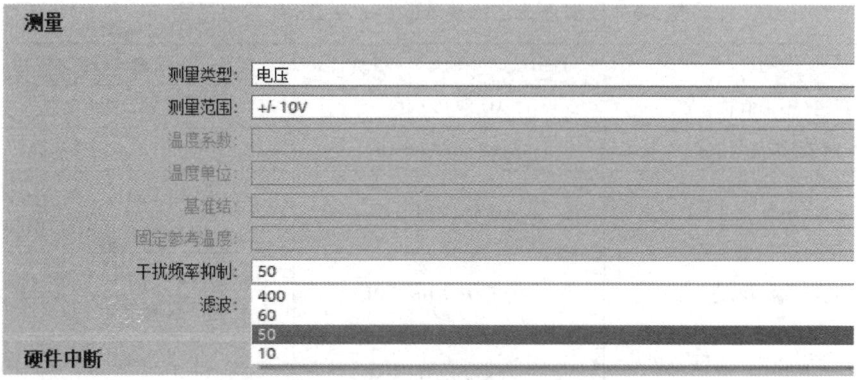

图 3-44 "干扰频率抑制"选项

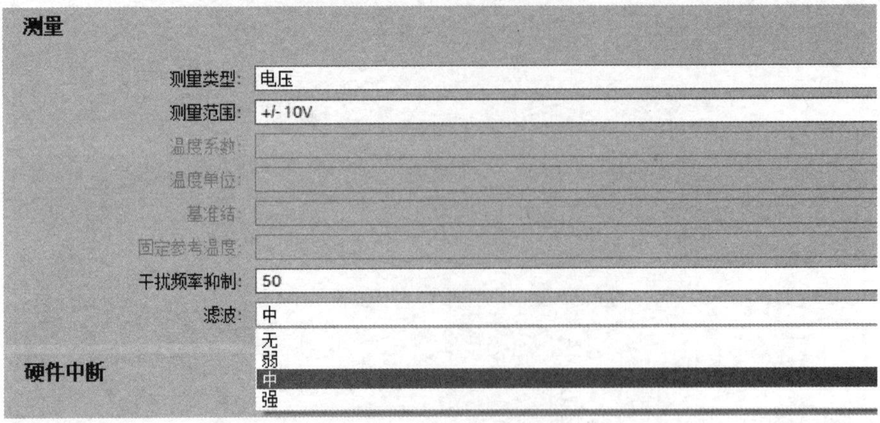

图 3-45 "滤波"选项

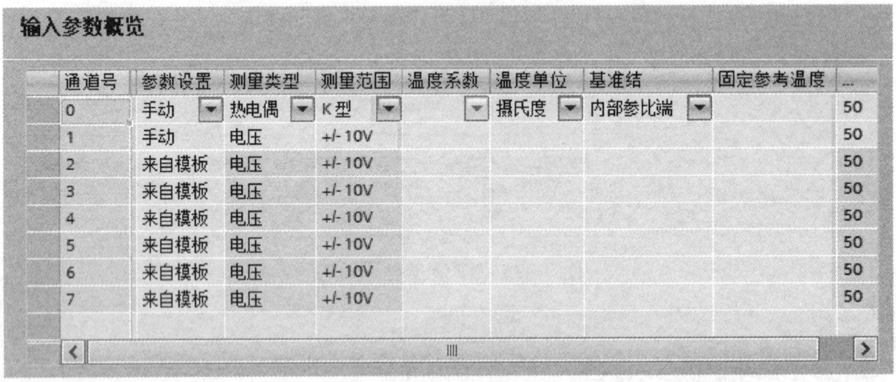

图 3-46 "输入参数概览"界面

3.3.4 模拟量输出模块参数配置

1. AQ 组态地址

以模拟量输出模块 AQ 8×U/I HS（6ES7 532-5HF00-0AB0）为例，如图 3-47 所示，它可以组态为 5 种形式，见表 3-5。

表 3-5 模拟量输出模块 AQ 8×U/I HS 的组态形式

组态形式	GSD 文件中的缩写/模块名	博途软件版本要求
1×8 通道（不带值状态）	AQ 8×U/I HS	V12 或更高版本
1×8 通道（带值状态）	AQ 8×U/I HS QI	V12 或更高版本
8×1 通道（不带值状态）	AQ 8×U/I HS S	V13 Update 3 或更高版本（仅限于 PROFINET IO）
8×1 通道（带值状态）	AQ 8×U/I HS S QI	V13 Update 3 或更高版本（仅限于 PROFINET IO）
1×8 通道（带最多 4 个子模块中模块内部共享输出的值状态）	AQ 8×U/I HS MSI	V13 Update 3 或更高版本（仅限于 PROFINET IO）

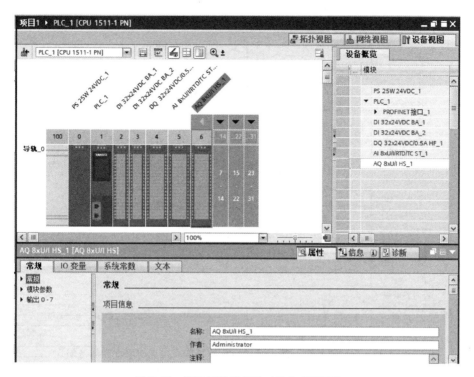

图 3-47 模拟量输出模块 AQ 8×U/I HS

图 3-48 显示了组态为带"值状态"的 AQ 8×U/I HS 模块的地址空间分配。可以任意指定模块的起始地址,通道的地址将从该起始地址开始。QB x 是指模块起始地址的输出字节 x。

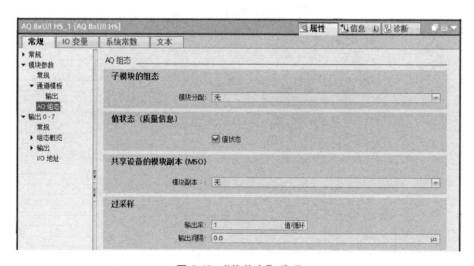

图 3-48 "值状态"选项

图 3-49 所示为 AQ 组态选择"值状态",模块 I/O 地址占用 16 个字节输出地址,即如图 3-50 所示的 QB4~QB19。这里为"值状态"勾选所占用的输入地址字节采用前期预留的 IB4~IB19 中的 IB4 字节,所以本模块输出起始地址和结束地址均为 IB4。如果去掉"值状

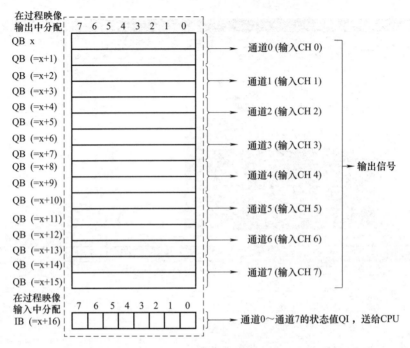

图 3-49 带"值状态"的 1×8 通道模拟量输出模块的地址空间分配

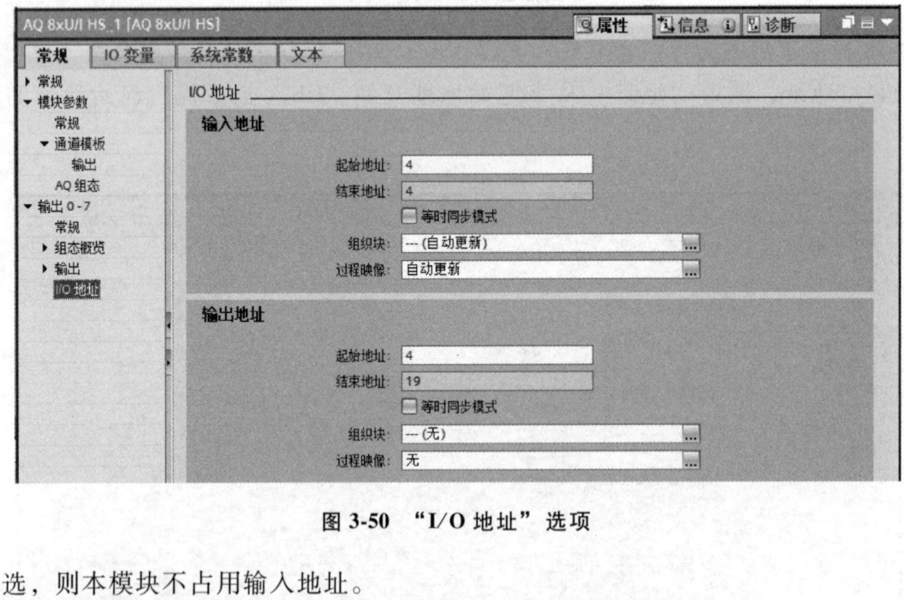

图 3-50 "I/O 地址"选项

态"勾选，则本模块不占用输入地址。

2. AQ 通道输出属性

AQ 模块可以选择通道模板来设置"诊断"和"输出参数"属性，也可以手动设置每一个通道的"诊断"和"输出参数"属性。图 3-51 是"应用到使用模板的所有通道"选项，包括"无电源电压 L+""接地短路""上溢""下溢"等多种方式诊断电流、电压、热敏电阻、热电偶的测量输出。

图 3-52 为"通道 0"的"参数设置"选项，可以选择"手动"或"来自模板"。若选

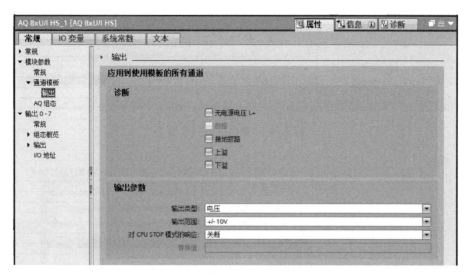

图 3-51 "应用到使用模板的所有通道"选项

择"手动"设置，需要对"诊断"和"输出"进行设置。以电压输出为例，需要依次通过图 3-53～图 3-55 所示的"输出类型""输出范围"和"对 CPU STOP 模式的响应"选项进行设置。

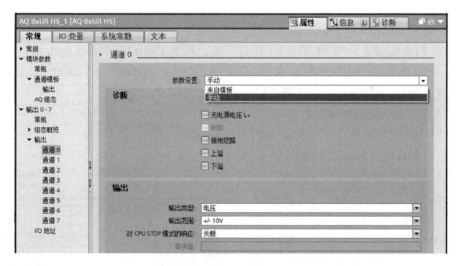

图 3-52 "通道 0"的"参数设置"选项

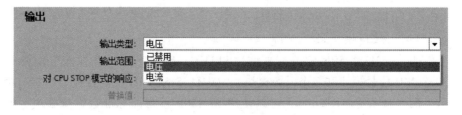

图 3-53 "输出类型"选项

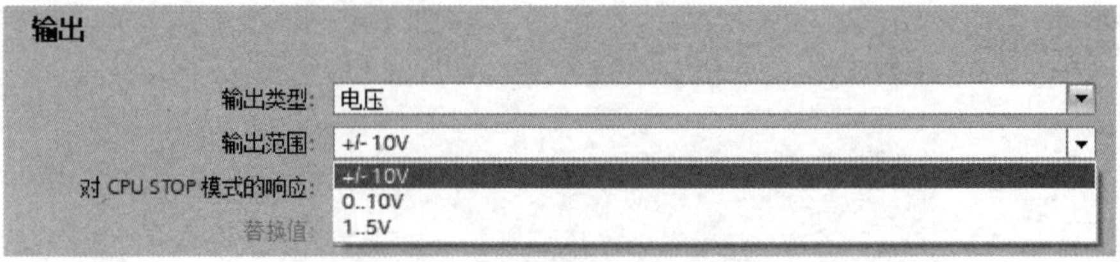

图 3-54 "输出范围"选项

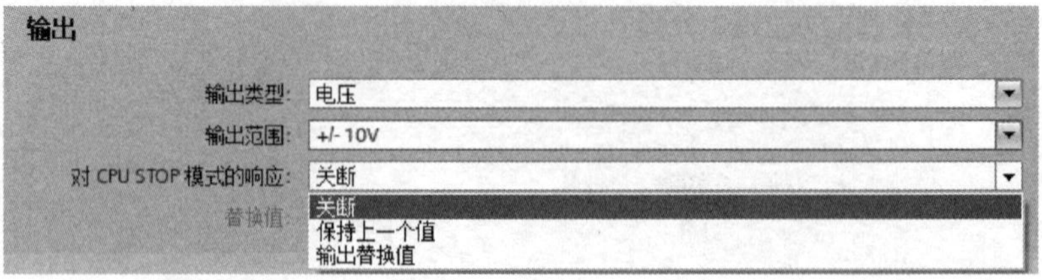

图 3-55 "对 CPU STOP 模式的响应"选项

3.4 分布式 I/O 参数配置

3.4.1 分布式 I/O 设备

S7-1500 PLC 集成有一个 PROFINET 接口,可以作为 PROFINET 系统的 I/O 控制器来接驳分布式 I/O 设备。西门子的分布式 I/O 产品有 ET200MP、ET200SP、ET200AL 和 ET200pro 等,根据 CPU 类型可以选择不同的产品搭配使用,图 3-56 是由 S7-1500 PLC 与 ET200MP 组成的包含分布式 I/O 设备的自动化控制系统。下面以 ET200MP 为例进行介绍。

ET200MP 使用与 S7-1500 PLC 相同的安装导轨,支持 PROFIBUS 和 PROFINET 总线,ET200MP 有 4 种接口模块:IMM155-5DP ST(标准型)、IMM155-5PN BA(基本型)、IMM155-5PN ST(标准型)和 IMM155-5PN HF(高性能型)。其中,IMM155-5DP ST(标准型)和 IMM155-5PN BA(基本型)接口模块最多支持 12 个 I/O 信号模块;IMM155-5PN ST(标准型)和 IMM155-5PN HF(高性能型)最多支持 32 个模块(30 个 I/O 信号模块和 2 个电源模块);IMM155-5PN HF(高性能型)接口模块还支持 PROFINET 的冗余系统。ET200MP 可以使用 S7-1500 系列的标准数字量模块、模拟量模块、工艺模块及通信模块等信号模块。

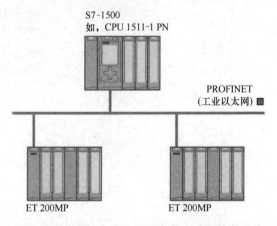

图 3-56 包含分布式 I/O 设备的自动化控制系统

3.4.2 配置 ET200MP 接口模块

选择"网络视图"选项,然后在硬件目录下,通过"分布式 I/O"→"ET200MP"→"接口模块"→"PROFINET"→"IM155-5 PN ST"找到接口模块"6ES7 155-5AA01-0AB0",如图 3-57 所示。在下方的信息中能够选择该模块的固件版本,可看到关于该模块的详细信息。

图 3-57 找到接口模块"6ES7 155-5AA01-0AB0"

将"6ES7 155-5AA01-0AB0"接口模块拖放至网络视图中,如图 3-58 所示,单击"未分配"图标,在弹出的界面中选择控制器接口,如图 3-59 所示。

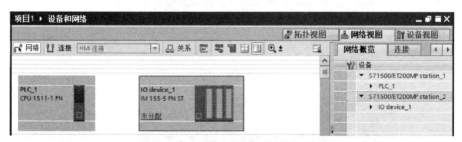

图 3-58 拖放接口模块至网络视图中

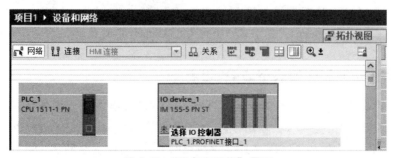

图 3-59 "设备和网络"界面

单击"PLC_1.PROFINET 接口_1"或将 PLC_1 拖拽到 ET200MP 端口,就可以生成 PROFINET 子网,如图 3-60 所示。

图 3-60 生成 PROFINET 子网

建立连接后,需要设置发送时钟,选择网络概览视图中的"PLC_1"选项,在下方的属性窗口中选择"PROFINET 接口 [X1]"→"高级选项"→"实时设定"→"IO 通信",在"发送时钟"中选择添加需要的公共发送时钟,默认值为 1.000ms,如图 3-60 所示。IO 通信的刷新时间由博途软件自动计算和设置,用户也可以自行修改。

单击"设备视图",在设备视图中的"设备选择"下拉菜单中选中"IO device_1 [IM 155-5 PN ST]",进入 ET200MP 机架配置界面,如图 3-61 所示。按照图 3-61 依次添加 DI 和 DQ 模块,添加的分布式 I/O 模块及其地址如图 3-62 所示。

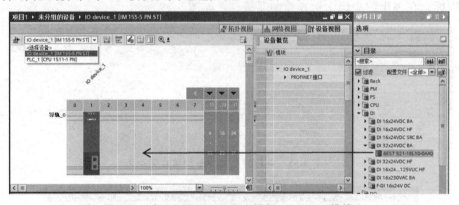

图 3-61 有 ET200MP 机架上添加 DI 和 DQ 模块

3.4.3 PROFINET I/O 模式下的 DI 组态

图 3-62 为正常情况下的分布式 I/O 模块地址,可以看出输入模块地址延续前面的 IB4 之后的 IB5~IB8(计 4 个字节),输出模块地址延续前面的 QB19 之后的 QB20~QB23。此外,该模块还可以组态为 4×8 通道的 DI 32×24VDC BA S 的地址空间和 1×32 通道的 DI 32×24VDC BA MSI 的地址空间。

1. 组态为 4×8 通道的 DI 32×24VDC BA S 的地址空间

在如图 3-63 所示的"DI 组态"选项中,"模块分配"有两个选项,即"无"和"4 个

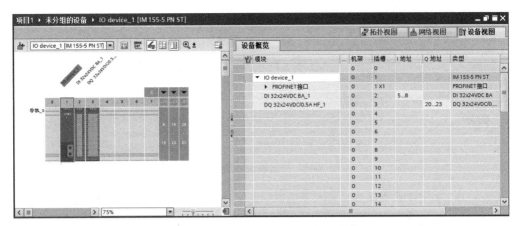

图 3-62 添加的分布式 I/O 模块及其地址

带 8 路数字量输入的子模块"。选择后者,即组态为 4×8 通道模块,此时模块的通道分为 4 个子模块,在共享设备中使用模块时,可将子模块分配给不同的 I/O 控制器,与 1×32 通道模块组态不同,这 4 个子模块都可以任意分配起始地址,如图 3-64 所示。

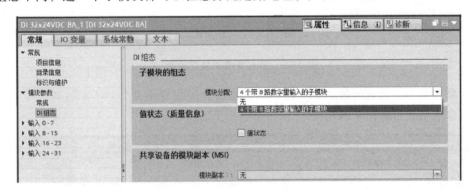

图 3-63 "DI 组态"选项

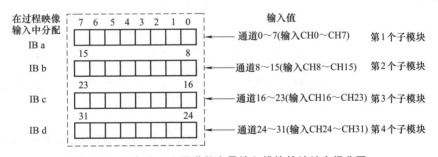

图 3-64 组态为 4×8 通道数字量输入模块的地址空间分配

当模块地址分配完成后,就会看到在如图 3-65 所示的左下角出现"输入 0-7""8-15""16-23""24-31",并可以分别输入不同模块地址,如 4 个模块分别设置为 45、55、65、75,设置完成后的地址如图 3-66 所示,有独立地址、独立插槽。

2. 组态为 1×32 通道的 DI 32×24VDC BA MSI 的地址空间

在组态为 1×32 通道模块(模块内部共享输入,MSI)时,可将模块的通道 0~31 复制到最多 4 个子模块中,如图 3-67 所示。在不同的子模块中,通道 0~31 将具有相同的输入

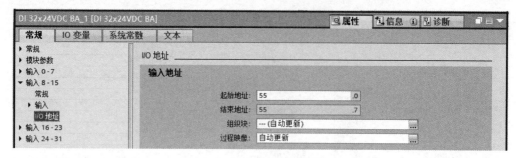

图 3-65 子模块独立地址修改

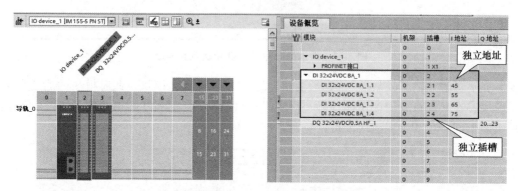

图 3-66 独立插槽和独立地址

值。在共享设备中使用该子模块时,可将该子模块分配给最多 4 个 I/O 控制器。每个 I/O 控制器都具有这些通道的读访问权限。

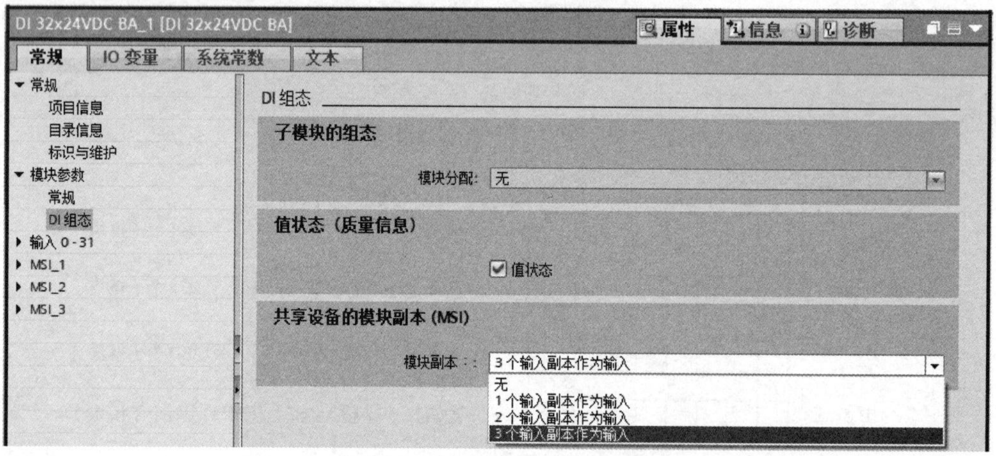

图 3-67 MSI 模块副本设置

如图 3-67 所示,一旦选择了 MSI,则"值状态"自动使能。图 3-68 为组态后的 MSI 地址,共 3 个副本,且自身和副本都占 8 个字节。

值状态的含义取决于所在子模块。对于第 1 个子模块(基本子模块),将不考虑值状态。对于第 2~4 个子模块(MSI 子模块),值状态为 0,表示值不正确或基本子模块未组态(未就绪)。图 3-69~图 3-72 分别显示了基本子模块、MSI_1 子模块、MSI_2 子模块、MSI_3 子模块的地址空间分配。

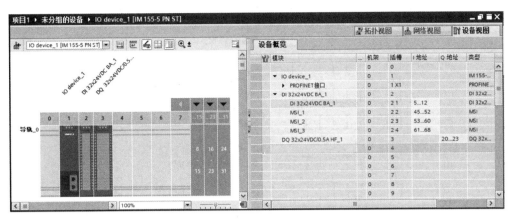

图 3-68 组态后的 MSI 地址

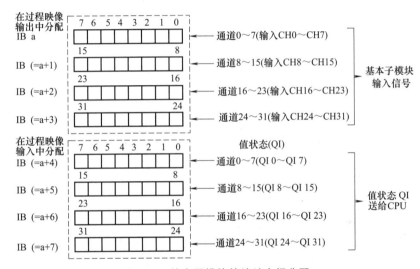

图 3-69 基本子模块的地址空间分配

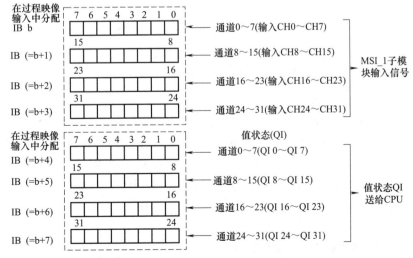

图 3-70 MSI_1 子模块的地址空间分配

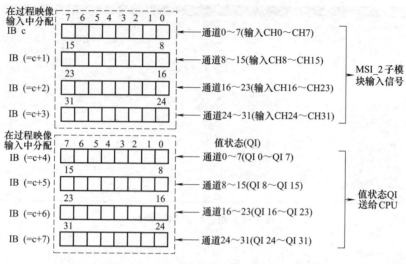

图 3-71　MSI_2 子模块的地址空间分配

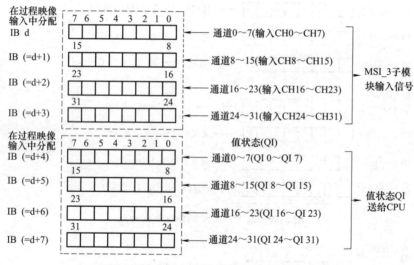

图 3-72　MSI_3 子模块的地址空间分配

3.4.4　PROFINET I/O 模式下的 DQ 组态

1. 组态为 4×8 通道的地址空间

PROFINET I/O 模式下的 DQ 模块（DQ 32×24VDC/0.5A HF）组态如图 3-73 所示。组态为 4×8 通道时，模块通道应分为多个子模块，如图 3-74 所示。在共享设备中使用该子模块时，可将模块分配给不同的 I/O 控制器。与 1×32 通道模块组态不同，这 4 个子模块都可以任意指定起始地址。用户也可以指定子模块中相关"值状态"的地址。

图 3-75 是组态为 4×8 通道（DQ 32×24VDC/0.5A HF S QI）的地址空间分配（带值状态）。

2. 组态为 1×32 通道的 MSO 地址空间

与共享设备的模块副本（MSI）类似，图 3-76 为"共享设备的模块副本（MSO）"选

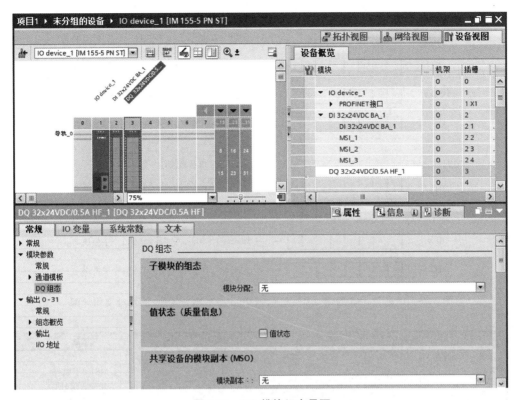

图 3-73　DQ 模块组态界面

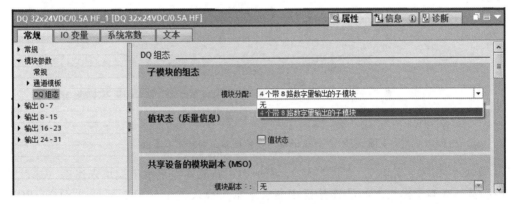

图 3-74　子模块组态界面

项，有 4 种输入选项。组态为 1×32 通道（模块内部共享输出，MSO）时，可以将模块的通道 0~31 复制到多个子模块中，各个子模块通道 0~31 的值都相同。

在共享设备中使用该子模块时，可将该子模块分配给最多 4 个 I/O 控制器，并遵循以下规则：

1）分配给子模块 1（基本子模块）的 I/O 控制器对输出通道 1×32 具有写访问权。
2）分配给子模块 2、3、4 的 I/O 控制器对输出通道 1×32 具有读访问权。
3）I/O 控制器的数量取决于所使用的的接口模块。
4）对于第 1 子模块，值状态为 0，表示值不正确或 I/O 控制器处于 STOP 状态；对于

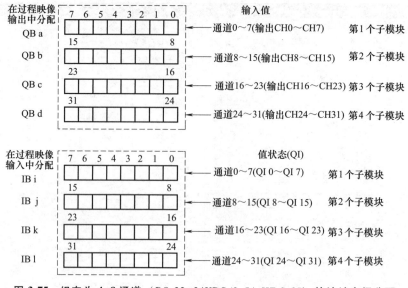

图 3-75 组态为 4×8 通道（DQ 32×24VDC/0.5A HF S QI）的地址空间分配

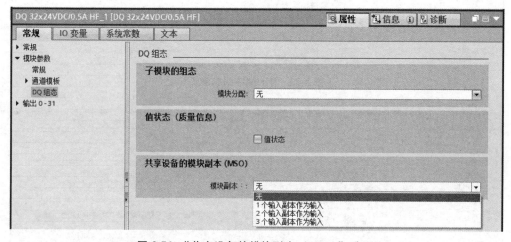

图 3-76 "共享设备的模块副本（MSO）"选项

2~4 子模块（MSO 子模块），值状态为 0，表示不正确或发生基本子模块未组态（未就绪）、I/O 控制器与基本子模块之间的连接已中断、基本子模块的 I/O 控制器处于 STOP/POWER OFF 状态等错误。

3.5 硬件配置的编译与下载

3.5.1 硬件配置的编译

某主站 S7-1500 PLC 的配置如图 3-77 所示，包含 1 个 PS 模块、1 个 CPU 1511-1 PN 模块、2 个 DI 32×24VDC BA 模块、1 个 DQ 32×24VDC/0.5A HF 模块、1 个 AI 8×U/I/RTD/TC ST 模块和 1 个 AQ 8×U/I HS 模块，共计 7 个模块，对其配置的地址总览如图 3-78 所示。

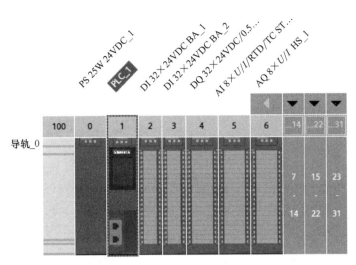

图 3-77 某主站 S7-1500 PLC 的配置

类型	起始地	结束地	大小	模块	机架	插槽	设备名称	设备…	主站/…
I	20	23	4字节	DI 32x24VDC BA_2	0	3	PLC_1 [CPU 1511-1 PN]	-	
I	0	3	4字节	DI 32x24VDC BA_1	0	2	PLC_1 [CPU 1511-1 PN]	-	
O	0	3	4字节	DQ 32x24VDC/0.5A HF_1	0	4	PLC_1 [CPU 1511-1 PN]	-	
O	24	27	4字节	DQ 32x24VDC/0.5A HF_1	0	4	PLC_1 [CPU 1511-1 PN]	-	
I	28	44	17字…	AI 8xU/I/RTD/TC ST_1	0	5	PLC_1 [CPU 1511-1 PN]	-	
O	4	19	16字…	AQ 8xU/I HS_1	0	6	PLC_1 [CPU 1511-1 PN]	-	
I	4	4	1字节	AQ 8xU/I HS_1	0	6	PLC_1 [CPU 1511-1 PN]	-	
I	5	12	8字节	DI 32x24VDC BA_1	0	2	IO device_1 [IM 155-5 PN ST]	1	PROFI…
I	45	52	8字节	DI 32x24VDC BA_1	0	2	IO device_1 [IM 155-5 PN ST]	1	PROFI…
I	53	60	8字节	DI 32x24VDC BA_1	0	2	IO device_1 [IM 155-5 PN ST]	1	PROFI…
I	61	68	8字节	DI 32x24VDC BA_1	0	2	IO device_1 [IM 155-5 PN ST]	1	PROFI…

图 3-78 地址总览

单击项目树中的"PLC_1 [CPU 1511-1 PN]"→"编译"→"硬件（完全重建）"，进行编译，如图 3-79 所示。

编译完成后，出现如图 3-80 所示的编译结果，比如编译后显示"错误：2；警告：3"。根据编译结果提示，分别对错误和警告进行相应处理。逐条对应编译结果提示的不正确信息右边的"转至" 图标，对设置参数进行修改，然后再次进行编译。图 3-81 所示为对 2 条"错误"设置修改后重新编译的结果，可见原来的 2 条错误性信息已消除，显示"错误：0；警告：3"。依次类推，对相应的警告性参数设置进行修改。

修改完成后，再次进行编译，直至"错误：0；警告：0"。有些警告可以忽略。

3.5.2 硬件配置的下载

为了将项目组态数据装载到 CPU，需要建立一个编程设备与 CPU 之间的在线连接，如果没有 CPU 实物，可以使用博途 PLCSIM 仿真软件替代。下面以 PLCSIM 仿真软件为例介绍硬件配置的下载。

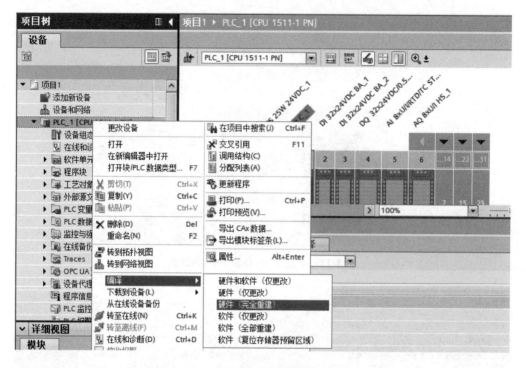

图 3-79 编译过程

图 3-80 编译结果

当硬件配置编译完成后,单击"启动仿真"图标,博途弹出 PLCSIM 仿真窗口并自动进入"扩展下载到设备"窗口界面,如图 3-82 所示。单击"开始搜索"按钮,如图 3-83 所示,接口类型为 PN/IE,访问地址为 192.168.0.1,连接 CPU 后,单击"下载"按钮,显示"下载预览"界面,如图 3-84 所示,继续单击"装载"按钮,进入下载过程,下载结束后弹出"下载结束"界面,如图 3-85 所示,单击"完成"按钮结束下载操作。

第3章 S7-1500 PLC的硬件配置

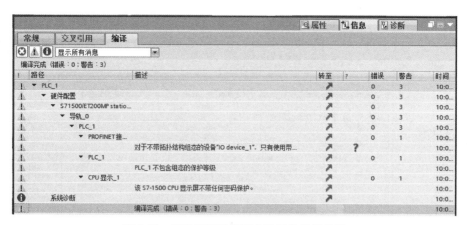

图 3-81 修改错误性设置参数后的编译结果

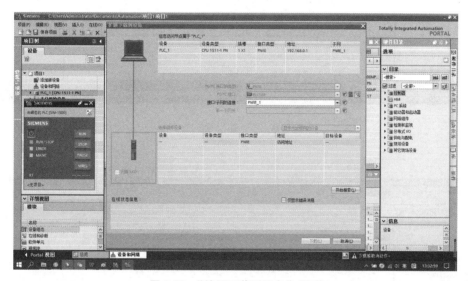

图 3-82 "扩展下载到设备"界面

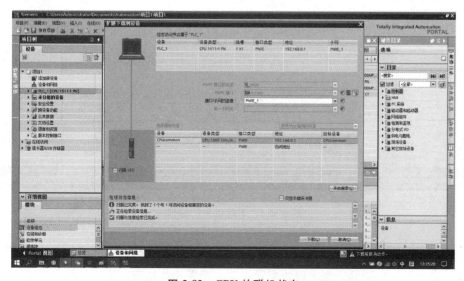

图 3-83 CPU 的联机状态

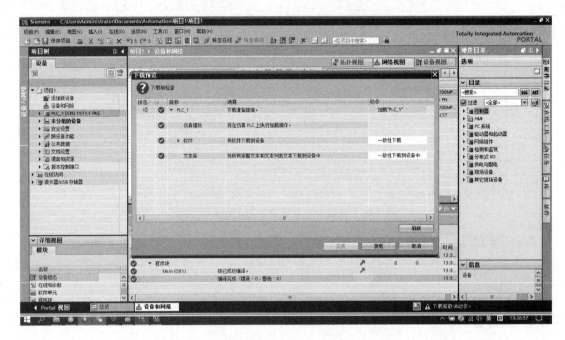

图 3-84 "下载预览"界面

图 3-85 "下载结束"界面

下载结束后,再次联机(选择"转至在线"),如图 3-86 所示,会看到与 PLC 相关的模块均显示 ✓(绿色)图标,表示硬件配置正常,配置工作结束。

第3章 S7-1500 PLC的硬件配置

图 3-86 硬件配置正常

第4章

S7-1500 PLC基本指令系统

IEC 61131-3 是世界上第一个，也是至今唯一的工业控制系统的编程语言标准，已经成为 DCS、IPC、FCS、SCADA 和运动控制系统的软件标准。IEC 61131-3 的 5 种编程语言：指令表（Instruction List，IL）、结构文本（Structured Text，ST）、梯形图（Ladder Diagram，LD）、功能块图（Function Block Diagram，FBD）、顺序功能图（Sequential Function Chart，SFC）。

S7-1500 PLC 的指令从功能上大致可分为：基本指令、扩展指令、工艺指令和通信指令。S7-1500 PLC 的扩展指令用于更多选项的复杂指令，例如日期和时间、中断、报警等指令；工艺指令是指工艺函数，例如 PID 控制、运动控制等指令；通信指令是用于通信的专用指令。这些指令实际上是厂商为满足各种客户的特殊需要而开发的通用子程序。功能指令的丰富程度及其使用的方便程度是衡量 PLC 性能的一个重要指标。

本章在介绍 PLC 基本编程知识的基础上，着重以梯形图语言为重点，系统介绍 S7-1500 PLC 指令系统中常用的基本指令，以及具体应用的编程方法；介绍工艺指令以及部分通信指令，介绍仿真软件。

> 本章主要内容：
> - S7-1500 PLC 编程基础。
> - S7-1500 PLC 基本指令及编程方法。
> - S7-1500 PLC 工艺指令与通信指令。
> - S7-1500 PLC 的仿真。

本章重点是熟练掌握梯形图的编程方法，掌握基本指令和常用指令。通过对本章的学习，做到可以根据需要编制出结构较复杂的控制程序。

4.1 基本数据类型

S7-1500 PLC 的数据类型主要有基本数据类型、复合数据类型、PLC 数据类型、参数类型、系统数据类型和硬件数据类型等。数据类型决定了数据的属性，例如数据长度和有效存储区的表示等。编写程序时，变量的数据类型必须与指令的数据类型匹配。

S7-1500 PLC 的指令参数所用的基本数据类型可分为：二进制数数据类型、整数数据类型、浮点数数据类型、定时器数据类型、日期和时间数据类型、字符和字符串数据类型等。

每一种基本数据类型都具备关键字、数据长度、取值范围和常数表达格式等属性。

1. 二进制数数据类型

二进制数数据类型包含布尔型（Bool）和位字符串数据类型，位字符串数据类型包括：字节型（Byte）、字型（Word）、双字型（DWord）和长字型（LWord），其数据长度、取值范围、常数表达格式举例见表 4-1。

表 4-1 二进制数数据类型

关键字	长度（位）	取值范围	常数表达格式举例
Bool	1	1, 0	True, Bool#0
Byte	8	二进制：2#0 ~ 2#1111_1111 十六进制：16#0 ~ 16#FF	16#0F, 16#AB
Word	16	十六进制：16#0 ~ 16#FFFF	16#F0F0, 16#0001
DWord	32	十六进制：16#0 ~ 16#FFFF_FFFF	16#00F0_FF00
LWord	64	十六进制：16#0 ~ 16#FFFF_FFFF_FFFF_FFFF	16#00F0_FF00_5F52_DE8B

2. 整数数据类型

整数数据类型包含无符号短整数型（USint）、有符号短整数型（Sint）、无符号整数型（UInt）、有符号整数型（Int）、无符号双整数型（UDInt）、有符号双整数型（DInt）、无符号长整数型（ULInt）以及有符号长整数型（LInt），其数据长度、取值范围、常数表达格式举例见表 4-2。

表 4-2 整数数据类型

关键字	长度（位）	取值范围	常数表达格式举例
USint	8	0 ~ 255	78, USINT#78
Sint	8	-128 ~ 127	44, SINT#44
UInt	16	0 ~ 65535	65295, UINT#65295
Int	16	-32768 ~ 32767	3785, INT#3785
UDInt	32	0 ~ 4294967295	67295, UDINT#67295
DInt	32	-2147483648 ~ 2147483647	83648, DINT#-83648
ULInt	64	0 ~ 18446744073709551615	551615, ULINT#551615
LInt	64	-9223372036854775808 ~ 9223372036854775807	54775807, LINT#-54775807

3. 浮点数数据类型

浮点数也称实数，数据类型包含实数型（Real）和长实数型（LReal），其数据长度、取值范围、常数表达格式举例见表 4-3。

表 4-3 浮点数数据类型

关键字	长度（位）	取值范围	常数表达格式举例
Real	32	$\pm 1.175495 \times 10^{-38} \sim \pm 3.402823 \times 10^{38}$	12.45, -3.4, -1.2E+3
LReal	64	$\pm 2.2250738585072020 \times 10^{-308} \sim$ $\pm 1.7976931348623157 \times 10^{308}$	12345.12345 -1,2E+40

4. 定时器数据类型

定时器数据类型包含 S5 时间（S5Time）、时间（Time）、长时间（LTime）数据类型。

S5 时间（S5Time）数据类型长度为 16bit，将时间存储为 BCD 格式，时间的生成基于时间基线和 0~999 范围内的时间值，如图 4-1 所示，表述的时间为时基与时间值的乘积。bit13 和 bit12 用于确定时基信息（00 表示 10ms，01 表示 100ms，10 表示 1s，11 表示 10s），低 12bits 为 0~999 的 BCD 码时间值。时间基线指示定时器时间值按步长 1 减少直至为 "0" 的时间间隔，时间的分辨率可以通过时间基线来控制。

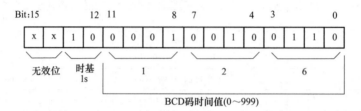

图 4-1 S5Time 数据类型的表示方法

时间（Time）数据类型的操作数内容以毫秒表示，用于数据长度为 32bit 的 IEC 定时器，表示信息包含天（d）、小时（h）、分钟（m）、秒（s）和毫秒（ms）。

长时间（LTime）数据类型的操作数内容以纳秒表示，用于数据长度为 64bit 的 IEC 定时器。表示信息包含天（d）、小时（h）、分钟（m）、秒（s）、毫秒（ms）、微秒（us）和纳秒（ns）。

定时器数据类型的属性见表 4-4。

表 4-4 定时器数据类型

关键字	长度（位）	取值范围	常数表达格式举例
S5Time	16	S5T#0ms~S5T#2h_46m_30s_0ms	S5T#10s, S5T#2h_10s
Time	32	T#-24d_20h_31m_23s_648ms~ T#+24d_20h_31m_23s_647ms	T#10d_20h_30m_20s_630ms, TIME#10d_20h_30m_20s_630ms
LTime	64	LT#-106751d_23h_47m_16s_854ms_ 775us_808ns~LT#+106751d_23h_ 47m_16s_854ms_775us_807ns	LT#11350d_20h_25m_14s_ 830ms_652us_315ns, LTIME#11350d_ 20h_25m_14s_830ms_652us_315ns

5. 日期和时间数据类型

日期和时间数据类型包含 DATE、TOD、LTOD、DT、LDT、DTL 数据类型，见表 4-5。

DATE 数据类型将日期作为无符号整数保存。表示法中包括年、月和日。Date 的操作数为十六进制形式，对应于自 1990 年 1 月 1 日以来的日期值。

TOD（Time_Of_Day）数据类型占用 4 个字节，存储从当天 0：00h 开始的毫秒数，为无符号整数。

LTOD（LTime_Of_Day）数据类型占用 8 个字节，存储从当天 0：00 h 开始的纳秒数，为无符号整数。

DT（Date_And_Time）数据类型占用 8 个字节，存储自 1990 年 1 月 1 日 0：00h 以来的

日期和时间信息，单位为毫秒。

LDT（Date_And_LTime）数据类型占用 8 个字节，存储自 1970 年 1 月 1 日 0：00 h 以来的日期和时间信息，单位为纳秒。

DTL 数据类型的操作数长度为 12 个字节，以预定义结构存储日期和时间信息，单位为纳秒。

表 4-5 日期和时间数据类型

关键字	长度（字节）	取值范围	常数表达格式举例
DATE	2	最小值：D#1990-01-01 最大值：D#2169-06-06	D#2009-12-31，DATE#2009-12-31
Time_Of_Day	4	TOD#00：00：00.000～ TOD#23：59：59.999	TOD#10：20：30.400， TIME_OF_DAY#10：20：30.400
LTime_Of_Day	8	LTOD#00：00：00.000000000～ LTOD#23：59：59.999999999	LTOD#10：20：30.400_365_215， LTIME_OF_DAY#10：20：30.400_365_215
Date_And_Time	8	最小值：DT#1990-01-01-00：00：00.000 最大值：DT#2089-12-31-23：59：59.999	DT#2008-10-25-08：12：34.567， DATE_AND_TIME#2008-10-25-08：12：34.567
Date_And_LTime	8	最小值：LDT#1970-01-01-00：00：00.000000000 最大值：LDT#2262-04-11-23：47：16.854775807	LDT#2008-10-25-08：12：34.567
DTL	12	最小值：DTL#1970-01-01-00：00：00.0 最大值：DTL#2262-04-11-23：47：16.854775807	DTL#2008-12-16-20：30：20.250

6. 字符和字符串数据类型

字符数据类型包含字符（Char）、宽字符（WChar）。Char 数据类型长度为 8 位，以 ASCII 格式存储单个字符。WChar 数据类型长度为 16 位，将扩展字符集中的单个字符保存为 UFT-16 编码形式，但只涉及整个 Unicode 范围的一部分，不能显示的字符将使用一个转义字符进行显示。

字符串数据类型包含字符串（String）和宽字符串（WString）。String 数据类型的操作数用于在一个字符串中存储多个数据类型为 Char 的字符，最多可存储 254 个字符。WString 数据类型的操作数用于在一个字符串中存储多个数据类型为 WChar 的 Unicode 字符。

字符和字符串数据类型的数据长度、格式、取值范围、常数表达格式举例见表 4-6。

表 4-6 字符和字符串数据类型

关键字	长度	格式	取值范围	常数表达格式举例
Char	8 位	ASCII 字符	ASCII 字符集	'A'，Char#'A'
WChar	16 位	Unicode 字符	$0000～$D7FF	WChar#'a'
String	n+2 字节	ASCII 字符串	0～254 个字符	'Name'，String#'NAME'
WString	n+4 字节	Unicode 字符串	预设值：0～254 个字符 可能的最大值：0～16382	WString#'Hello World！'

注：n 为指定字符串的长度；字符串数据类型的操作数在系统中额外占用 2 个或 4 个字节的内存。

4.2　存储区与寻址

S7-1500 PLC 的存储区由装载存储器、工作存储器、保持性存储器、系统存储器组成。

- 装载存储器，类似于计算机的硬盘，是一个非易失性存储器，用于存储程序代码、数据块和硬件配置。将这些对象装载到 CPU 时，会首先存储到装载存储器中。装载存储器位于 SIMATIC 存储卡上，在运行 CPU 之前必须先插入 SIMATIC 存储卡。

- 工作存储器，类似于计算机的内存，是一个易失性存储器，用于存储用户代码和数据块，相应地把工作存储器分为代码工作存储器和数据工作存储器。代码工作存储器保存与运行时相关的程序代码部分。数据工作存储器保存数据块和工艺对象中与运行时相关的部分。在 POWER ON→STARTUP 和 STOP→STARTUP 的操作模式转换中，全局数据块、背景数据块和工艺对象的变量都将使用初始值来初始化。保持性变量将保留保存在保持性存储器中的实际值。工作存储器集成在 CPU 中，不可扩展。

- 保持性存储器是一个非易失性存储器，用于在发生电源故障时存储有限数量的数据。用户可将位存储器、定时器、计数器、全局块中的变量、背景数据块中的变量定义为具有保持性，工艺对象的某些变量（如绝对编码器的校准值）始终具有保持性。具有保持性的变量保存在保持性存储器中，即使出现掉电或电源故障，保持性存储器中的数据也不会丢失。操作模式从 POWER ON→STARTUP 以及从 STOP→STARTUP 时，所有其他变量均会丢失且被设置为初始值。可以通过存储器复位和恢复出厂设置来删除保持性存储器中的内容。工艺对象的指定变量也存储在保持性存储器中，且存储器复位时不删除这些变量。

- 系统存储器是 CPU 为用户提供的与运行系统相关的存储区域，用于存储用户程序的操作数据，如过程映像输入（I）、物理输入（I_: P）、过程映像输出（Q）、物理输出（Q_: P）、标识位存储区（M）、定时器（T）、计数器（C）、本地存储区（L）等。

4.2.1　存储区的地址表示格式

每个存储单元都有唯一的地址。用户程序利用这些地址访问存储单元中的信息。绝对地址由以下元素组成：

- 存储区标识符（如 I、Q 或 M）。
- 要访问的数据的大小（"B" 表示 Byte、"W" 表示 Word 或 "D" 表示 DWord）。
- 数据的起始地址（如字节 3 或字 3）。

用户可以按位、字节、字、双字来存取存储区中的数据。用户按位存取时，不需输入数据大小的助记符号，仅需输入数据的存储区、字节位置和位位置（如 I0.0、Q0.1 或 M3.4）。如图 4-2 所示，存储区和字节地址（M 代表位存储区，3 代表 Byte 3）通过后面的句点（"."）与位地址（位 4）分隔。

用户访问字节、字、双字地址存储区时，格式为：ATx。必须指定区域标识符 A、数据长度 T 和该字节、字或双字的起始字节地址 x。如图 4-3 所示，用 MB100、MW100、MD100 分别表示字节、字、双字的地址。MW100 由 MB100、MB101 两个字节组成；MD100 由 MB100~MB103 四个字节组成。

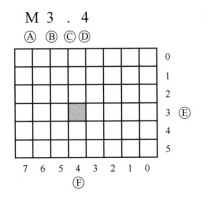

图 4-2 位地址格式

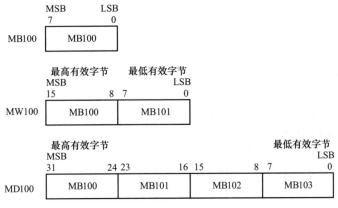

图 4-3 字节、字、双字地址格式

4.2.2 系统存储器寻址

1. 过程映像输入（I）

过程映像输入也称为输入映像寄存器（I），是专门用来接收 PLC 外部开关信号的存储区。PLC 的每一个物理输入端子与输入映像寄存器（I）的相应位相对应。在每次扫描周期开始前，CPU 对物理输入点进行采样，并将采样结果写入过程映像输入区中，作为程序处理输入点状态的依据。输入映像寄存器的状态只能由外部输入信号驱动，而不能在内部由程序指令来改变。输入映像寄存器（I）的地址格式为：

位地址：I［字节地址］.［位地址］，如 I0.1。

字节、字、双字地址：I［数据长度］［起始字节地址］，如 IB4、IW6、ID10。

2. 物理输入（I_:P）

物理输入（I_:P）也称为物理输入点（输入端子），在过程映像地址后加地址标志符":P"，可执行立即读取物理输入点的状态（例如"%I1.4：P"）。对于立即读取，直接从物理输入读取位数据值，而非从过程映像中读取。立即读取不会更新对应的过程映像。

3. 过程映像输出区（Q）

过程映像输出（Q）也称为输出映像寄存器（Q），每一个输出模块的端子与输出映像寄存器的相应位相对应。CPU 将输出结果存放在输出映像寄存器中，在扫描周期的结尾，

CPU 以批处理方式将输出映像寄存器的数值复制到相应的输出端子上，通过输出模块将输出信号传送给外部负载。输出映像寄存器（Q）的地址格式为：

位地址：Q［字节地址］.［位地址］，如 Q1.1。

字节、字、双字地址：Q［数据长度］［起始字节地址］，如 QB5、QW8、QD11。

4. 物理输出（Q_: P）

物理输出（Q_: P）也称为物理输出点（输出端子），在过程映像地址后加地址标志符":P"，可执行立即输出结果到物理输出点（例如"%Q1.3: P"）。对于立即输出，将位数据值写入输出过程映像输出并直接写入物理输出点。

5. 标识位存储区（M）

标识位存储区（M），用于中间运算结果或标志位的存储，类似模拟继电器控制系统中的中间继电器，针对控制继电器及数据的位存储区（M 存储器）用于存储操作的中间状态或其他控制信息。可以按位、字节、字或双字来存取位存储区。标识位存储区（M）的地址格式为：

位地址：M［字节地址］.［位地址］，如 M20.7。

字节、字、双字地址：M［数据长度］［起始字节地址］，如 MB20、MW20、MD20。

6. 定时器（T）

定时器存储区位于 CPU 系统存储器中，定时器数量与 CPU 型号有关。定时器可表示为 Tx，T 为定时器地址标识符，x 表示第 x 个定时器。

7. 计数器（C）

计数器存储区位于 CPU 系统存储器中，计数器数量与 CPU 型号有关。计数器可表示为 Cx，C 为计数器地址标识符，x 表示第 x 个计数器。

8. 数据块（DB）

数据块可以存储在装载存储器、工作存储器和系统存储器（块堆栈）中，共享数据块的标识符为"DB"，函数块 FB 的背景数据块的标识符为"DI"。数据块的大小与 CPU 型号有关。

可以按位、字节、字或双字访问数据块存储器。读/写数据块允许读访问和写访问，只读数据块只允许读访问。

位地址：DB［数据块编号］.DBX［字节地址］.［位地址］，如 DB1.DBX2.3。

字节、字、双字地址：DB［数据块编号］.DB［大小］［起始字节地址］，如 DB1.DBB4、DB10.DBW 2、DB20.DBD8。

9. 本地存储区（L）

CPU 根据需要分配本地存储区。启动代码块（对于 OB）或调用代码块（对于 FC 或 FB）时，CPU 将为代码块分配本地存储区并将存储单元初始化为 0。

本地存储区与 M 存储区类似，但有一个主要的区别：M 存储区在"全局"范围内有效，而本地存储区在"局部"范围内有效。任何 OB、FC 或 FB 都可以访问 M 存储区中的数据，M 存储区的数据可以全局性地用于用户程序中的所有元素。CPU 限定只有创建或声明了本地存储单元的 OB、FC 或 FB 才可以访问本地存储区中的数据。本地存储单元是局部有效的，并且其他代码块不会共享本地存储区，即使在代码块调用其他代码块时也是如此。例如当 OB 调用 FC 时，FC 无法访问对其进行调用的 OB 的本地存储区。

可以按位、字节、字、双字访问本地存储区，本地存储区（L）的地址格式为：

位地址：L［字节地址］.［位地址］，如L0.0。

字节、字、双字地址：L［数据长度］［起始字节地址］，如LB33、LW44、LD55。

4.3 程序块

S7-1500 PLC 的 CPU 中固化有操作系统，它提供 CPU 运行和调试的机制，管理所有与特定控制任务无关的 CPU 功能和序列。操作系统的任务包含：暖启动处理、更新输入和输出映像、调用用户程序、检测中断和调用中断 OB、检测和处理错误、管理存储区等。操作系统按照时间驱动扫描用户程序。用户程序写在不同的程序块中，操作系统按照执行条件来执行相应的程序块。

4.3.1 程序块的类型

S7-1500 PLC 支持使用组织块（OB）、函数（FC）、函数块（FB）和数据块（DB）来创建用户程序。

组织块（OB）是操作系统和用户程序之间的接口。组织块由操作系统调用，控制 PLC 启动特性、循环程序执行、中断驱动的程序执行、错误处理。可以对组织块进行编程并同时确定 CPU 的特性。

函数（FC）是由用户编写的不带存储器的代码块。由于没有可以存储块参数值的数据存储器，所以调用函数时必须给所有形参分配实参。

函数块（FB）是由用户编写的带存储器的代码块。调用 FB 时，将输入、输出和输入/输出参数永久地存储在背景数据块（DB）中。执行完 FB 后，不会丢失 DB 中保存的数据。

数据块（DB）用于存储程序块中使用的数据，包括全局数据块和背景数据块。全局数据块用于存储程序数据，由用户定义产生。背景数据块在调用 FB 时自动生成，作为 FB 的存储器。

4.3.2 OB 可实现的功能

组织块（OB）是操作系统和用户程序之间的接口。组织块由操作系统调用，控制循环程序、中断事件处理程序、PLC 启动特性和错误处理。CPU 按优先等级处理 OB，高优先级 OB 可以中断低优先级 OB 的执行。S7-1500 PLC 支持 26 个优先级，最低优先级为 1，最高优先级为 26。组织块（OB）的类型和优先级见表 4-7。

表 4-7 组织块的类型和优先级

事件源类型	优先级（默认）	OB 编号	默认系统响应	支持的 OB 数量
启动	1	100，≥123	忽略	100
循环程序	1	1，≥123	忽略	100
时间中断	2~24(2)	10~17，≥123	不适用	20
状态中断	2~24(4)	55	忽略	1
更新中断	2~24(4)	56	忽略	1

（续）

事件源类型	优先级（默认）	OB 编号	默认系统响应	支持的 OB 数量
制造商或配置文件特定中断	2~24（4）	57	忽略	1
延时中断	2~24（3）	20~23，≥123	不适用	20
循环中断	2~24（8~17，取决于循环时间）	30~38，≥123	不适用	20
硬件中断	2~26（16）	40~47，≥123	忽略	50
等时同步模式中断	16~26（21）	61~64，≥123	忽略	20（每个等时同步接口一个）
CPU 冗余错误（仅 R/H-CPU）	2~26（26）	72	忽略	1
MC 插补器	16~25（24）	92	不适用	1
MC 伺服	17~26（26）	91	不适用	1
MC 预伺服	相当于 MC 伺服	67	不适用	1
MC 后伺服	相当于 MC 伺服	95	不适用	1
MC-LookAhead	14~16（15）	97	不适用	1
MC 转换	17~25（25）	98	不适用	1
时间错误	22	80	忽略	1
超出循环监视时间一次			STOP	
诊断中断	2~26（5）	82	忽略	1
移除/插入模块	2~26（6）	83	忽略	1
机架错误	2~26（6）	86	忽略	1
编程错误（仅限全局错误处理）	2~26（7）	121	STOP	1
I/O 访问错误（仅限全局错误处理）	2~26（7）	122	忽略	1

1. 启动 OB

操作系统从"STOP"切换到"RUN"模式时，首先调用启动 OB。如果有多个启动 OB，则从最小 OB 编号开始依次调用。在启动 OB 执行过程中，所有过程映像输入的值都为 0。用户可以在启动 OB 中定义循环程序的默认设置。

启动 OB 执行完成后，操作系统将读入过程映像输入并启动循环程序。

2. 循环程序 OB

用户程序的本质就是循环程序，循环程序可以有一个或多个程序循环 OB。OB1 是系统默认程序循环 OB，如果创建了多个程序循环 OB，则从最小 OB 编号开始依次调用。程序循环 OB 的优先级为 1，任何其他事件都可以中断循环程序。

执行循环程序之后，操作系统会更新过程映像：先将过程映像输出中的值写到输出模块，再读取输入模块处的输入并传送到过程映像输入。

3. 时间中断 OB

时间中断 OB 可以由用户指定日期时间产生中断，或指定特定周期产生中断。例如在 2035 年 1 月每天 20 点保存数据。通过调用"SET_TINT"、"CAN_TINT"和"ACT_TINT"指令来设置、取消和激活时间中断。

时间中断最多可使用20个，默认范围是OB10~OB17，其余可组态OB编号123以上组织块。

4. 延时中断OB

通过调用"SRT_DINT"指令来设置延时时间并启动延时中断。指定的延时时间结束后，延时中断OB将中断循环OB的执行。通过调用"CAN_DINT"指令来取消延时中断。

延时中断最多可使用20个，默认范围是OB20~OB23，其余可组态OB编号123以上组织块。

5. 循环中断OB

用户可通过循环中断OB以相同时间间隔中断用户程序，来执行特定功能。循环中断最多可使用20个，默认范围是OB30~OB38，其余可组态OB编号123以上组织块。

6. 硬件中断OB

硬件中断OB用于快速响应信号模块（SM）、通信处理器（CP）、功能模块（FM）的信号变化。硬件中断OB会中断正常的程序执行，来响应硬件事件，可在硬件配置中定义事件。每个可触发硬件中断的事件只能指定一个硬件中断OB，但可为一个硬件中断OB指定多个事件。

7. 错误处理OB

针对PLC内部的功能性错误或编程错误，S7-1500 PLC具有很强的错误检测和处理能力。CPU检测到错误后，操作系统将调用相对应的OB，用户可在OB中编程来对错误进行处理。

可被CPU检测到，并且用户可通过组织块对其进行处理的错误主要有：时间错误、诊断错误、插入/取出模块、机架错误、编程错误和I/O错误访问。

4.3.3 用户程序的结构

根据实际应用需求，用户程序可以选择线性结构或模块化结构，如图4-4所示。

小型自动化任务的简单程序可以选择线性结构，将程序放入程序循环组织块OB1中，CPU循环扫描执行OB1中的全部指令。其特点是结构简单，但由于所有指令在一个块中，程序的某些部分不能多次执行，且CPU重复执行所有指令，执行效率低。

模块化结构程序将复杂自动化任务分割成与过程工艺功能相对应或可重复使用的子任务，将更易于对这些复杂任务进行处理和管理。这些子任务在用户程序中以程序块来表示，因此每个程序块是用户程序的独立部分。工程上一般采用模块化编程方法。模块化程序有以下优点：

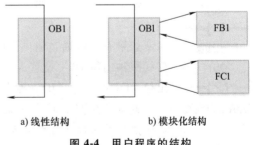

图4-4 用户程序的结构

1) 各个程序段都可实现标准化，通过更改参数反复使用。
2) 程序结构更简单，更容易进行大程序编程。
3) 单个程序块的创建和测试可独立进行，简化程序排错过程。
4) 程序更改更容易，且简化了调试。

4.4 基本指令

S7-1500 PLC 有 10 种基本指令，包含位逻辑运算指令、定时器指令、计数器指令、比较指令、数学运算指令、移动指令、转换指令、程序控制指令、字逻辑运算指令、移位和循环指令。

4.4.1 位逻辑运算指令

位逻辑运算指令主要用于二进制数的逻辑运算，逻辑运算结果简称 RLO。位逻辑运算指令包含：触点和线圈等基本元素指令、置位和复位指令、上升沿和下降沿指令。位逻辑运算指令中 BOOL 型操作数的存储区可以是：I、Q、M、L、DB 等。

1. 触点和线圈等基本元素指令

（1）触点指令

触点和线圈等基本元素指令包括触点、NOT 逻辑反相器、输出线圈，主要是与位相关的输入/输出及触点的简单连接。触点有常开触点和常闭触点两种，可将触点相互连接并创建用户自己的组合逻辑。IN 值赋 "0" 时，常开触点保持断开（OFF），常闭触点保持闭合（ON）；IN 值赋 "1" 时，常开触点闭合（ON），常闭触点断开（OFF）。

触点串联方式连接，创建 AND 与逻辑程序段；触点并联方式连接，创建 OR 或逻辑程序段。

（2）NOT 指令

NOT 逻辑反相器指令可对输入的逻辑运算结果（RLO）的信号状态进行取反。NOT 指令取反能流输入的逻辑状态，信号输入为 "1" 则输出为 "0"，信号输入为 "0" 则输出为 "1"。

（3）输出线圈指令

输出线圈有赋值线圈和赋值取反线圈两种，向输出位 OUT 写入布尔型值。

如果有能流通过输出线圈，赋值线圈输出位 OUT 设置为 "1"，赋值取反线圈输出位 OUT 设置为 "0"；如果没有能流通过输出线圈，赋值线圈输出位 OUT 设置为 "0"，赋值取反线圈输出位 OUT 设置为 "1"。

触点和线圈等基本元素指令梯形图（LAD）编程示例如图 4-5 所示，程序执行的时序图如图 4-6 所示。

2. 置位和复位指令

置位和复位指令包括置位和复位线圈指令、置位和复位位域指令、置位优先和复位优先指令。置位即置 1 且保持，复位即置 0 且保持，置位和复位指令具有 "记忆" 功能。

（1）S 和 R 指令：置位和复位线圈指令

S（置位）激活时，OUT 地址处的数据值设置为 1，S 不激活时，OUT 不变；R（复位）激活时，OUT 地址处的数据值设置为 0，R 不激活时，OUT 不变。

置位和复位线圈指令梯形图（LAD）编程示例如图 4-7 所示。

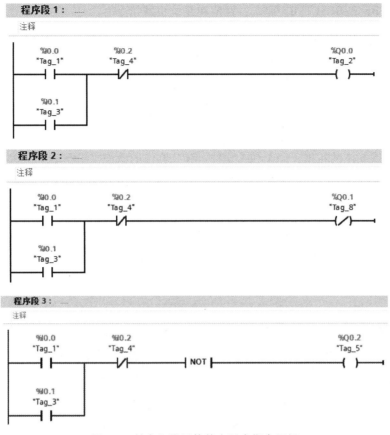

图 4-5 触点和线圈等基本元素指令示例

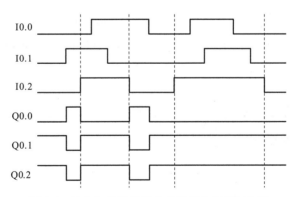

图 4-6 触点和线圈等基本元素指令示例时序图

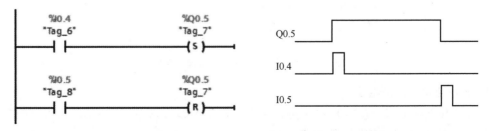

图 4-7 置位和复位线圈指令示例

（2）SET_BF 和 RESET_BF 指令：置位和复位位域指令

SET_BF 和 RESET_BF 指令激活时，将置位或复位以 OUT 的地址开始的 n 个同类存储器位。

在梯形图（LAD）编程中，置位和复位位域指令必须是分支中最右端的指令。

（3）RS 和 SR 指令：置位优先和复位优先指令

RS 是置位优先锁存，其中置位优先；SR 是复位优先锁存，其中复位优先。分配位 IN-OUT 为待置位或复位的数据，分配位 Q 遵循 INOUT 位的状态。分配位 S、S1、R、R1、IN-OUT 和 Q 的数据类型都为布尔型，其中的 1 表示优先。RS 和 SR 指令的输入输出变化见表 4-8。

表 4-8　RS 和 SR 指令输入输出变化

指令	S1	R	INOUT	Q
RS	0	0	先前状态	遵循 INOUT 位的状态
	0	1	0	
	1	0	1	
	1	1	1	

指令	S	R1	INOUT	Q
SR	0	0	先前状态	遵循 INOUT 位的状态
	0	1	0	
	1	0	1	
	1	1	0	

置位优先和复位优先指令应用示例如图 4-8 所示，可应用于电动机的起、停控制。

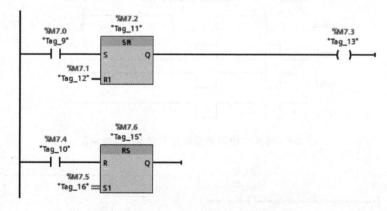

图 4-8　置位优先和复位优先指令示例

3. 上升沿和下降沿指令

上升沿和下降沿指令包括 P 和 N 触点指令、P 和 N 线圈指令、P_TRIG 和 N_TRIG 功能框指令、R_TRIG 和 F_TRIG 功能框指令。

(1) P 和 N 触点指令

P 和 N 触点指令扫描操作数 IN 的上升沿和下降沿。分配位 IN 为指令要扫描的信号，数据类型为布尔型；分配位 M_BIT 保存上次扫描的 IN 的信号状态，数据类型为布尔型。

执行指令时，P 和 N 触点指令比较 IN 的当前信号状态与保存在操作数 M_BIT 中的上一次扫描的信号状态。检测到操作数 IN 的上升沿时（断到通），P 触点指令的信号状态将在一个程序周期内保持置位为"1"；检测到操作数 IN 的下降沿时（通到断），N 触点指令的信号状态将在一个程序周期内保持置位为"1"；在其他任何情况下，P 和 N 触点指令的信号状态均为"0"。

P 和 N 触点指令梯形图（LAD）编程示例如图 4-9 所示，时序图如图 4-10 所示。

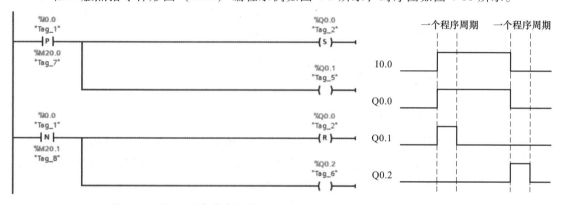

图 4-9　P 和 N 触点指令示例　　　　图 4-10　P 和 N 触点指令示例时序图

(2) P 和 N 线圈指令

P 和 N 线圈指令在输入逻辑运算结果（RLO）上升沿和下降沿置位操作数。分配位 OUT 数据类型为布尔型；分配位 M_BIT 保存上次查询的线圈输入信号状态，数据类型为布尔型。

执行指令时，P 和 N 线圈指令将比较当前线圈输入 RLO 信号状态与保存在操作数 M_BIT 中的上一次查询的信号状态。检测到线圈输入信号状态的上升沿时，P 线圈指令将 OUT 在一个程序周期内置位为"1"；检测到线圈输入信号状态的下降沿时，N 线圈指令将 OUT 在一个程序周期内置位为"1"；在其他任何情况下，参数 OUT 的信号状态均为"0"。

(3) P_TRIG 和 N_TRIG 功能框指令

P_TRIG 和 N_TRIG 功能框指令扫描输入逻辑运算结果（RLO）的信号上升沿和下降沿。分配位 CLK 为指令要扫描的 RLO 信号，数据类型为布尔型；分配位 M_BIT 保存上次扫描的 CLK 的信号状态，数据类型为布尔型，仅将 M、全局 DB 或静态存储器（在背景 DB 中）用于 M_BIT 存储器分配；Q 为指令边沿检测的结果，数据类型为布尔型。

执行指令时，P_TRIG 和 N_TRIG 指令比较 CLK 输入的 RLO 当前状态与保存在操作数 M_BIT 中上一次查询的信号状态。检测到 CLK 输入的

RLO 上升沿时，P_TRIG 指令的 Q 将在一个程序周期内置位为"1"；检测到 CLK 输入的 RLO 下降沿时，N_TRIG 指令的 Q 将在一个程序周期内置位为"1"；在其他任何情况下，输出 Q 的信号状态均为"0"。

在 LAD 编程中，P_TRIG 和 N_TRIG 指令不能放置在程序段的开头或结尾。

（4）R_TRIG 和 F_TRIG 功能框指令

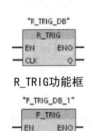

R_TRIG 功能框

F_TRIG 功能框

R_TRIG 和 F_TRIG 功能框指令检测信号上升沿和下降沿。分配位 EN 为指令的使能输入信号，分配位 CLK 为指令要扫描的信号，分配位 Q 为指令边沿检测的结果，分配位 ENO 为指令的使能输出信号，所有数据类型均为布尔型。指令调用时分配的背景数据块可存储 CLK 输入的前一状态。

使能输入 EN 为"1"时，执行 R_TRIG 和 F_TRIG 指令。执行指令时，R_TRIG 和 F_TRIG 指令比较参数 CLK 输入的当前状态与保存在背景数据块中上一次查询的信号状态。检测到参数 CLK 输入信号上升沿时，R_TRIG 指令的输出 Q 将在一个程序周期内置位为"1"；检测到参数 CLK 输入信号下降沿时，F_TRIG 指令的输出 Q 将在一个程序周期内置位为"1"。在其他任何情况下，输出 Q 的信号状态均为"0"。

4.4.2 定时器和计数器指令

定时器和计数器是 PLC 中的重要硬件编程器件，两者电路结构基本相同，对内部固定脉冲信号计数即为定时器，对外部脉冲信号计数即为计数器。S7-1500 PLC 可以使用 IEC 定时器、IEC 计数器、SIMATIC 定时器和 SIMATIC 计数器。

SIMATIC 定时器与计数器是 CPU 的特定资源，数量固定，例如 CPU1513 的 SIMATIC 定时器和计数器数量为 2048 个。IEC 定时器与计数器占用 CPU 的工作存储区，数量与工作存储区的大小有关。相比而言，IEC 定时器与计数器可设定的时间范围与计数范围远大于 SIMATIC 定时器与计数器。本书只介绍 IEC 定时器与计数器指令。

1. IEC 定时器指令

IEC 定时器指令包括生成脉冲定时器（TP）、生成接通延时定时器（TON）、生成关断延时定时器（TOF）和生成时间累加器（TONR）。每个 IEC 定时器均使用 IEC_Timer 数据类型的 DB 结构来存储定时器数据，STEP 7 会在插入指令时自动创建该 DB。

（1）TP 指令（生成脉冲定时器指令）

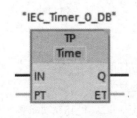

脉冲型定时器可生成具有预设宽度时间的脉冲，指令标识符为 TP。首次扫描，定时器输出 Q 为 0，当前值 ET 为 0。

IN 是指令使能输入，0 为禁用定时器，1 为启用定时器；PT 表示预设时间的输入；Q 表示定时器的输出状态；ET 表示定时器的当前值，表示定时器从启用时刻开始经过的时间。PT 和 ET 以前缀"T#"+"TIME"数据类型表示。

TP 指令执行时序图如图 4-11 所示。由时序图可以得出在使用 TP 指令时，可以将输出 Q 置位为预设的一段时间，当定时器的使能端 IN 的状态从 OFF 变为 ON 时，可启动该定时器指令，定时器开始计时。同时输出 Q 置位，并持续预设 PT 时间后复位。在使能端 IN 的状态从 OFF 变为 ON 后，无论后续使能端的状态如何变化，都将输出 Q 置位由 PT 指定的一段时间。若定时器正在计时，即使检测到使能端的信号再次从 OFF 变为 ON 的状态，输出 Q 的信号状态也不会受到影响。定时器复位的条件为 ET 当前值等于 PT 且 IN 为 OFF，定时器复位的结果是输出 Q 为 0 且当前值 PT 清零。

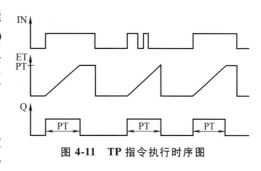

图 4-11　TP 指令执行时序图

(2) TON 指令（生成接通延时定时器指令）

接通延时定时器在预设的单一时段延时过后将输出 Q 设置为 ON，定时器的指令标识符为 TON。指令中引脚定义与 TP 定时器指令引脚定义一致。

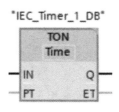

TON 指令执行时序图如图 4-12 所示。由时序图可以得出在使用 TON 指令时，当定时器的使能端 IN 为 1 时启动该指令。定时器指令启动后开始计时，在定时器的当前值 ET 与设定值 PT 相等时，输出端 Q 输出为 ON。只要使能端的状态仍为 ON，输出端 Q 就保持输出为 ON；若使能端的信号状态变为 OFF，则复位输出端 Q 为 OFF。在使能端再次变为 ON 时，该定时器功能将再次启动。

(3) TOF 指令（生成关断延时定时器指令）

关断延时定时器在预设的单一时段延时过后将输出 Q 重置为 OFF，定时器的指令标识符为 TOF。指令中引脚定义与 TP/TON 定时器指令引脚定义一致。

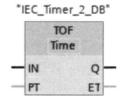

TOF 指令执行时序图如图 4-13 所示。由时序图可以得出在使用 TOF 指令时，当定时器的使能端 IN 为 ON 时，将输出端 Q 置位为 ON。当使能端的状态变回 OFF 时，定时器开始计时，当前值 ET 达到预设值 PT 时，将输出端 Q 复位。如果使能端 IN 的信号状态在 ET 的值小于 PT 值时变为 ON，则复位定时器，输出 Q 的信号状态仍将为 ON。

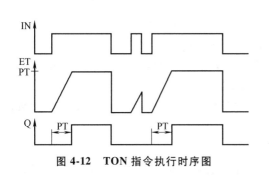

图 4-12　TON 指令执行时序图

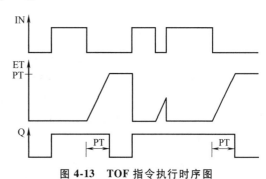

图 4-13　TOF 指令执行时序图

(4) TONR 指令（生成时间累加器指令）

时间累加器在预设的多时段累积延时过后将输出 Q 设置为 ON，标识符为 TONR。指令引脚定义中 R 表示重置（复位）定时器，其余与 TP/TON 定时器指令引脚定义一致。

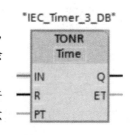

时间累加器的功能与接通延时定时器的功能基本一致，区别在于时间累加器在输入端 IN 的状态变为 OFF 时，时间累加器的当前值不

清零,在使用 R 输入重置(复位)经过的时间之前,会跨越多个定时时段一直累加经过的时间,而接通延时定时器在输入端 IN 的状态变为 OFF 时,定时器的当前值会自动清零。

TONR 指令执行时序图如图 4-14 所示。由时序图可以得出在使用 TONR 指令时,当使能输入 IN 为 ON 时,启动时间累加器。只要时间累加器的使能输入 IN 保持为 ON,则记录运行时间。如果使能输入 IN 变为 OFF,时间累加器暂停计时。使能输入 IN 再次变回为 ON,时间累加器继续累加记录运行时间。当时间累加器的当前值 ET 等于设定值 PT,且指令的使能端为 ON 时,定时器的输出端 Q 的状态为 ON。若定时器的复位端 R 为 ON,时间累加器的当前值 ET 清零,且输出端的状态变为 OFF。

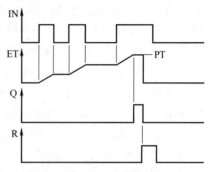

图 4-14 TONR 指令执行时序图

2. IEC 计数器指令

计数器用来累计输入脉冲的次数,可使用计数器指令对内部程序事件和外部过程事件进行计数。IEC 计数器与定时器的结构和使用基本相似,每个 IEC 计数器均使用 IEC_Counter 数据类型的 DB 结构来存储计数器数据。用户在编辑器中放置计数器指令时分配相应的数据块,STEP7 会在插入指令时自动创建 DB。

IEC 计数器指令包含加计数器 CTU、减计数器 CTD 和加减计数器 CTUD。编程时需要输入预设值 PV(计数的次数),为整数数据类型(SInt、Int、DInt、LInt、USInt、UInt、UDInt 或 ULInt)。计数器累计它的脉冲输入端电位上升沿个数,当计数值达到预设值 PV 时,发出中断请求信号,以便 PLC 做出相应的处理。

(1) CTU 指令(加计数器)

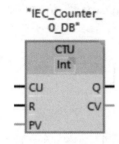

CTU 指令中,输入 PV 表示预设计数值,输入 R 用来将计数值重置为零,输出 CV 表示当前计数值,输出 Q 表示输出计数器状态。首次扫描,计数器输出 Q 为 0,当前值 CV 为 0。加计数器对计数输入端 CU 脉冲输入的每个上升沿,计数 1 次,当前值 CV 增加 1 个单位。

CTU 指令执行时序图如图 4-15 所示。当输入信号 CU 的值由 0 变为 1 时,CTU 计数器会使当前计数值 CV 加 1。图 4-15 中显示了计数值为无符号整数时的运行,预设值 PV 为 3。如果当前值 CV 的值大于或等于 PV 的值,则计数器输出参数 Q=1;如果复位参数 R 的值由 0 变为 1,则当前计数值 CV 重置为 0。

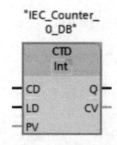

(2) CTD 指令(减计数器)

CTD 指令中输入 LD 用来重新装载预设值,PV、CV、Q 与 CTU 加计数器指令引脚定义一致。首次扫描,计数器输出 Q 为 1,当前值 CV 为 0。减计数器对计数输入端 CD 脉冲输入的每个上升沿,计数 1 次,当前值减少 1 个单位。

CTD 指令执行时序图如图 4-16 所示。当输入信号 CD 的值由 0 变为 1 时,CTD 计数器会使当前计数值 CV 减 1。图中显示了计数值为无符号整数时的运行,预设值 PV 为 3。如果当前值 CV 的值等于或小于 0,则计数器输出参

Q=1；如果复位参数 LD 的值由 0 变为 1，则预设值 PV 的值将作为新的当前计数值 CV 装载到计数器。

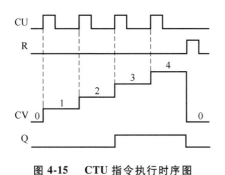

图 4-15　CTU 指令执行时序图　　　图 4-16　CTD 指令执行时序图

（3）CTUD 指令（加减计数器）

CTUD 指令中，输入 R 用来将计数值重置为零，输入 LD 用来重新装载预设值，CU 为加计数器信号输入，CD 为减计数器信号输入，输出 QU 表示加计数器的状态，输出 QD 表示减计数器的状态，PV、CV 与 CTU 加计数器指令引脚定义一致。首次扫描，计数器输出 QU 为 0，QD 为 1，当前值 CV 为 0。在加计数输入端 CU 的每个脉冲输入上升沿，当前值 CV 增加 1 个单位；在减计数输入端 CD 的每个脉冲输入上升沿，当前值 CV 减少 1 个单位。

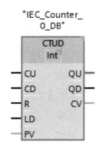

CTUD 指令执行时序图如图 4-17 所示。当加计数 CU 或减计数 CD 的值由 0 变为 1 时，CTUD 计数器会使当前计数值 CV 加 1 或减 1。图中显示了计数值为无符号整数时的运行，预设值 PV 为 4。如果当前值 CV 的值大于或等于 PV 的值，则计数器输出参数 QU 为 1；如果当前值 CV 的值等于或小于 0，则计数器输出参数 QD 为 1；如果复位参数 LD 的值由 0 变为 1，则预设值 PV 的值将作为新的当前计数值 CV 装载到计数器；如果复位参数 R 的值由 0 变为 1，则当前计数值 CV 重置为 0。

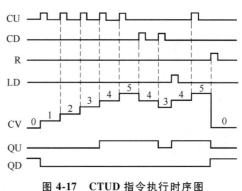

图 4-17　CTUD 指令执行时序图

4.4.3　比较指令

比较指令包括比较值指令、IN_RANGE 和 OUT_RANGE 功能框指令、OK 和 NOT_OK 指令、VARIANT 指针比较指令。

1. 比较值指令

比较值指令见表 4-9，支持多种比较类型，用来比较数据类型相同的操作数 IN1 和操作数 IN2 的大小。当这两数比较的结果为真时，该触点接通。IN1 和 IN2 的数据类型可为：二进制，整数，浮点数，字符串，定时器，日期和时间数据类型等。

表 4-9 比较值指令比较类型说明

比较类型	满足以下条件时结果为真	比较类型	满足以下条件时结果为真
==	IN1 等于 IN2	<=	IN1 小于等于 IN2
<>	IN1 不等于 IN2	>	IN1 大于 IN2
>=	IN1 大于等于 IN2	<	IN1 小于 IN2

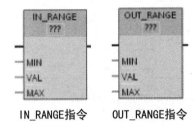

IN_RANGE指令　　OUT_RANGE指令

2. IN_RANGE 和 OUT_RANGE 指令

使用 IN_RANGE 和 OUT_RANGE 指令可测试输入值是在指定的值范围之内还是之外。

IN_RANGE 和 OUT_RANGE 指令将输入 VAL 与比较下限 MIN 和比较上限 MAX 进行比较，VAL 与 MIN 和 MAX 的数据类型可为整数和浮点数。

功能框输入信号状态为 1 时，执行 IN_RANGE 和 OUT_RANGE 指令。如果输入 VAL 的值满足 MIN<=VAL<=MAX，IN_RANGE 功能框输出信号为"1"，OUT_RANGE 功能框输出信号为"0"；否则，IN_RANGE 功能框输出信号为"0"，OUT_RANGE 功能框输出信号为"1"。

3. OK 和 NOT_OK 指令：检查有效性和检查无效性指令

OK 和 NOT_OK 指令用于检查操作数 IN 是否为符合 IEEE 754 规范的有效实数。

如果该 LAD 触点为真，则激活该触点并传递能流。如果 IN 为有效实数，则 OK 指令传递能流；如果 IN 不是有效实数，则 NOT_OK 指令传递能流。

4.4.4 数学运算指令

在数字量的处理、PID 控制等众多场合都要用到数学运算指令。数学运算指令中操作数的数据类型可选整数或浮点数据类型。

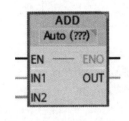

1. ADD 指令：加法运算指令

输入使能 EN 有效时，将 IN1 和 IN2 相加，产生结果 OUT。可单击"???"并从下拉菜单中选择指令数据类型（整数或浮点数据类型），IN1、IN2 和 OUT 的数据类型必须相同。

启用加法运算指令（EN=1）后，指令会对输入值（IN1 和 IN2）执行相加运算并将结果存储在通过输出参数（OUT）指定的存储器地址中。运算完成后，指令会设置输出使能 ENO=1。

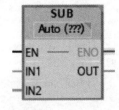

2. SUB 指令：减法运算指令

输入使能 EN 有效时，将 IN1 减去 IN2，产生结果 OUT=IN1-IN2。可单击"???"并从下拉菜单中选择指令数据类型（整数或浮点数据类型），IN1、IN2 和 OUT 的数据类型必须相同。

启用减法指令（EN=1）后，指令会对输入值（IN1 和 IN2）执行相减运算并将结果存储在通过输出参数（OUT）指定的存储器地址中。运算完成后，指令会设置输出使能 ENO = 1。

3. MUL 指令：乘法运算指令

输入使能 EN 有效时，将 IN1 和 IN2 相乘，产生结果 OUT = IN1 * IN2。可单击"???"并从下拉菜单中选择指令数据类型（整数或浮点数据类型），IN1、IN2 和 OUT 的数据类型必须相同。

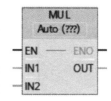

启用乘法指令（EN = 1）后，对输入值（IN1 和 IN2）执行相乘运算并将结果存储在通过输出参数（OUT）指定的存储器地址中。运算完成后，指令会设置输出使能 ENO = 1。

4. DIV 指令：除法运算指令

输入使能 EN 有效时，将 IN1 除以 IN2，产生结果 OUT = IN1/IN2。可单击"???"并从下拉菜单中选择指令数据类型（整数或浮点数据类型），IN1、IN2 和 OUT 的数据类型必须相同。

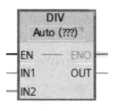

启用除法指令（EN = 1）后，对输入值（IN1 和 IN2）执行相除运算并将结果存储在通过输出参数（OUT）指定的存储器地址中。运算完成后，指令会设置输出使能 ENO = 1。

5. INC（递增）和 DEC（递减）指令

递增、递减指令又称自增、自减指令，是对无符号或有符号整数进行自动增加或减少一个单位的操作指令。

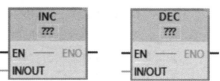

输入使能 EN 有效时，将 IN/OUT 值自增或自减，即 IN/OUT = IN/OUT ± 1。可单击"???"并从下拉菜单中选择指令数据类型：SInt、Int、DInt、LInt、USInt、UInt、UDInt、ULInt。

6. 数学函数指令

数学函数指令包括平方、平方根、自然对数、指数、正弦函数、余弦函数、正切函数等常用函数的指令，指令分别为 SQR、SQRT、LN、EXP、SIN、COS、TAN 等。

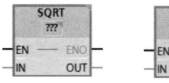 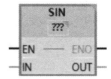

可单击"???"并从下拉菜单中选择指令数据类型：Real、LReal。IN 和 OUT 的数据类型必须相同。

7. CALCULATE 指令：计算指令

可以使用 CALCULATE 指令定义并执行表达式，根据所选数据类型计算数学运算或复杂逻辑运算。可单击"???"并从下拉菜单中选择指令数据类型（位字符串、整数或浮点数据类型）。根据所选的数据类型，CALCULATE 指令可以组合某些指令的函数以执行复杂计算。单击指令框上方的"计算器"图标，可在打开的对话框中指定待计算的表达式。

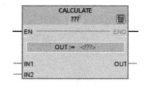

程序实例：OUT =（IN1+IN2+IN3）/IN4，梯形图如图 4-18 所示。

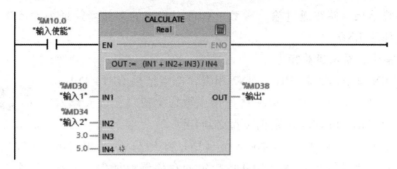

图 4-18 CALCULATE 指令实例

4.4.5 移动指令

移动指令包含：MOVE 指令、MOVE_BLK 和 UMOVE_BLK 指令、FILL_BLK 和 UFILL_BLK 指令、SWAP 交换指令等。

1. MOVE 指令：移动值指令

MOVE 指令将存储在 IN 指定的源地址的单个数据元素复制到 OUT 指定的单个或多个目标地址（可通过指令框添加多个目标地址），要求 IN 和 OUT1 的数据类型一致。IN 和 OUT 支持字符串、整数、浮点数、定时器、日期时间等数据类型。使能输入 EN 为"1"时，执行 MOVE 指令。

2. MOVE_BLK 和 UMOVE_BLK 指令：可中断块移动和不可中断块移动指令

MOVE_BLK 指令

UMOVE_BLK 指令

MOVE_BLK 和 UMOVE_BLK 指令可将一个存储区（源范围）的数据移动到另一个存储区（目标范围）中，要求源范围和目标范围的数据类型相同。

IN 指定源起始地址，OUT 指定目标起始地址，COUNT 用于指定将移动到目标范围中的元素个数。通过 IN 中元素的宽度来定义元素待移动的宽度。MOVE_BLK 指令可中断，UMOVE_BLK 指令不可中断。

IN 和 OUT 支持二进制数、整数、浮点数、定时器、DATE 等数据类型。COUNT 的数据类型为 USInt、UInt 或 UDInt。

使能输入 EN 为"1"时，执行 MOVE_BLK 和 UMOVE_BLK 指令。ENO 为"1"，表示成功复制了全部元素；ENO 为"0"，表示源（IN）范围或目标（OUT）范围超出可用存储区。

3. FILL_BLK 和 UFILL_BLK 指令：可中断填充和不可中断填充指令

FILL_BLK 指令

UFILL_BLK 指令

填充指令包含 FILL_BLK 可中断填充指令和 UFILL_BLK 不可中断填充指令。

使能输入 EN 为"1"时，执行填充指令，输入 IN 的数据会从输出 OUT 指定的目标起始地址开始填充目标存储区域，输入 COUNT 指定填充范围。

IN 和 OUT 支持二进制数、整数、浮点数、定时器、DATE 等数据类型。COUNT 的数据类型为 USInt、UInt 或 UDInt。

ENO 为"1"，表示指令执行无错误，参数 IN 中元素成功复制到全部的目标中；ENO 为"0"，表示目标（OUT）范围超出可用存储区，仅复制部分元素。

4. SWAP 交换指令

SWAP 交换指令支持 Word、DWord、LWord 数据类型，用于调换数据元素的字节顺序，但不改变每个字节中的位顺序。

使能输入 EN 为"1"时，执行 SWAP 指令，可在输出 OUT 中查询结果。

SWAP 指令交换数据类型为 DWord 的操作数如图 4-19 所示。

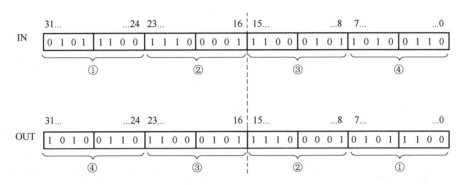

图 4-19 SWAP 指令交换数据类型为 DWord 的操作数

4.4.6 转换指令

使用转换指令可以将一种数据格式转换为另一种数据格式。

1. CONV（转换值）指令

使能输入 EN 有效时，读取参数 IN 的内容，并根据指令框中选择的数据类型对其进行转换，结果在 OUT 处输出。

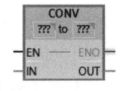

其中，IN 和 OUT 的数据类型可以为：位字符串、整数、浮点数、Char、WChar、BCD16、BCD32。在 LAD 和 FBD 下，单击"???"并从下拉菜单中选择转换数据类型。所占存储器小的数据类型向大的数据类型转换时，值被传送到目标数据类型的最低有效字节；所占存储器大的数据类型向小的数据类型转换时，值的低字节被传送到目标数据类型。

程序实例：如图 4-20 所示，当 I0.0 输入有效时，执行结果为将 MD6 中的双整数型数据转换为整数型存储在 MW0 中。如 MD6 中数据为 16#0001_2710，执行结果 MW0 中数据为 16#2710。

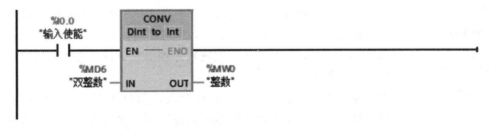

图 4-20 CONV 指令实例

2. ROUND（取整）指令

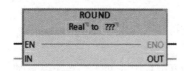

输入使能 EN 有效时，将输入 IN 的值四舍五入为最接近的整数，结果在 OUT 处输出。如果该数值刚好是两个连续整数的一半（如 10.5），则将其取整为偶数。

3. NORM_X（标准化）指令

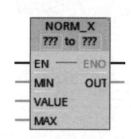

输入使能 EN 有效时，将输入 VALUE 中变量的值映射到线性标尺中对其进行标准化，并将结果存储在 OUT 中。使用参数 MIN 和 MAX 定义输入 VALUE 值范围的限值。

MIN、VALUE 和 MAX 为整数或浮点数数据类型，OUT 为浮点数数据类型。可单击"???"并从下拉菜单中选择转换数据类型。

"标准化"指令将按以下公式进行计算：OUT = (VALUE−MIN) / (MAX−MIN)，对应的计算原理如图 4-21 所示。

4. SCALE_X（缩放）指令

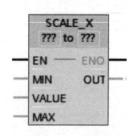

输入使能 EN 有效时，将输入 VALUE 的值缩放到由参数 MIN 和 MAX 定义的值范围。缩放结果为整数，存储在 OUT 输出中。

MIN、OUT 和 MAX 为整数或浮点数数据类型，VALUE 为浮点数数据类型。可单击"???"并从下拉菜单中选择转换数据类型。

"缩放"指令将按以下公式进行计算：OUT = [VALUE ∗ (MAX−MIN)] + MIN，对应的计算原理如图 4-22 所示。

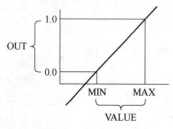

图 4-21 "标准化"指令计算原理

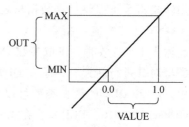

图 4-22 "缩放"指令计算原理

4.4.7 程序控制指令

程序控制指令包含：跳转和标签指令、JMP_LIST 指令、SWITCH 指令、RET 指令等。

1. 跳转和标签指令

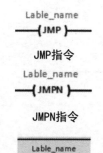

JMP 指令

JMPN 指令

跳转指令包含：JMP 指令和 JMPN 指令，指令上方的占位符指定该跳转标签（Lable）的标识符。可使用 JMP 和 JMPN 指令中断程序的顺序执行，并从由跳转标签标识的目标程序段继续执行。

Lable_name 是跳转指令及相应跳转标签的标识符，跳转标签的标识符在程序块中只能分配一次。

跳转指令可以往前跳，也可以往后跳，但只能在同一个代码块中跳转，即跳转指令与指定的跳转标签必须位于同一代码块中。可以从同一代码块中的多个位置跳转到同一个跳转标签。

1) JMP：如果能流通过 JMP 线圈，则程序从指定跳转标签后的第一条指令继续执行。

2) JMPN：如果没有能流通过 JMP 线圈，则程序从指定跳转标签后的第一条指令继续执行。

3) 跳转标签（Label）：JMP 或 JMPN 跳转指令的目标标签。

2. JMP_LIST（跳转列表）指令

JMP_LIST 指令可定义多个有条件跳转，并执行由 K 参数的值指定的程序段中的程序。

JMP_LIST指令

使能输入 EN 为"1"时执行指令，并根据输入 K（UInt 数据类型）的值跳转到输出 DESTx 指定的跳转标签（Label），程序从该跳转标签（Label）标识的目标程序段继续执行。可在 JMP_LIST 指令框中增加输出 DESTx 的数量，S7-1500 PLC 最多可以声明 256 个输出。

如果参数 K 的值等于 0，则跳转到分配给 DEST0 输出的跳转标签；如果参数 K 的值等于 1，则跳转到分配给 DEST1 输出的跳转标签，依次类推。如果参数 K 的值超过（标签数-1），则不进行跳转，继续处理下一程序段。

3. SWITCH（跳转分支）指令

可使用 SWITCH 指令，根据一个或多个比较指令的结果，定义要执行的多个程序跳转。

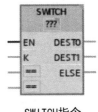

SWITCH指令

使能输入 EN 为"1"时执行指令，并根据输入 K（UInt 数据类型）的值，与分配给各个比较输入的值进行比较，跳转到第一个比较结果为 TRUE 的比较值对应的输出参数 DESTx 指定的跳转标签，程序从该跳转标签（Label）标识的目标程序段继续执行。如果比较结果都不为 TRUE，则跳转到分配给输出参数 ELSE 的跳转标签。程序从目标跳转标签后面的程序指令继续执行。

比较输入类型可以选择为 ==、<>、<、<=、>、>=。

4. RET（返回）指令

RET 指令用于终止当前程序块的执行。当且仅当有能流通过 RET 线圈时，当前块的程序执行将在该点终止，并且不执行 RET 指令以后的指令。

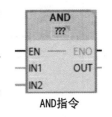

不要求用户将 RET 指令用作块中的最后一个指令，一个块中可以有多个 RET 指令。

4.4.8 字逻辑运算指令

字逻辑运算指令包括：与运算（AND）、或运算（OR）、异或运算（XOR）、解码（DECO）、编码（ENCO）、多路复用（MUX）、多路分用（DEMUX）指令等。

1. AND（与运算）指令

使能输入 EN 有效时，将两个逻辑数 IN1、IN2 按位求与，得到输出结果 OUT。

可单击"???"并从下拉菜单中选择指令数据类型：Byte、Word、DWord 或 LWord，并将 IN1、IN2 和 OUT 设置为相同的数据类型。

程序实例：如图 4-23 所示，当 I0.0 输入有效时，将 MB0、MB1 中的字节按位求与，将逻辑结果存入 MB2 中。

根据逻辑与运算指令规则，针对不同的 IN1、IN2 取值，可得出运算结果 OUT（见表 4-10）。

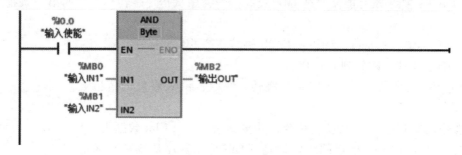

图 4-23　AND 指令实例

表 4-10　AND 指令执行结果

MB0	16#00	16#01	16#02	16#03
MB1	16#55	16#55	16#55	16#55
MB2	16#00	16#01	16#00	16#01

2. OR（或运算）指令

使能输入 EN 有效时，将两个 IN1、IN2 的逻辑数按位求或，得到输出结果 OUT。

可单击"???"并从下拉菜单中选择指令数据类型：Byte、Word、DWord 或 LWord，并将 IN1、IN2 和 OUT 设置为相同的数据类型。

3. XOR（异或运算）指令

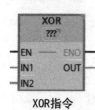

使能输入 EN 有效时，将两个 IN1、IN2 的逻辑数按位求异或，得到输出结果 OUT。

可单击"???"并从下拉菜单中选择指令数据类型：Byte、Word、DWord 或 LWord，并将 IN1、IN2 和 OUT 设置为相同的数据类型。

XOR 指令

4. DECO（解码）指令

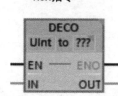

使能输入 EN 有效时，DECO 指令读取输入 IN 的值，并将输出值中位号与读取 IN 值相对应的位置 1，输出值的其他位以 0 填充。

可单击"???"并从下拉菜单中选择指令数据类型。IN 的数据类型为 UInt，OUT 的数据类型为位字符串。

DECO 指令程序实例如图 4-24 所示，将 4 解码，字 MW200 = 2#0000_0000_0001_0000，可见第 4 位置 1。

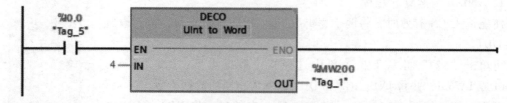

图 4-24　DECO 指令实例

5. ENCO（编码）指令

使能输入 EN 有效时，ENCO 指令读取输入 IN 值的最低有效位，并将该位号写入输出 OUT 变量中。

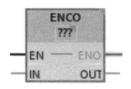

可单击"???"并从下拉菜单中选择指令数据类型。IN 的数据类型为位字符串，OUT 的数据类型为 Int。

ENCO 指令程序实例如图 4-25 所示，假定字 MW200 = 2#0100_0100_1001_1000，编码结果输出到 MW100 中，因为 WM200 最低有效位为第 3 位，所以 MW100 = 3。

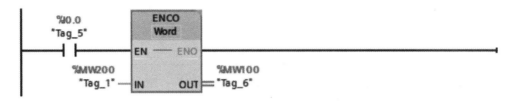

图 4-25　ENCO 指令实例

6. MUX（多路复用）指令

使能输入 EN 有效时，MUX 指令将 K 值选定的输入内容存储在输出 OUT 变量中。可以在指令框中扩展可选输入的编号，最多可声明 32 个输入。如果输入 K 值大于可用输入数，MUX 指令将输入 ELSE 的内容存储在输出 OUT 变量中，且将使能输出 ENO 的信号状态指定为 0。

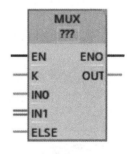

可单击"???"并从下拉菜单中选择指令数据类型。输入 K 为整数数据类型，IN0、IN1、ELSE、OUT 的数据类型为：二进制数、整数、浮点数、定时器、TOD、DATE 等数据类型。

7. DEMUX（多路分用）指令

使能输入 EN 有效时，DEMUX 指令将输入内容存储在输入 K 值选定的输出中，其他输出保持不变，输出使能 ENO。

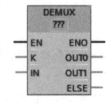

可以在指令框中扩展选定输出的编号，指令框自动对输出编号。如果输入 K 值大于可用输出数，DEMUX 指令将输入 IN 的内容存储在参数 ELSE 中，且将使能输出 ENO 的信号状态指定为 0。

可单击"???"并从下拉菜单中选择指令数据类型。输入 K 为整数数据类型，IN、OUT0、OUT1、ELSE 的数据类型为：二进制数、整数、浮点数、定时器、TOD、DATE 等数据类型。

4.4.9　移位和循环指令

1. 移位指令

移位指令包含 SHR 右移指令和 SHL 左移指令，支持位字符串（Byte、Word、Dword、Lword）和整数（SInt、Int、DInt、USInt、UInt、UDInt）等数据类型。

输入 IN 为待移位的数据，输出 OUT 中保存移位结果。输入 N 用于指定移位位数，数据类型为：USInt、UInt、UDInt、ULInt、常数。

SHL 指令将输入参数 IN 中的变量按位向左移动参数 N 指定的位数，并用 0 填充移位操作清空的位置，将结果保存在输出参数 OUT 指定的变量中。

SHR 指令将输入参数 IN 中的变量按位向右移动参数 N 指定的位数，将结果保存在输出参数 OUT 指定的变量中。如果参数 IN 中的变量为无符号数据类型，用 0 填充移位操作清空的位置；如果参数 IN 中的变量为有符号数据类型，则用符号位填充移位操作清空的位置。

使能输入 EN 为"1"时，执行移位指令；移位指令执行后，ENO 保持为"1"。SHR 指令示例见表 4-11。

表 4-11　SHR 指令示例

IN	类型	N	OUT
1110 0010 1010 1101	Word	2	0011 1000 1010 1011
1110 0010 1010 1101	UInt	2	0011 1000 1010 1011
1110 0010 1010 1101	Int	2	1111 1000 1010 1011
0110 0010 1010 1101	Int	2	0001 1000 1010 1011

2. 循环移位指令

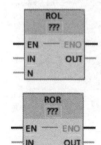

循环移位指令包含 ROR 循环右移指令和 ROL 循环左移指令，支持位字符串（Byte、Word、Dword、Lword）和整数（SInt、Int、DInt、USInt、UInt、UDInt）等数据类型。

输入 IN 中为待循环移位的数据，输出 OUT 中保存循环移位结果。输入 N 用于指定循环移位位数，数据类型为：USInt、UInt、UDInt、ULInt、常数。

循环移位指令将 IN 中的数据按位向左或向右循环移位参数 N 指定的位数，并用移出的位填充移位操作空出的位置，最后将结果保存到 OUT 中。如果参数 N 的值为 0，则将输入 IN 的值复制到输出 OUT 的操作数中。如果参数 N 的值大于可用位数，则输入 IN 中的数据仍会循环移动指定位数。

输入 EN 为"1"时，执行循环移位指令；执行循环移位指令后，ENO 保持为"1"。ROR 和 ROL 指令示例见表 4-12。

表 4-12　循环移位指令示例

IN	类型	N	OUT
ROR 指令			
1110 0010 1010 1101	Word	2	0111 1000 1010 1011
1110 0010 1010 1101	Word	4	1101 1110 0010 1010
ROL 指令			
1110 0010 1010 1101	Word	2	1000 1010 1011 0111
1110 0010 1010 1101	Word	4	0010 1010 1101 1110

4.5 工艺指令与通信指令

4.5.1 工艺指令

工艺指令是数控机床控制软件里的名词，类似于操作指令，只不过在控制软件编程中由程序来完成工艺指令，某些控制加工部件运行的程序就是工艺指令。S7-1500 PLC 有多种工艺指令，主要包含计数和测量指令、PID 控制指令、运动控制指令等，见表 4-13。

表 4-13 S7-1500 PLC 工艺指令

指令类型	LAD/STL	说明
计数和测量	High_Speed_Counter	用于计数、测量和位置检测的高速计数器
	SSI_Absolute_Encoder	通过 TM PosInput 读入 SSI 绝对编码器
PID 控制	PID_Compact	集成了调节功能的通用 PID 控制器
	PID_3Step	集成了阀门调节功能的 PID 控制器
	PID_Temp	温度 PID 控制器
运动控制	MC_Power	启用/禁用工艺对象
	MC_Reset	确认报警，重启工艺对象
	MC_Home	工艺对象归位(回原点)，设置归位位置
	MC_Halt	暂停轴
	MC_MoveAbsolute	轴绝对定位
	MC_MoveRelative	轴相对定位
	MC_MoveVelocity	以设定值的速度移动轴
	MC_MoveJog	以点动模式移动轴
	MC_MoveSuperimposed	位置轴叠加

4.5.2 通信指令

通信指令依据通信类型可分为 S7 通信、开放式用户通信、Web 服务器、Modbus TCP 通信、通信处理器等。

S7 通信：用于 S7 连接的通信，包含 PUT/GET、BSEND/BRCV、USEND/URCV 这 3 对通信指令。

开放式用户通信：包含用于实现开放式以太网通信的函数块。通过这些函数块能实现面向连接的 TCP、ISO on TCP 协议通信和无连接的 UDP 通信。S7-1500 PLC 的开放式用户通信中主要使用 TSEND_C/TRCV_C 指令。

Web 服务器：用户可通过自定义的 Web 页面将数据发送给 PLC，同时也可在 Web 浏览器中显示 CPU 的各种数据。用户程序通过调用 WWW 指令同步用户程序和 Web 服务器，也可进行初始化操作。

Modbus TCP 通信：用户可使用 MB_CLIENT 和 MB_SERVER 指令作为 Modbus TCP 客户端和服务器，通过 PROFINET 连接进行通信。通过 MB_CLIENT 指令，可以在客户端和服务器之间建立连接、发送 Modbus 请求、接收响应并控制 Modbus TCP 客户端的连接终端。MB_SERVER 指令将处理 Modbus TCP 客户端的连接请求、接收并处理 Modbus 请求并发送响应。

通信处理器：主要用于串行通信和 FTP 指令，如点对点通信、USS 通信、Modbus RTU 等。通信指令参考表 4-14。

表 4-14 通信指令

指令类型		指令	说明
S7 通信		GET	从远程 CPU 读取数据
		PUT	向远程 CPU 写入数据
		USEND	无协调的数据发送
		URCV	数据未协同接收
		BSEND	发送分段数据
		BRCV	接收分段数据
开放式用户通信		TSEND_C	建立连接并发送数据
		TRCV_C	建立连接并接收数据
		TMAIL_C	发送电子邮件
		TCON	建立通信连接
		TDISCON	终止通信连接
		TSEND	通过通信连接发送数据
		TRCV	通过通信连接接收数据
		TUSEND	通过以太网（UDP）发送数据
		TURCV	通过以太网（UDP）接收数据
		T_RESET	复位连接
		T_DIAG	检查连接
		T_CONFIG	对集成的 CPU PROFINET 接口或 CP/CM 的以太网接口进行程控组态
Web 服务器		WWW	同步用户定义的 Web 页
Modbus TCP 通信		MB_CLIENT	Modbus TCP 客户端，通过 PROFINET 进行通信
		MB_SERVER	Modbus TCP 服务器，通过 PROFINET 进行通信
通信处理器	PtP 通信	Port_Config	组态 PtP 通信端口
		Send_Config	组态 PtP 发送参数
		Receive_Config	组态 PtP 接收参数
		P3964_Config	组态 3964（R）协议参数
		Send_P2P	发送数据
		Receive_P2P	接收数据
		Receive_Reset	清除接收缓冲区
		Signal_Get	读取 RS-232 信号状态
		Signal_Set	设置 RS-232 信号
		Get_Features	获取扩展功能
		Set_Features	设置扩展功能

(续)

指令类型		指令	说明
通信处理器	USS 通信	USS_Port_Scan	通过 USS 网络进行通信
		USS_Drive_Control	准备并显示变频器数据
		USS_Read_Param	从变频器读取数据
		USS_Write_Param	更改变频器中数据
	Modbus RTU	Modbus_Comm_Load	对 Modbus 通信模块进行组态
		Modbus_Master	作为 Modbus 主站进行通信
		Modbus_Slave	作为 Modbus 从站进行通信

4.6 S7-1500 PLC 的仿真

博途仿真软件 S7-PLCSIM 支持在不使用实际硬件的情况下调试和验证单个 PLC 程序。S7-PLCSIM 允许用户使用所有 STEP 7 调试工具，其中包括监视表、程序状态、在线与诊断功能以及其他工具。

S7-PLCSIM 还提供了 S7-PLCSIM 所特有的工具，包括 SIM 表、序列编辑器、事件编辑器和扫描控制。

S7-PLCSIM 与 TIA Portal 中的 STEP 7 编程结合使用。可使用 STEP 7 执行以下任务：

1）在 STEP 7 中组态 PLC 和任何相关模块。

2）编写应用程序逻辑。

3）将硬件配置和程序下载到 S7-PLCSIM 的精简视图或项目视图中。

本书以 S7-PLCSIM V16 版本为例，介绍 S7-PLCSIM 与 TIA Portal 的配合使用方法。

4.6.1 启动 S7-PLCSIM 仿真器

在项目树中选中 S7-1500 站点，单击菜单栏中的启动仿真按钮，或用快捷组合键"Ctrl+Shift+X"，即可启动仿真器 S7-PLCSIM V16 并自动弹出下载窗口。

以简单的电动机起、停控制项目为例说明仿真的操作方法。SB1 为启动按钮，SB2 为停止按钮，Q0.0 输出驱动接触器线圈进而控制电动机起停。

1）根据要求编写 I/O 分配表，I/O 分配表见表 4-15。

表 4-15 I/O 分配表

输入	说明	输出	说明
I0.0	启动按钮	Q0.0	电机驱动（接触器线圈）
I0.1	停止按钮		

2）编写控制程序 OB1，如图 4-26 所示。

3）对主程序完成编译后，单击菜单栏中的启动仿真按钮，弹出如图 4-27 所示界面。确认搜索到目标设备"CPUcommon"后，依次单击"下载"→"全部覆盖"→"装载"。

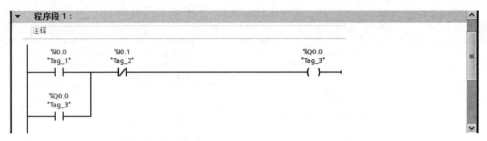

图 4-26 控制程序 OB1

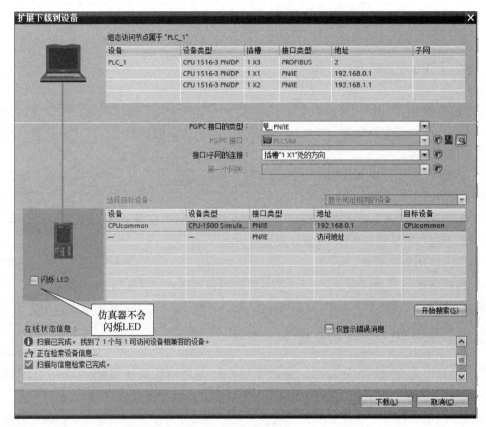

图 4-27 "扩展下载到设备"界面

图 4-28 为仿真器精简视图,包括项目 PLC 名称、运行指示灯、按钮和 IP 地址。项目未组态下载到仿真器时显示图 4-28a 视图,正常运行的精简视图如图 4-28b 所示。

通过图 4-28 中的按钮 ,可以进行精简视图与项目视图的切换,如图 4-29 所示。在项目视图中单击"项目"→"新建",可创建新项目,如图 4-30 所示,单击"创建"。

4) 仿真时可读出"设备组态",如图 4-31 所示。

在设备组态中,单击相应的 I/O 模块,可以操作 PLC 程序中所需要的输入信号或显示实际程序运行的输出信号。图 4-32 为 DI 模块的输入信号。需要注意的是,仿真器的输入信号表达方式为硬件直接访问模式,不是使用映像寄存器进行访问,在 I/O 地址或符号名称后面附加后缀":P"。

a) 未组态下载项目状态　　　　　　　b) 正常运行状态

图 4-28　S7-PLCSIM V16 的精简视图

图 4-29　项目视图

图 4-30　创建新项目

DQ 模块的输出信号如图 4-33 所示。

在博途程序编辑窗口中单击 按钮，就可以实时观察程序运行中的数据变化情况。当启动按钮 SB1 没有按下时，程序运行状态如图 4-34 所示，虚线表示能流未接通，Q0.0 输出为"0"；当启动按钮 SB1 先按下然后再断开，自锁环节保持，程序运行状态如图 4-35 所示，实线表示能流接通，Q0.0 输出为"1"。

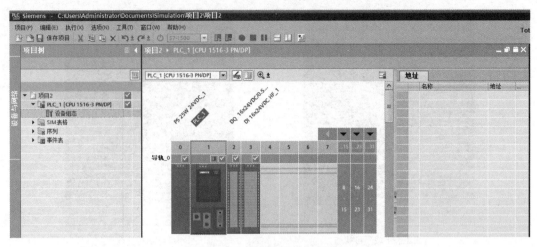

图 4-31 仿真器的设备组态

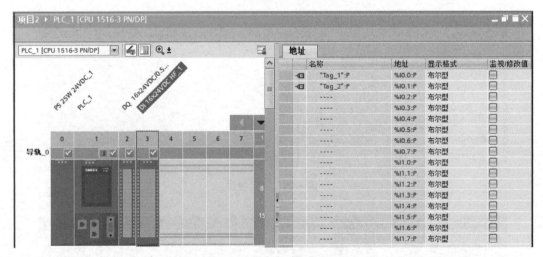

图 4-32 DI 模块的输入信号

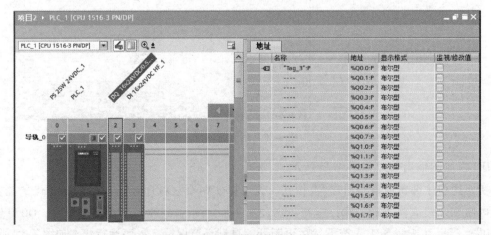

图 4-33 DQ 模块的输出信号

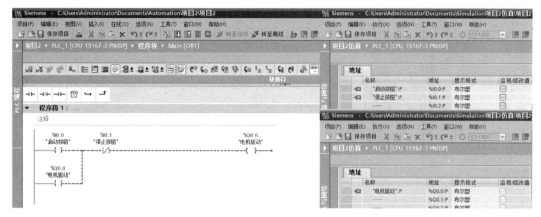

图 4-34　监控程序运行（1）

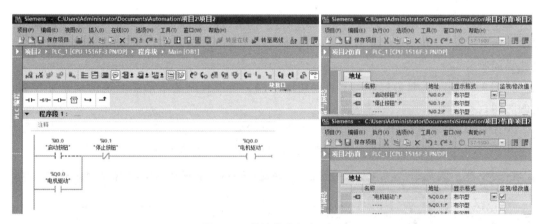

图 4-35　监控程序运行（2）

4.6.2　创建和填充 SIM 表格

S7-PLCSIM 中的 SIM 表格可以用于修改仿真输入值并能够设置仿真输出值，与博途中 PLC 站点的监视表功能类似。一个仿真项目可以包含一个或多个 SIM 表格。

在 S7-PLCSIM 项目视图中的项目树栏，双击打开 SIM 表格，在表格中输入需要监控的变量，在"名称"下可以查询变量的名称，除优化的数据块之外，也可以在"地址"栏直接输入变量的绝对地址，如图 4-36 所示。"监视/修改值"栏中显示的变量为当前值，可以直接键入修改值，按回车键确认修改。如果监控的是字节类型变量，则可以展开以位信号格式进行显示，单击对应位信号的方格进行置位、复位操作。在"一致修改"栏中可以为多变量输入需要修改的值，单击后面的方格使能。单击 SIM 表格工具栏中的"修改所有选定值"按钮 ，可以批量修改变量，这样可以更好地对过程进行仿真。

SIM 表格可以通过工具栏中的"导出至 Excel"按钮 导出并以 Excel 格式保存，反之也可以通过"从 Excel 导入"按钮 从 Excel 文件导入。需要注意的是，必须使能工具栏中的"启用/禁止非输入修改"按钮 才能对其他数据区变量进行操作。

图 4-36 SIM 表格

4.6.3 创建和填充序列

对于顺序控制,例如电动机的顺序起停,过程仿真时就需要按照一定的时间去使能一个或多个信号,通过 SIM 表格进行仿真就比较困难。此时,仿真器的序列功能可以很好地解决此类问题。

如图 4-37 所示,双击打开一个新创建的序列,按照控制要求添加修改的变量并设置变量的时间,具体为:

00:00:00.00,"启动按钮":P,%I0.0:P,布尔型,设定值 FALSE;
00:00:10.15,"停止按钮":P,%I0.1:P,布尔型,设定值 FALSE。

图 4-37 设定控制序列

在"时间"栏中设置修改变量的时间,时间将以时:分:秒(秒用十进制)格式进行显示;在"名称"栏中可以查询变量的名称,除优化的数据块之外,也可以在"地址"栏中直接输入变量的绝对地址,只能选择输入(%I:P)、输出(%Q 或%Q:P)、存储器(%M)和数据块(%DB)、定时器(%T)、计数器(%C);在"操作数"栏中填写变量的修改值,如果是输入位(%I:P)信号,还可以设置为频率信号。

序列的结尾方式有 3 种:

1) 停止序列。立即停止运行序列。

2) 暂停序列。在下一个即将执行的步暂停序列,必须单击"启动序列"按钮来恢复暂停的序列。

3）循环执行序列。直到手动停止序列。

通过序列工具栏中的"启动序列"按钮▦、"停止序列"按钮▦和"暂停序列"按钮▦对序列进行操作；"默认时间间隔"表示增加新步骤时，两个步骤默认的间隔时间；"执行时间"表示序列正在运行的时间。

通过 SIM 表格的操作记录可以自动创建一个序列。首先单击仿真器工具栏中的"开始记录"按钮●，然后修改变量，也可以按批次修改变量；单击"暂停记录"按钮▌▌可以暂停记录，再次单击▌▌可在暂停记录后恢复记录；记录完成后，单击"结束记录"按钮▇结束记录。仿真器自动创建一个新的序列，序列中记录了对变量赋值的过程和时间，也可以修改序列时间或增加频率输出以满足精确仿真。

4.6.4　仿真通信功能

S7-PLCSIM V16 支持仿真实例间的通信。实例可以是 S7-PLCSIM 仿真、WinCC 运行系统仿真或 S7-PLCSIM V5.4.8 仿真。

可以运行 2 个 S7-PLCSIM 仿真、最多 8 个 S7-PLCSIM V5.4.8 实例甚至更多的 WinCC 运行系统仿真，而且这些仿真之间可互相通信。可以运行 S7-PLCSIM 的多个实例，但是只有 2 个实例可具有激活的仿真。

为了使仿真实例相互通信，请遵守以下要求：
- 仿真实例必须在相同的编程设备上运行。
- 单独仿真实例中的 CPU 必须具有唯一的 IP 地址。

S7-PLCSIM 支持 TCP/IP 和 PROFINET 连接。如果想要仿真使用 TCP 连接的通信，必须使用 TCON 指令来设置和建立通信连接。S7-PLCSIM 不识别在 TIA Portal 的"设备与网络"（Devices & networks）部分建立的 TCP 连接。

S7-PLCSIM 执行 T-Block 指令时无须在接收 CPU 中缓冲数据。只有仿真的接收 CPU 中的程序执行 TRCV 指令后，仿真的发送 CPU 才能完成 TSEND 指令。

通信的编程与测试参考通信指令相关内容，这里不再介绍。

第5章

S7-1500 PLC的通信及其应用

PLC通信可以更有效地发挥每一个独立PLC站点、触摸屏、计算机等的优势，扩大整个系统的处理能力。

> 本章主要内容：
> - S7-1500 PLC 之间的 I-Device 功能。
> - CPU 作为智能 I/O 设备的设置。
> - S7-1500 PLC 与变频器和第三方设备之间的通信。
> - S7-1500 PLC 与 HMI。

本章重点介绍西门子以太网PROFINET I-Device（智能设备），S7-1500 PLC 与驱动器的PROFINET通信、与第三方设备之间的通信。

5.1 S7-1500 PLC 通信基础

5.1.1 通信与网络结构

工业现场的通信主要发生在PLC与PLC、PLC与计算机之间。基于工艺、实时性以及安全的原因，一个中大型自动化项目通常由若干个相对独立的PLC组成，PLC之间往往需要传递一些联锁信号，同时HMI也需要通过网络控制PLC的运行并采集过程信号归档，这些都需要通过PLC的通信功能实现。在PLC与计算机构成的系统中，计算机主要完成数据处理、修改参数、图像显示、打印报表、文字处理、系统管理、编制PLC程序、工作状态监视、远程诊断等任务。没有PLC通信，就不可能完成诸如控制设备和整个生产线、监视最新运输系统或管理配电等复杂任务。没有强大的通信解决方案，企业的数字化转型也是不可能的。

西门子工业通信网络统称SIMATIC NET，它提供了各种开放的、应用于不同通信要求及安装环境的通信系统。为满足通信数据量及通信实时性的要求，SIMATIC NET提供了4种不同的通信网络，工业以太网（Industrial Ethernet）、现场总线技术（Process Field Bus，PROFIBUS）、电气安装总线（European Installation Bus，EIB）和执行器-传感器接口（Actuator-Sensor interface，AS-Interface），对应的通信数据量由大到小，实时性由弱到强。

（1）工业以太网（Industrial Ethernet）

工业以太网是依据IEEE 802.3标准建立的单元级和管理级的控制网络，传输数据量大，数据终端的传输速率为 100Mbit/s，主干网络的传输速率可达 1000Mbit/s。

（2）现场总线技术（PROFIBUS）

PROFIBUS 作为国际现场总线标准 IEC61158 的组成部分（TYPEⅢ）和国家机械制造业标准 JB/T 10308.3—2001，具有标准化的设计和开放的结构，以令牌方式进行主-主或主-从通信。PROFIBUS 可传输中等数据量，在通信协议中只有 PROFIBUS-DP（主-从通信）具有实时性。

（3）电气安装总线（EIB）

EIB 应用于楼宇自动化，可以采集亮度进行百叶窗控制、温度测量及门控等操作，通过 DP/EIB 网关，可以将数据传送到 PLC 或 HMI 中。

（4）执行器-传感器接口（AS-Interface）

AS-Interface 通过总线电缆连接底层的执行器和传感器，并将信号传输至控制器。传输数据量小，适合位信号的传输，每个从站通常最多带有 8 个位信号，主站轮询 31 个从站的时间固定为 5ms，适合实时性的通信控制。

5.1.2 从 PROFIBUS 到 PROFINET

PROFIBUS 基于 RS-485 网络，现场安装方便，通信速率可以根据电缆长度灵活调整，通信方式简单。随着支持 PROFIBUS 的设备种类增多，深受广大工程师和现场维护人员的青睐。工业控制的快速发展使控制工艺对工业通信的实时性和数据量有了更高的要求，同时也需要将日常的办公通信协议应用到工业现场。西门子公司推出的 PROFINET，以 PROFIBUS 和 INTERBUS 为基础，将工厂自动化和企业信息管理层 IT 技术有机地融为一体，同时又完全保留了 PROFIBUS 现有的开放性，它意味着目前全世界 80%的总线应用可以成功向下一代以太网现场总线自然过渡。PROFINET 可以完全满足现场实时性的要求，目前已经大规模应用于各行业中。

每一个 S7-1500 CPU 都集成了 PROFINET 接口，可以实现通信网络的一网到底，即从上到下都可以使用同一种网络，便于网络的安装、调试和维护（一网到底不等于从上到下在一个网络上，建议控制网络与监控网络使用不同的子网，从而控制网络风险）。PROFINET 和 PROFIBUS 的对比如下：

（1）PROFINET 对比 PROFIBUS 的优点

1）为了继承 PROFIBUS 的使用方式，在 TIA 博途软件配置上基本相同。

2）实时性强，站点最短更新时间可以达到 250μs（基于 2.2 版本），并且各个站点的更新时间可以单独设置。

3）一个控制器可以连接多达 512 个站点（例如 S7-1518 CPU）。

4）控制器可以同时作为 IO 控制器（相当于 PROFIBUS 主站）和 IO 设备（相当于 PROFIBUS 从站）。

5）基于以太网，支持灵活的拓扑，如星型、树型、环型和混合型等。

6）可以使用无线网络进行通信。

7）集成 Web 功能，可以查看网络拓扑的诊断信息。

8）诊断方便。

9）通信数据量大。

10）没有终端电阻的限制。

（2）PROFINET 对比 PROFIBUS 的弱点及应对方法

1）2个相邻站点不能超过100m，超过100m则需要在2站点间加上一个交换机作为中继器。如果距离较长，考虑到成本可以使用光纤。

2）中间站点不能掉电，否则后面的网络不能通信，使用环网可以解决这个问题。

3）对于原有项目，如不想改动PROFIBUS网络，可以使用IE/PB Link网关进行不同网络间的转换。

表5-1为PROFINET与PROFIBUS的技术指标对比。

表5-1 PROFINET与PROFIBUS的技术指标对比

技术指标	PROFINET	PROFIBUS
通信方式	Ethernet（以太网）	RS-485
传输速率	100Mb/s~1Gb/ss	12Mb/
用户数据	1440B	244B
地址空间	不受限制	126
传输模式	生产者/消费者	主/从
无线网络	IEEE 802.11,15.1	可能实现
运动轴数	>150	32

5.1.3 S7-1500 PLC支持的以太网通信服务

S7-1500 PLC的各系列CPU具有集成的以太网接口（X1、X2、X3，最多3个接口），通信模块CM1542-1和通信处理器CP1543-1均可作为以太网通信的硬件接口，以太网接口支持的通信服务可按实时通信和非实时通信进行划分，不同以太网接口支持的通信服务见表5-2。其中CPU1515、CPU1516、CPU1517带有2个以太网接口，CPU1518带有3个以太网接口，第2、第3个以太网接口主要以安全为目的进行网络的划分，避免管理层网络故障影响控制层网络。

S7-1500 PLC之间的非实时通信有2种：OUC（Open User Communication）和S7通信，实时通信只有PROFINET IO。表5-2中，I-Device是将CPU作为一个智能设备来进行实时通信的。不同的通信服务适用不同的现场应用。

表5-2 不同以太网接口支持的通信服务

以太网接口	实时通信		非实时通信		
	PROFINET IO 控制器	I-Device	OUC	S7通信	Web服务器
CPU集成的接口X1	√	√	√	√	√
CPU集成的接口X2	×	×	√	√	√
CPU集成的接口X3	×	×	√	√	√
CM1542-1	√	×	√	√	√
CP1543-1	×	×	√	√	√

1. OUC

OUC（开放式用户通信）适用于S7-1500/300/400 PLC之间、S7系列PLC与S5系列PLC之间及PLC与PC或第三方设备之间进行通信。OUC有下列通信连接：

1）ISO：支持第四层开放的数据通信，主要用于S7-1500/300/400 PLC与S5系列PLC的工业以太网通信，使用MAC地址，不支持网络路由，基于面向消息的数据传输，发送的长度可以是动态的，接收区必须大于发送区，最大通信字节数为64KB。

2）ISO-on-TCP：应用RFC1006通信协议，将ISO映射到TCP协议上，实现网络路由，最大通信字节数为 64KB。

3）TCP/IP：支持 TCP/IP 协议开放的数据通信，用于连接 SIMATIC S7 系列 PLC、计算机及非西门子公司设备，最大通信字节数为 64KB。

4）UDP：支持简单的数据传输，数据无须确认，最大通信字节数为 1472B。

不同接口支持 OUC 通信连接的类型见表 5-3 所示。

表 5-3　S7-1500 PLC 系统以太网接口支持 OUC 通信连接的类型

接口类型	连接类型			
	ISO	ISO-on-TCP	TCP/IP	UDP
CPU 集成的接口 X1	×	√	√	√
CPU 集成的接口 X2	×	√	√	√
CPU 集成的接口 X3	×	√	√	√
CM1542-1	×	√	√	√
CP1543-1	√	√	√	√

2. S7 通信

适用于 S7-1500/1200/300/400 PLC 之间及其与触摸屏、计算机和编程器之间的通信。早期 S7 通信主要用于 S7-400 PLC 之间的通信，由于通信连接资源的限制，推荐使用 S5 兼容通信，也就是 OUC。随着通信资源的大幅增加和 PN 接口的支持，S7 通信在 S7-1500/1200/300/400 PLC 之间的应用越来越广泛。S7-1500 PLC 的所有以太网接口都支持 S7 通信。S7 通信使用 ISO/OSI 网络模型的第七层通信协议，可以直接在用户程序中发送和接收状态信息。

S7-1500 PLC 的 S7 通信有 3 组通信函数，分别是 PUT/GET、USEND/URCV 和 BSEND/BRCV。这些通信函数适用于不同的应用中。

1）PUT/GET：可以用于单方编程，一个 PLC 作为服务器，另一个 PLC 作为客户端，客户端可以对服务器进行读/写操作，在服务器侧不需要编写通信程序。

2）USEND/URCV：用于双方编程的通信方式，一方发送数据，另一方接收数据，通信方式为异步方式。

3）BSEND/BRCV：用于双方编程的通信方式，一方发送数据，另一方接收数据，通信方式为同步方式，发送方将数据发送到接收方的接收缓冲区，接收方调用接收函数，将数据复制到已经组态的接收区才认为发送成功。BSEND/BRCV 可以进行大数据量通信，最大可以达到 64KB。

3. PROFINET IO

PROFINET IO 主要用于模块化、分布式的控制，通过以太网直接连接现场设备（IO 设备）。PROFINET IO 通信采用全双工点到点方式，一个 IO 控制器最多可以与 512 个 IO 设备进行点到点通信，按设定的更新时间，双方对等发送数据。一个 IO 设备的被控对象只能被一个 IO 控制器控制。在共享 IO 设备模式下，一个 IO 站点上不同的 I/O 模块，甚至同一个 I/O 模块的通道都可以最多被 4 个 IO 控制器共享，但是输出模块只被一个 IO 控制器控制，其他 IO 控制器可以共享信号状态信息。由于访问机制为点到点方式，因此 S7-1500 PLC 集成的以太网接口既可以作为 IO 控制器连接现场 IO 设备，又可同时作为 IO 设备被上一级 IO 控制器控制（对于一个 IO 控制器而言只是多连接了一个站点），此功能被称为智能设备（I-Device）功能。

PROFINET 与 PROFIBUS 的通信方式相似，见表 5-4。

表 5-4 PROFINET 与 PROFIBUS 通信方式

PROFINET	PROFIBUS	解释
IO system	DP master system	网络系统
IO 控制器	DP 主站	控制器与 DP 主站
IO supervisor	PG/PC 2 类主站	调试与诊断
工业以太网	PROFIBUS	网络结构
HMI	HMI	监控与操作
IO 设备	DP 从站	分布的现场部件被分配到 IO 控制器

PROFINET IO 具有下列特点：

1) 现场设备（IO 设备）通过 GSD 文件的方式集成到博途软件中，GSD 文件以 XML 格式存在。

2) 为了保护原有投资，PROFINET IO 控制器可以通过 IE/PB Link 连接 PROFIBUS-DP 从站。

PROFINET IO 提供 3 种执行水平：

1) 非实时数据传输（NRT）：用于项目的监控和非实时要求的数据传输，例如项目的诊断，典型通信时间大约为 100ms。

2) 实时通信（RT）：用于要求实时通信的过程数据，通过提高实时数据的优先级和优化数据堆栈（ISO/OSI 模型的第一层和第二层），使用标准网络元件可以执行高性能的数据传输，典型通信时间为 1~10ms。

3) 等时实时（IRT）：等时实时可确保数据在相等的时间间隔内传输，例如多轴同步操作。普通交换机不支持等时实时通信。等时实时的典型通信时间为 0.25~1ms，每次传输的时间偏差小于 1μs。

支持 IRT 的交换机数据通道分为标准通道和 IRT 通道。标准通道用于 NRT 和 RT 的数据通信。IRT 通道专用于 IRT 的数据通信，网络上的其他通信不会影响 IRT 过程数据的通信。PROFINET IO 实时通信的 OSI/ISO 模型如图 5-1 所示。

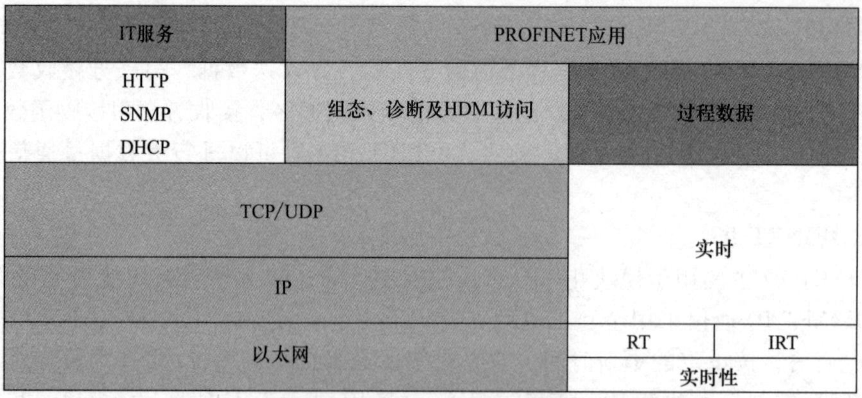

IT服务	PROFINET应用	
HTTP SNMP DHCP	组态、诊断及HDMI访问	过程数据
TCP/UDP		实时
IP		
以太网	RT	IRT
	实时性	

图 5-1 PROFINET IO 实时通信的 OSI/ISO 模型

5.1.4 S7-1500 PLC PROFINET 设备名称

IO 控制器对 IO 设备进行寻址前，IO 设备必须有一个设备名称。对于 PROFINET 设备，其名称比复杂的 IP 地址更容易管理。

IO 控制器和 IO 设备都具有设备名称，如图 5-2 所示，激活"自动生成 PROFINET 设备

图 5-2 激活"自动生成 PROFINET 设备名称"选项

名称"选项时,将自动从设备(CPU、CP、IM)组态的名称中获取设备名称。

PROFINET 设备名称包含设备名称(例如 CPU)、接口名称(仅带有多个 PROFINET 接口时)及 IO 系统的名称。

可以通过在模块的常规属性中修改相应的 CPU、CP 或 IM 名称,间接修改 PROFINET 设备名称。例如,PROFINET 设备名称显示在可访问设备的列表中,如果要单独设置 PROFINET 设备名称而不使用模块名称,则需禁用"自动生成 PROFINET 设备名称"选项。在 PROFINET 设备名称中会产生一个"转换名称",该名称是实际装载到设备上的设备名称。

只有当 PROFINET 设备名称不符合 IEC 61158-6-10 规则时才会进行转换,不能直接修改设备名称。

5.2 I-Device 智能设备

I-Device 智能设备就是带有 CPU 的 IO 设备。S7-1500PLC、S7-1200PLC 的所有 CPU 都可以作为 I-Device 和 IO 控制器。

5.2.1 在相同项目中配置 I-Device

通过电动机起停控制案例的分析与实施说明在同一项目中 I-Device 功能的实现。

电动机起停控制案例:S7-1500 PLC 的 CPU1511-1 PN 与 S7-1200 PLC 的 CPU1214C AC/DC/RLY 通过 PROFINET 通信。其中 CPU1214C 作为 I-Device 智能设备与 CPU1511-1 PN 进行通信。功能要求:

1)S7-1500 PLC:共有两台电机、两个按钮,其中 SB_1 为启动按钮、SB_2 为停止按钮,均为常开型按钮。当按下启动按钮后,电动机 1 立即起动,电动机 2 延时 5s 后起动。当按下停止按钮后,两台电动机均停止。将两台电动机的状态字节传输到 S7-1200 PLC 中,同时输出由 S7-1200 PLC 传输过来的选择开关的状态值。

2)S7-1200 PLC:把 S7-1500 PLC 传输过来的状态字节在 Q0.0~Q0.7 上显示,将本机选择开关 I0.0 的位状态值送入 S7-1500 PLC。

项目实施具体过程如下:

1)创建一个新项目,插入 CPU1511-1 PN 作为 IO 控制器,CPU1214C 作为 I-Device 智能设备,如图 5-3 所示。

确保两个 CPU 的以太网接口在同一频段,单击 PLC_2 的"属性",在"操作模式"选项中使能"IO 设备",并将其分配给 IO 控制器,如图 5-4 所示(注意:CPU1214C 早期型号

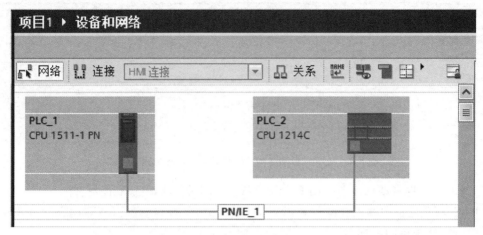

图 5-3 创建一个新项目

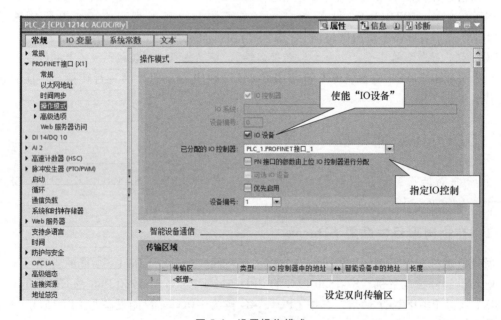

图 5-4 设置操作模式

不具有该功能,应选新型模块),在"传输区域"选项中可以更改地址和传输区方向箭头。

指定 IO 控制器后,在"操作模式"选项中出现"智能设备通信"栏,单击可配置通信传输区,双击"新增",可增加一个传输区,并在其中定义通信双方的通信地址区:使用 Q 区作为数据发送区;使用 I 区作为数据接收区,单击箭头可以更改数据传输的方向。图 5-5 为创建的两个传输区,通信长度都是 1 个字节。

2) 图 5-6 为 IO 控制器的地址总览。将配置数据分别下载到两个 CPU 中,他们之间的 PROFINET 通信将自动建立。其中,IO 控制器(CPU1511-1 PN)使用 QB20 发送数据到 I-Device(CPU1214C)的 IB2;I-Device 使用 QB2 发送数据到 IO 控制器 IB5。本实例中,CPU1214C 即作为上一级 IO 控制器的 IO 设备,同时又作为下一级 IO 设备的 IO 控制器,使用非常灵活和方便。

3) 对两个 PLC 分别编程,通信部分不用编程,这也是 I-Device 的优点。

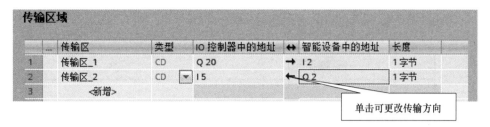

图 5-5 设置操作模式创建的两个传输区

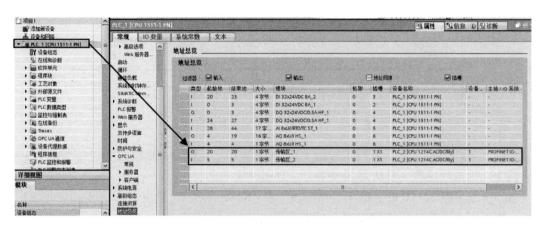

图 5-6 IO 控制器的地址总览

图 5-7 是 CPU1511-1 PN 的主程序。程序段 1 和程序段 2 是电动机 1 的起动和停止控制。

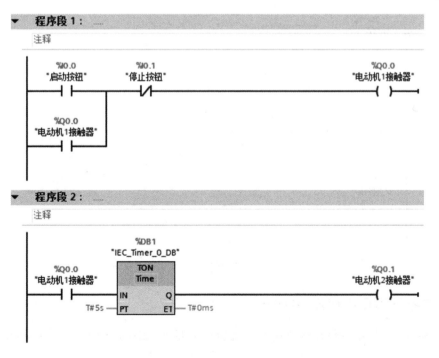

图 5-7 CPU1511-1 PN 的主程序

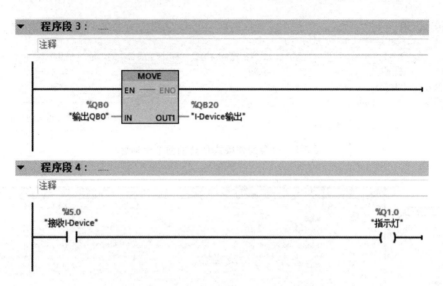

图 5-7　CPU1511-1 PN 的主程序（续）

程序段 3 是电动机起动后，延时定时器 TON 5s 后动作。程序段 4 是输出 QB0 字节值到 I-Device 的 IB2 中。程序段 5 是从 I5.0 中接收 I-Device 发送的位信号。

图 5-8 是 CPU1214C 的主程序。程序段 1 从 IB2 中接收 IO 控制器的字节信号并输出到 QB0。程序段 2 将选择开关 I0.0 状态值送到 IO 控制器的 I5.0 中。

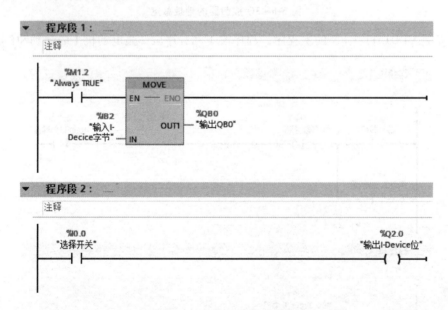

图 5-8　CPU1214C 的主程序

5.2.2　在不同项目中配置 I-Device

在上述电动机起停控制案例的基础上增加一个要求，即两个 PLC 的文件必须配置在不同的项目中。

项目实施具体过程如下：

1）创建另一个新项目，插入 CPU1511-1 PN 作为 IO 控制器，CPU1214C 作为 I-Device 智能设备，如图 5-9 所示。图中 CPU1214C 与 CPU1511-1 PN 未进行通信链接。

图 5-9 创建另一个新项目

在项目树中选择"PLC2"→"组态"选项，在 PLC 2 的属性界面中的"以太网地址"选项中使能"在设备中直接设定 IP 地址"，勾选"在设备中直接设定 PROFINET 设备名称"选项，如图 5-10 所示。

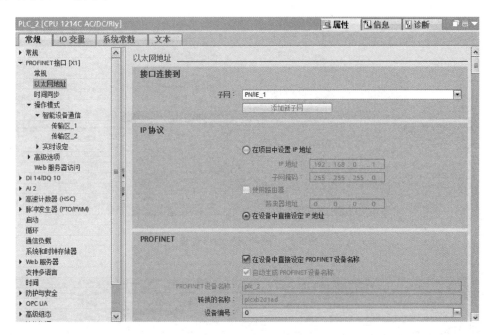

图 5-10 设置 IP 地址

在 PLC 2 的属性界面中的"操作模式"选项中使能"IO 设备"，在"已分配的 IO 控制器"选项中选择"未分配"，在"传输区域"中定义通信双方的通信地址区，如图 5-11 所示。其中，"IO 控制器中的地址"栏为空白，不可添加具体地址。

创建传输区后，在项目树中选择"PLC2"，单击工具栏中的"编译"按钮对 PLC2 的硬件配置进行编译，如图 5-12 所示。只有正确地编译该硬件配置，系统才能生成可下载的该常规站描述文件（GSD），编译结果如图 5-13 所示，其中警告错误可忽略。

正确完成上述操作后，在 PLC 2 的"智能设备通信"选项的最后部分可以查看"导出

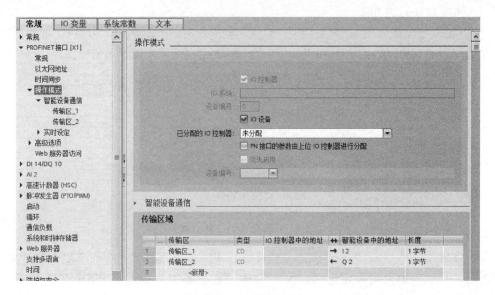

图 5-11　设置操作模式

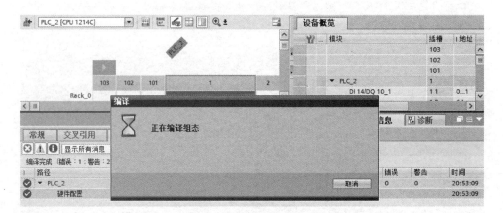

图 5-12　硬件配置编译过程

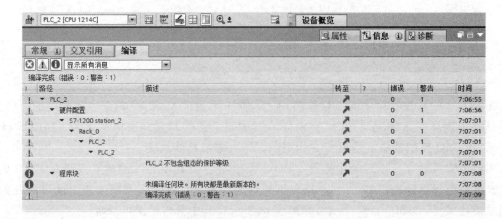

图 5-13　硬件配置编译结果

常规站描述文件（GSD）"栏，如图 5-14 所示，单击"导出"按钮，生成一个 GSD 文件，文件中包含用于 IO 通信的配置信息，如图 5-15 所示。

图 5-14 "导出常规站描述文件（GSD）"栏

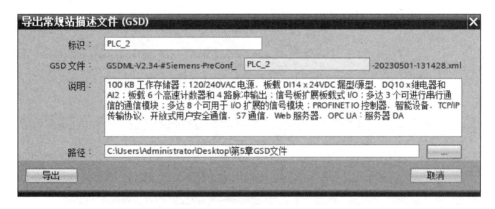

图 5-15 GSD 文件描述

GSD 文件全称 General Station Description（通用站描述文件）。PROFIBUS 总线的 GSD 文件和 PROFINET 实时以太网的 GSD 文件描述方式不同，PROFINET 的 GSD 文件采用 XML 语言描述，后缀名为 xml。按照约定，PROFINET I/O 设备的 GSD 文件文件名以"GSDML"开头。

2) 创建另一个新项目用于 IO 控制器，插入 CPU1511-1 PN，设置以太网接口的 IP 地址，使其与 IO 设备处于相同的网段，导入 GSD 文件，安装 GSD 文件的相关内容，如图 5-16 所示。安装过程如图 5-17 所示。

打开右边的硬件目录，如图 5-18 所示，选择"Other field devices（其他以太网设备）"→"PROFINET IO"→"PLCs & CPs"→"SIEMENS AG"→"CPU 1214C AC/DC/Rly"→"PLC_2"，将安装的 I-Device 站点 PLC_2 拖放到网络视图中，并连接 PROFINET IO 端口。

当 IO 控制器与 IO 设备的端口相连接后，在设备视图中可以看到 I-Device 的数据传输区，如图 5-19 所示。由于 I-Device 的设备名称不能自动分配，所以配置后的 IO 设备名称必须与 1) 中创建项目时定义的设备名称相同。

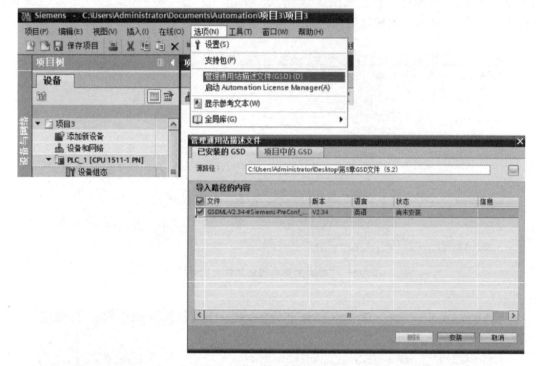

图 5-16 选择导入 GSD 文件

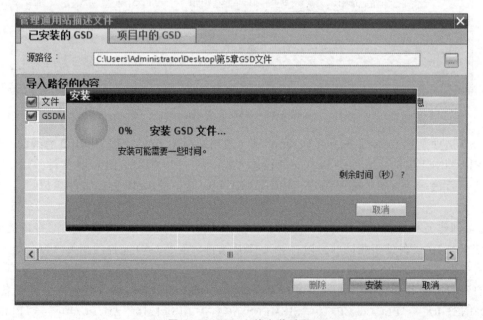

图 5-17 GSD 文件安装过程

3）连机调试。将配置数据分别下载到对应的 CPU，它们之间的 PROFINET IO 通信将自动建立。一旦有一个设备出现故障，则故障红色标注就会出现，并在"诊断缓冲区"出现"硬件组件的用户数据错误"提示。

图 5-18 将安装的 I-Device 站点 PLC_2 拖放到网络视图中

图 5-19 I-Device 的数据传输区

5.3 S7-1500 PLC 与驱动器的 PROFINET 通信

5.3.1 G120 变频器的速度控制

通过 S7-1500 PLC 的 PROFINET 控制 G120 变频器，实现速度控制案例的分析与实施，说明项目中变频控制功能的实现。

速度控制案例：S7-1500 PLC 的 CPU1511-1 PN 经由 PROFINET 控制 G120 变频器，实现变频速度控制。

项目实施具体过程如下：

1) 在西门子公司官网中下载 G120 变频器的 GSD 文件，并导入博途，如图 5-20 所示。在网络视图中添加 G120 变频器（本案例选用 SINAMICS G120 CU250S-2 PN Vector V4.7），如图 5-21 所示。连接网络如图 5-22 所示。G120 变频器的常规设置如图 5-23 所示。G120 变频器的 IP 地址及 PROFINET 设备名称设置如图 5-24 所示。

图 5-20　导入 G120 的 GSD 文件

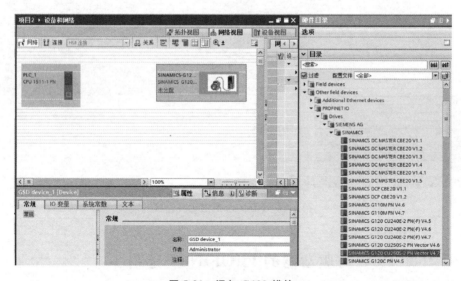

图 5-21　添加 G120 模块

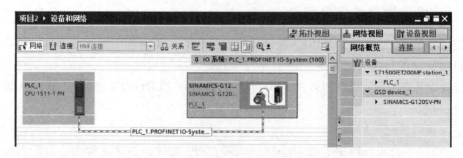

图 5-22　连接 PROFINET IO 端口

第5章　S7-1500 PLC的通信及其应用

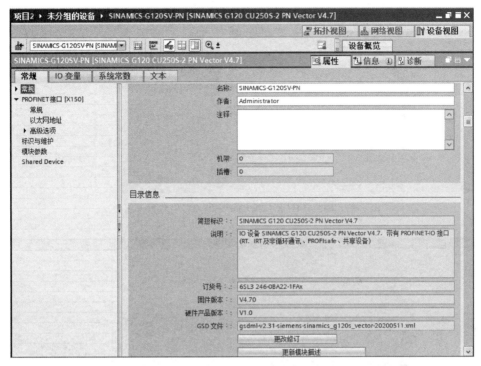

图 5-23　G120 变频器的常规设置

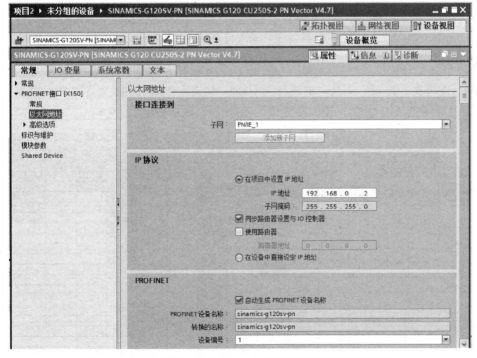

图 5-24　设置 G120 变频器的 IP 地址及 PROFINET 设备名称

G120 变频器概览如图 5-25 所示。在众多报文协议中选择"标准报文 1，PZD-2/2"，如图 5-26 所示。

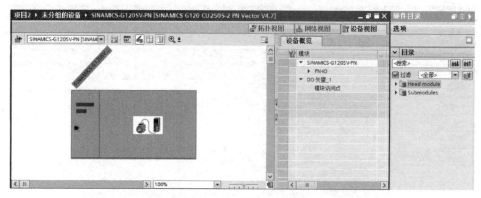

图 5-25 SINAMICS G120 CU250S-2 PN Vector V4.7

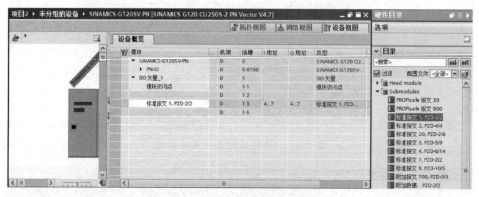

图 5-26 添加"标准报文 1, PZD-2/2"

G120 变频器完成组态以后，其 I/O 地址就是 IB4~IB7 和 QB4~QB7，根据图 5-27 所示的 G120 标准报文，控制字 1 对应的地址为 QW4，状态字 1 对应的地址为 IW4，转速设定值（16 位）对应的地址为 QW6，转速实际值（16 位）对应的地址为 IW6。

报文编号	1		2		3		4		7		9		20	
过程 1	控制字 1	状态字 1	控制字 1	状态字 1	控制字 1	状态字 1	控制字 1	状态字 1	控制字 1	状态字 1	控制字 1	状态字 1	控制字 1	状态字 1
过程 2	转速设定值 16 位	转速实际值 16 位	转速设定值 32 位	转速实际值 32 位	转速设定值 32 位	转速实际值 32 位	转速设定值 32 位	转速实际值 32 位	选择程序段	EPOS 选择的程序段	选择程序段	EPOS 选择的程序段	转速实际值 16 位	经过平滑的转速实际值 A16
过程 3											控制字 2	状态字 2		经过平滑的输出电流
过程 4					控制字 2	状态字 2	控制字 2	状态字 2			MDI 目标位置			经过平滑的转矩实际值
过程 5					编码器 1 控制字	编码器 1 状态字	编码器 1 控制字	编码器 1 状态字			MDI 速度			有功功率实际值
过程 6							编码器 1 位置实际值 1	编码器 1 控制字			MDI 加速度			
过程 7							(32 位)				MDI 减速度			
过程 8							编码器 1 位置实际值 2	编码器 1 位置实际值 1			MDI 模式选择			
过程 9							(32 位)	(32 位)						
过程 10								编码器 2 状态字						
过程 11								编码器 2 位置实际值 1						
过程 12								(32 位)						
过程 13								编码器 2 位置实际值 2						
过程 14								(32 位)						

图 5-27 G120 标准报文格式

2) 选择"库"如图 5-28 所示。之前应该打开全局库，从西门子公司官网上下载的全局库是一个压缩包，压缩包里是一个"已压缩的库文件"，文件类型后缀是 .zal。因此，打开全局库时文件类型应选择"已压缩的库"。

在主程序 OB1 中将 DriverLib_S7_1200_1500 中的 SINA_SPEED（FB285）功能块拖到编程网络中，因为是 FB，所以需要调用 DB，如图 5-29 所示。

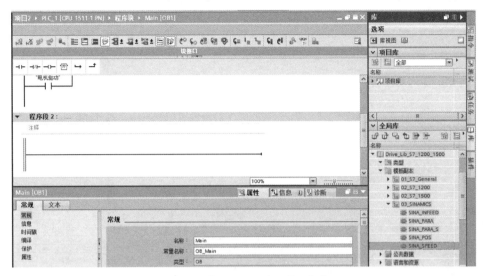

图 5-28　拖入 SINA_SPEED 指令

图 5-29　调用 SINA_SPEED_DB

图 5-30 为 SINA_SPEED（FB285）功能块，SINA_SPEED（FB285）功能块的主要参数说明如下：

EnableAxis：Bool 型，电动机使能，为 1 时运行。

AckError：Bool 型，错误复位。

SpeedSp：Real 型，变频器的速度。

RefSpeed：Real 型，变频器的参考速度，是一个基准值，也就是设置了一个最快的速度参考值。如果 RefSpeed 设置为 1500，SpeedSp 设置为 1500，就是 50Hz 的频率；RefSpeed 设置为 1000，SpeedSp 设置为 1000，也是 50Hz 的频率；

ConfigAxis：Word 型，是一个配置参数，有一些参数主要用来控制正/反转，一般 16#003F 为正转，16#0C7F 为反转。ConfigAxis 每一位的控制说明见表 5-5。

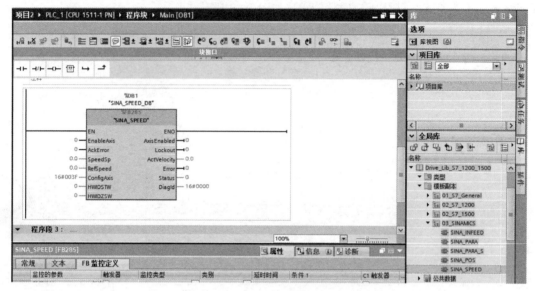

图 5-30　SINA_SPEED（FB285）功能块

表 5-5　ConfigAxis 每一位的控制说明

位序号	默认值	含义
位 0	1	OFF2 停机方式
位 1	1	OFF3 停机方式
位 2	1	驱动使能
位 3	1	使能/禁止斜坡函数发生器使能
位 4	1	继续/冻结斜坡函数发生器使能
位 5	1	速度设定值使能
位 6	0	打开抱闸
位 7	0	速度设定值反向
位 8	0	电动电位计升速
位 9	0	电动电位计降速
位 10~15	—	—

HWIDSTW 与 HWIDZSW：用来确定与哪个变频器通信，需要在 PLC 变量中查找。首先在系统常量中找到对应变频器后缀为"标准报文_1_PZD-2_2"，如图 5-31 所示，然后将其直接拖到程序中，即 270，如图 5-32 所示。

AxisEnabled：Bool 型，驱动已使能，正常使能开启，电动机开始运行后，值变为 1。

Lockout：Bool 型，驱动处于禁止接通状态。

ActVelocity：Bool 型，实际速度（rpm）。

Error：Bool 型，1 表示存在错误，说明有异常。

Status：Int 型，16#7002，没有错误，功能块正在执行；16#8401，驱动错误；16#8402，驱动禁止启动；16#8600，DPRD_DAT 错误；16#8601，DPWR_DAT 错误。

Diagid：Word 型，通信错误，在执行 SFB 调用时发生错误。

图 5-33 为完成后的 SINA_SPEED（FB285）功能块。

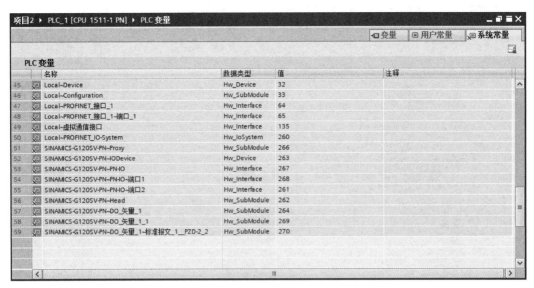

图 5-31　系统常量中的标准报文 PLC 变量

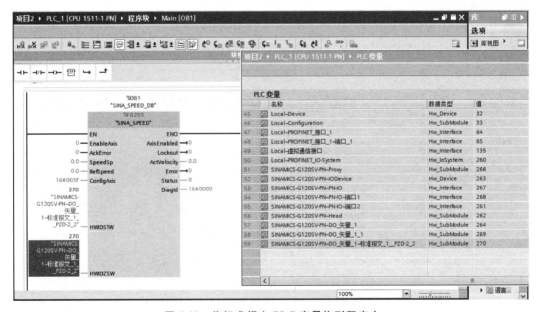

图 5-32　将标准报文 PLC 变量拖到程序中

3) G120 变频器还需要修改相应的报文参数，即 P0922 PROFIdrive PZD 报文选项"标准报文 1，PZD-2/2"。

5.3.2　V90 伺服驱动器的速度控制

通过 S7-1500 PLC 的 PROFINET，控制 V90 伺服驱动器，实现速度控制案例的分析与实施，说明项目中伺服控制功能的实现。

速度控制案例：S7-1500 PLC 的 CPU1511-1 PN 经由 PROFINET 控制 V90 伺服驱动器，实现伺服驱动控制。

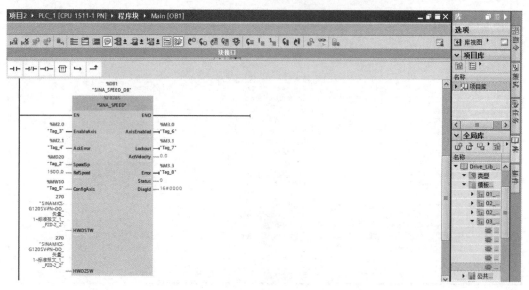

图 5-33　完成后的 SINA_SPEED（FB285）功能块

项目实施具体过程如下：

1）在西门子公司官网中下载 V90 伺服驱动器的 GSD 文件，并导入博途，如图 5-34 所示。在网络视图中添加 V90 设备（本实例选用 SINAMICS V90 PN V1.0），建立 V90 与 S7-1500 PLC 的网络连接，如图 5-35 所示。

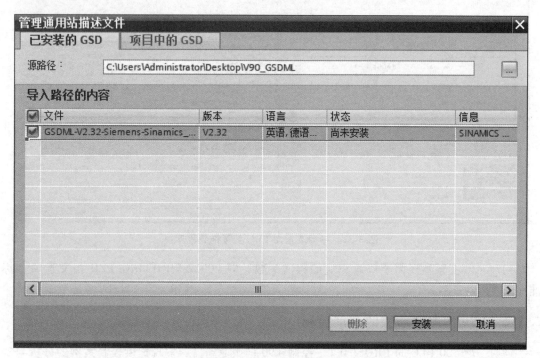

图 5-34　导入 V90 GSD 文件

分别设置 S7-1500 PLC 和 V90 伺服驱动器的 IP 地址，确保两者 IP 地址在同一个频段内，如图 5-36 所示。

第5章 S7-1500 PLC的通信及其应用

图 5-35 建立 V90 与 S7-1500 PLC 的网络连接

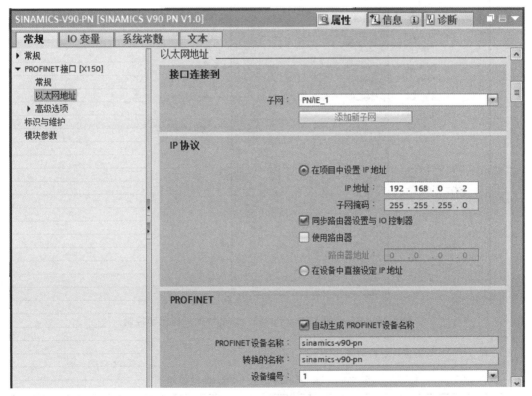

图 5-36 设置 IP 地址

在"设备概览"中设置控制报文为"标准报文1，PZD-2/2"，如图 5-37 所示。

2) 在主程序 OB1 中将 DriverLib_S7_1200_1500 中的 SINA_SPEED（FB285）功能块拖到编程网络中，如图 5-38 所示，各参数具体含义参考 G120 变频器控制案例所述，唯一不同是 HWIDSTW 值和 HWIDZSW 值不同，需要修改为"SINAMICS-V90-PN~驱动_1~标准报文1_PZD-2_2"，即 271。

133

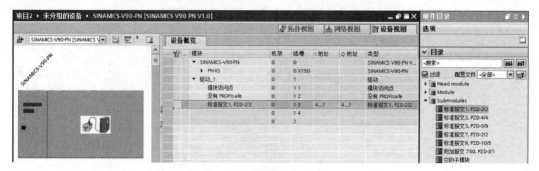

图 5-37 设置"标准报文 1, PZD-2/2"

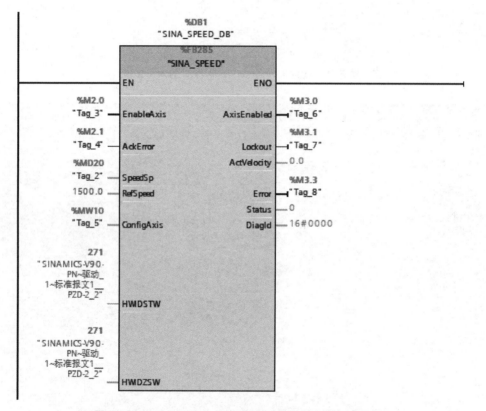

图 5-38 SINA_SPEED (FB285) 功能块的伺服驱动控制

3) 表 5-6 为 V90 伺服驱动器 p0922 参数说明。

表 5-6 V90 伺服驱动器 p0922 参数说明

报文	最大 PZD 数		描述
	接收字	发送字	
标准报文 1	2	2	p0922 = 1
标准报文 2	4	4	p0922 = 2
标准报文 3	5	9	p0922 = 3
标准报文 5	9	9	p0922 = 5

(续)

报文	最大 PZD 数		描述
	接收字	发送字	
西门子报文 102	6	10	p0922 = 102
西门子报文 105	10	10	p0922 = 105

5.4 S7-1500 PLC 与 HMI

5.4.1 精简系列面板

1. 人机界面

从广义上说，人机界面（Human Machine Interface，HMI）泛指计算机（包括 PLC）与操作人员交换信息的设备。在控制领域，人机界面一般特指用于操作人员与控制系统之间进行对话和相互作用的专用设备。

人机界面可以在恶劣的工业环境中长时间连续运行，是 PLC 的最佳搭档。人机界面可以用字符、图形和动画动态地显示现场数据和状态，操作人员可以通过人机界面来控制现场的被控对象。此外，人机界面还有报警、用户管理、数据记录、趋势图、配方管理、显示和打印报表、通信等功能。

国内一些原来不用人机界面的行业，现在也开始使用人机界面了，这说明人机界面已经成为客户体验的不可缺少的一部分，人机界面的用户界面能更好地反映出设备和流程的状态，并通过视觉和触摸的效果，带给客户更直观的感受。

2. 触摸屏

触摸屏（Touch Screen）是一种可接收触头等输入信号的感应式液晶显示装置，是人机界面的发展方向，用户可以在触摸屏的屏幕上生成满足自己要求的触摸式按键。触摸屏是一种交互输入设备，用户只需用手指或光笔点击触摸屏的某位置即可控制计算机的运行。因此，触摸屏技术具有操作简单，使用灵活的特点。

3. 人机界面的工作原理

首先需要用计算机上运行的组态软件对人机界面组态。使用组态软件可以很容易地生成满足用户要求的人机界面的画面，用文字或图形动态地显示 PLC 中位变量的状态和数字量的数值。用各种输入方式，将操作人员的位变量命令和数字设定值传送到 PLC，画面的生成是可视化的。组态软件的使用方便，简单易学。

组态结束后将画面和组态信息编译成人机界面可以执行的文件。编译成功后，将可执行文件下载到人机界面的存储器中。

在控制系统运行时，人机界面和 PLC 之间通过通信来交换信息，从而实现人机界面的各种功能。只需要对通信参数进行简单的组态，就可以实现人机界面与 PLC 的通信。将画面上的图形对象与 PLC 变量的地址联系起来，就可以实现控制系统运行时 PLC 与人机界面之间的自动数据交换。

4. 精简系列面板

精简系列面板是与 S7-1200/1500 PLC 等配套的触摸屏，它具有基本的功能，适用于简单应用,具有很高的性价比,有功能可以定义的按键。

第二代精简系列面板有 3in、4in、6in、7in、9in、10in、12in 和 15in 的高分辨率 64K 色宽屏显示器,如图 5-39 示,支持垂直安装,用 TIA 博途 V13 或更高版本组态。它有一个 RS-422/RS-485 接口或 RJ45 以太网接口,还有一个 USB2.0 接口。USB 接口可连接键盘、鼠标或条形码扫描仪,可以用 U 盘实现数据归档。精简系列面板可以使用几十种项目语言,运行时可以使用多达 10 种语言,并且能在线切换语言,精简系列面板的触摸屏操作直观方便,具有报警、配方管理、趋势图、用户管理等功能,防护等级为 IP 65,可以在恶劣的工业环境中使用。

图 5-39 添加 HMI 设备

5.4.2 精简系列面板的画面组态

1. 画面组态的准备工作

(1) 添加 HMI 设备

在项目视图中生成一个名为"PLC-HMI"的新项目。双击项目树中的"添加新设备",单击打开对话框中的"控制器"按钮,如图 5-39 所示,生成名为"PLC_1"的 PLC 站点,CPU 为 CPU1512C。再次双击"添加新设备",单击"HMI"按钮,HMI 中可以选择 SIMATIC 精简系列面板、SIMATIC 精智面板、SIMATIC 移动式面板、HMI SIPLUS,单击每个左侧小三角出现下属内容,选中 4in 的第二代精简系列面板 KTP400 Basic。单击"确定"按钮,生成名为"HMI_1"的面板。

(2) 组态连接

组态连接有两种方法,在图 5-39 中,第一种,勾选启动设备向导,单击确定会自动跳转到 HMI 组态流程中，如图 5-40 所示。第一步为 PLC 连接，单击选择 PLC 下的浏览按钮，会自动出现添加过的 PLC CPU1512C，单击右下角√自动连接。之后可一直单击下一步进行其他设置，最后单击完成即可。单击左侧设备和网络查看连接状态，打开视图中"连接"选项卡，可以看到生成的 HMI 连接的详细信息，如图 5-41 所示。

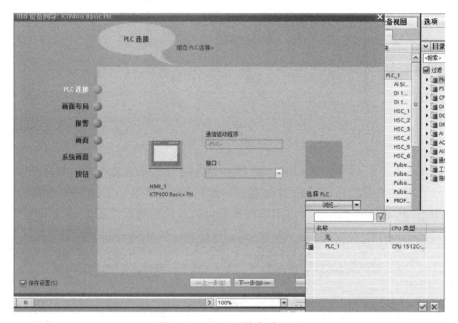

图 5-40　PLC 连接自动向导

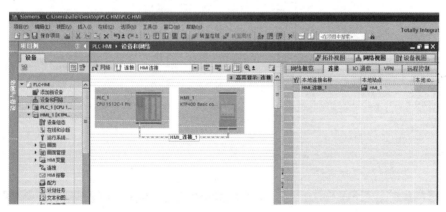

图 5-41　设备和网络

第二种，未勾选启动设备向导，单击确定会跳过向导流程，生成名为"HMI_1"的面板。单击设备和网络，打开网络视图，此时 PLC 与 HMI 还没有网络连接，如图 5-42 所示。单击工具栏上的"连接"按钮，它右边的下拉式列表显示连接类型为"HMI 连接"。单击选中 PLC 中的以太网接口（绿色小方框），按住鼠标左键，移动鼠标，拖出一条浅蓝色直线。将它拖到 HMI 的以太网接口，松开鼠标左键，生成与图 5-41 中一样的"HMI_连接_1"。

（3）打开画面

生成 HMI 设备后，在"画面"文件夹中自动生成一个名为"画面_1"的画面，鼠标移

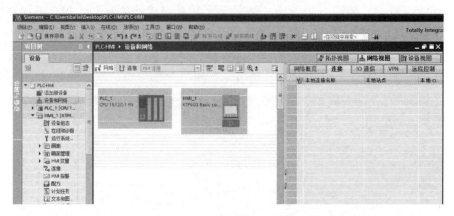

图 5-42　PLC-HMI 未连接

动到"画面_1"上，右键选择重命名，将它的名称改为"根画面"。双击打开该画面，如图 5-43 所示，可以单击工作区下面线框内（1 处）的"100%"右边的三角打开下拉式列表，来改变画面的显示比例，也可以用该按钮右边的滑块快速设置画面的显示比例。

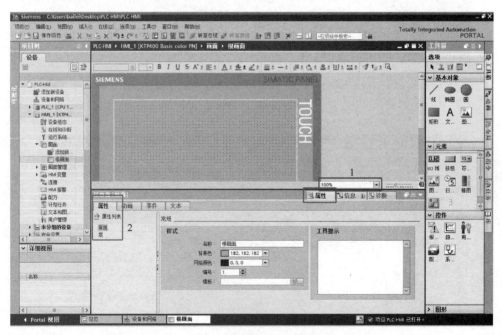

图 5-43　画面显示界面

单击选中工作区中的画面后，再选中线框（2 处）中的属性—属性—常规，可以用巡视窗口设置画面的名称、背景色、网格颜色、编号等参数。通过单击背景色下拉式列表的键，用出现的颜色列表设置画面的背景色。

鼠标移至线框（3 处）时单击右键，有大图标、显示描述两个选项。未勾选大图标，以文字介绍体现；勾选大图标以图标形式体现。未勾选显示描述，只显示图标，无图标描述；勾选显示描述，在图标下面有显示描述。图 5-43 中为勾选了大图标、显示描述的界面。

2. 组态指示灯与按钮

(1) 生成和组态指示灯

指示灯用来显示 Bool 变量"电动机"的状态。单击工具箱"基本对象"窗格中的"圆"（如图 5-44 中线框 1 处），拖拽到画面上希望的位置后松开，指示灯放置到位。单击选中生成的圆，选中画面下面的"属性—属性—外观"（如图 5-44 中线框 2 处），通过设置圆的边框为默认的黑色，样式为实心，宽度为 3 个像素点（与指示灯的大小有关），背景色为深绿色，填充图案为实心（如图 5-44 中线框 3 处）。

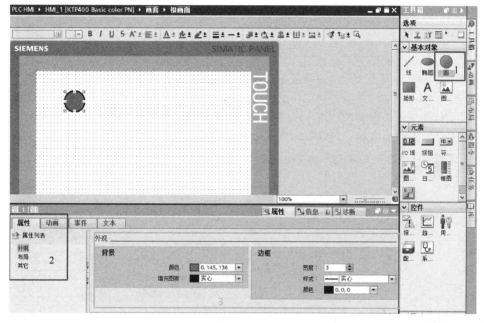

图 5-44 组态指示灯的外观和布局属性

一般在画面上可以通过鼠标改变元件的位置和大小，将鼠标光标放在按钮上，会变为十字箭头图形，按住鼠标左键并移动鼠标，将选中的对象拖到希望的位置，松开左键，对象被放在该位置。单击按钮，它的四周出现 8 个小正方形，将鼠标的光标放到某个角的小正方形上，光标变为 45°的双向箭头，按住左键并移动鼠标，可以同时改变按钮的长度和宽度。将鼠标的光标放到 4 条边中点的某个小正方形上，光标变为水平或垂直的双向箭头，按住左键并移动鼠标，可将选中的对象沿水平方向或垂直方向放大或缩小。可以用类似的方法移动和缩放窗口。同时，也可以通过"属性—属性—布局"，通过数字输入对圆的位置和大小进行微调。

打开"属性—动画—显示"文件夹，双击其中的"添加新动画"，再双击出现在"添加新动画"对话框中的"外观"，选中图 5-45 左边窗口中现的"外观"，在右边窗口组态外观的动画功能。设置圆连接的 PLC 的变量为位变量"电动机"，其"范围"值为 0 和 1 时，圆的背景色分别为深绿色和灰色，对应于指示灯的熄灭和点亮。

(2) 生成和组态按钮

画面上按钮的功能比接在 PLC 输入端的物理按钮的功能强大得多，用来将各种操作命令发送给 PLC，通过 PLC 的用户程序来控制生产过程。将工具箱的"元素"窗格中的"按

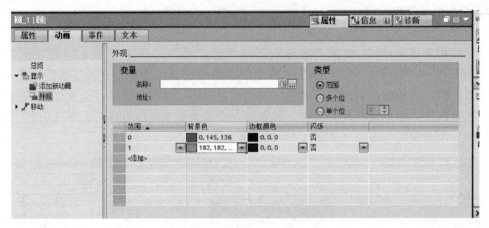

图 5-45 组态指示灯的动画功能

钮"（图标为 ▭ ）拖拽到画面上，用鼠标调节按钮的位置和大小。

单击选中放置好的按钮，选中巡视窗口的"属性—属性—常规"，如图 5-46 所示，用单选框选中"模式"域和"标签"域的"文本"，输入"按钮未按下，时显示的图形"为"启动"。

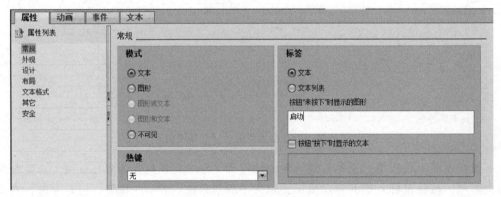

图 5-46 组态按钮的常规属性

如果勾选了复选框"按钮'按下'时显示的文本"，可以分别设置未按下时和按下时显示的文本。未勾选该复选框时，按下和未按下时按钮上的文本相同。选中巡视窗口的"属性—属性—外观"，设置背景色为浅灰色，填充图案为实心，"文本"的颜色为黑色。

选中巡视窗口的"属性—属性—布局"，如图 5-47 所示，可以用"位置和大小"区域的输入框微调按钮的位置和大小。如果勾选了复选框"使对象适合内容"，将根据按钮上的文本的字数、字体大小和文字边距自动调整按钮的大小。

选中巡视窗口的"属性—属性—文本格式"，如图 5-48 所示，单击"字体"下拉列表框右边的按钮，可以用打开的对话框定义以像素点（px）为单位的文字的大小。字体为宋体，不能更改。字形有粗体、正常、斜体、粗斜体 4 种，还可以设置下划线、删除线、按垂直方向读取等附加效果。设置对齐方式为水平居中，垂直方向在中间。

(3) 设置按钮的事件功能

选中巡视窗口的"属性—事件—释放"，如图 5-49 所示，单击视图右边窗口的表格最上

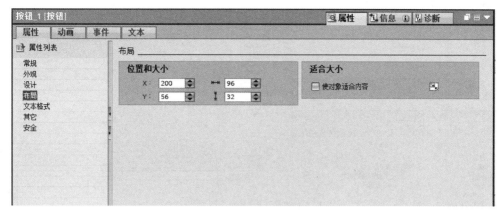

图 5-47 组态按钮的布局

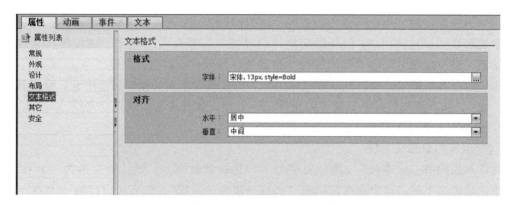

图 5-48 组态按钮的文本格式

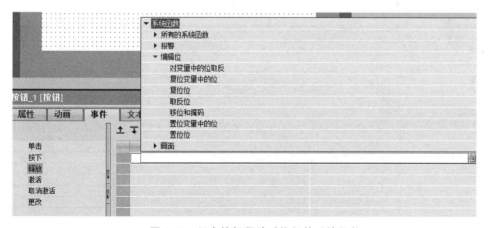

图 5-49 组态按钮释放时执行的系统函数

面一行,再单击它的右侧出现的按键(在单击表格最上面一行之前它是隐藏的),在出现的"系统函数"列表中选择"编辑位"文件夹中的函数"复位位"。

直接单击表中第 2 行右侧隐藏的按钮,选中该按钮下面出现的小对话框左边窗口中 PLC 的默认变量表,双击选中右边窗口该表中的变量"启动按钮",如图 5-50 所示。在 HMI 运行时释放该按钮,将变量"启动按钮"复位为 0 状态。

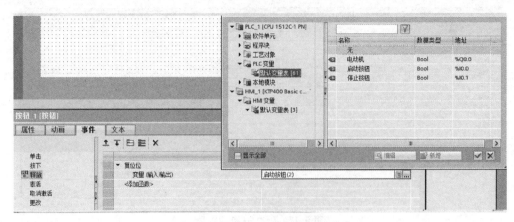

图 5-50　组态按钮释放时操作的变量

选中巡视窗口的"属性—事件—按下",用同样的方法设置在 HMI 运行时按下该按钮,执行系统函数"置位位",将 PLC 的变量"启动按钮"置位为 1 状态。该按钮具有点动按钮的功能,按下按钮时变量"启动按钮"被置位,释放按钮时它被复位。

选中组态好的按钮,执行复制和粘贴操作。放置好新生成的按钮后选中它,设置其文本为"停止",按下该按钮时将变量"停止按钮"置位,放开该按钮时将它复位。

3. 组态文本域与 I/O 域

(1) 生成与组态文本域

将工具箱中的"文本域"(图标为字母 A)拖拽到画面上,默认的文本为"Text"。单击选中生成的文本域,选中巡视窗口的"属性—属性—常规",在右边窗口的"文本"输入框中输入"当前值",如图 5-51 所示。可以在图中设置字体大小和"使对象适合内容",也可以分别在"文本格式"和"布局"属性中设置它们。

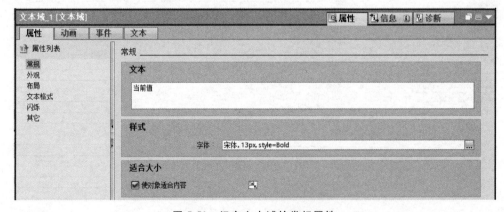

图 5-51　组态文本域的常规属性

"外观"属性与图 5-44 类似,可以设置其背景色、填充图案方式、边框宽度、边框样式、边框颜色等。

"布局"属性中可以设置文本位置和大小、四周边距等,如图 5-52 所示。

"文本格式"属性与图 5-48 的图相同,设置字形格式、字体大小,对齐方式。

"闪烁"属性,默认设置为禁用闪烁,下拉菜单可选择是否启用。

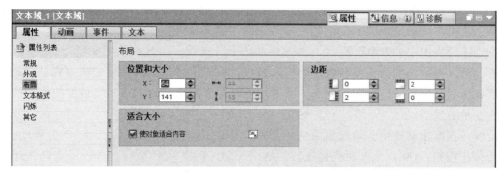

图 5-52 组态文本域的布局属性

设置画面中的文本域，执行复制和粘贴操作。放置好新生成的文本域后选中它，设置其文本为"预设值"，并设置其属性。

（2）生成与组态 I/O 域

1）输出域：用于显示 PLC 中变量的数值。

2）输入域：用于操作员键入数字或字母，并用指定的 PLC 的变量保存它们的值。

3）输入/输出域：同时具有输入域和输出域的功能，操作员用它来修改 PLC 中变量的数值，并将修改后 PLC 中的数值显示出来。

将工具箱中元素的"I/O 域"（图标为 0.12）拖拽到画面上，选中生成的 I/O 域。选中巡视窗口的"属性—属性—常规"，如图 5-53 所示，用"模式"下拉列表设置 I/O 域为输出域，连接的过程变量为"当前值"。可以设置该变量的显示格式、移动小数点位数、格式样式等。

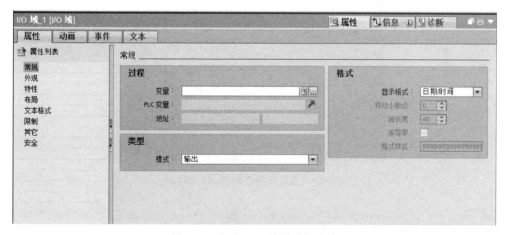

图 5-53 组态 I/O 域的常规属性

I/O 域的"外观"属性中，可以设置背景色、填充图案方式、边框宽度、边框样式、边框颜色等。

I/O 域的"布局"属性与图 5-52 文本域的相同。文本格式与图 5-48 相同。

4. 精简系列面板的仿真

PLC 与 HMI 应用非常广泛，但价格较高，教学过程中没有条件实现设备仿真，在没有 HMI 设备的情况下，可以用 WinCC 系统对 HMI 设计进行仿真。WinCC（Windows Control

Center），即视窗控制中心，是第一个使用32位技术的过程监视系统，是西门子公司实现PLC与上位机之间的通讯及上位机监控画面制作的组态软件。

选中项目视图中"HMI"项目，执行菜单命令"在线—仿真—使用变量器仿真"，打开变量器，可以模拟画面的切换和数据的输入过程，可以通过仿真器来改变输出域显示的变量的数值或指示灯显示的位变量的状态，或者用仿真器读取来自输入域的变量的数值和按钮控制的位变量的状态。

示例：在博途软件中，编程简单的梯形图程序（电动机起停控制），I0.0为启动按钮，I0.1为停止按钮，Q0.0为电动机接触器，见图5-54。搭建HMI项目，并设置启动按钮、停止按钮、电动机指示灯等相关属性，并与PLC变量连接，指示灯在电动机运行时为绿灯，电动机停止时为红灯，见图5-55。选中项目视图中"HMI"项目，执行菜单命令"在线—仿真—使用变量器仿真"，WinCC自动运行两个界面，见图5-56，左边为HMI操作界面，可对按钮进行按下、释放操作，同时指示灯会根据程序执行变化，右边为变量监控表，可实时查看变量变化的数字量结果。

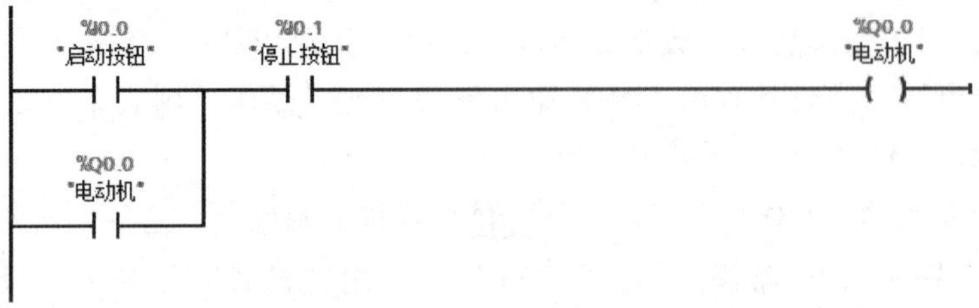

图 5-54 电动机起停控制程序

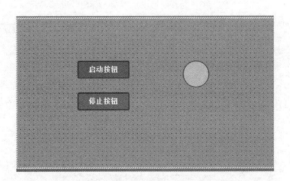

图 5-55 电动机起停控制 HMI 界面

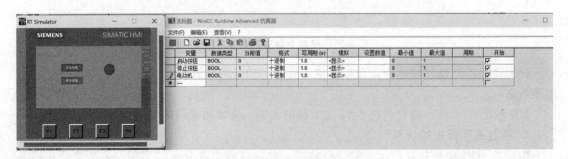

图 5-56 电动机起停控制仿真运行结果

5.5　S7-1500 PLC 通信应用

本节应用案例介绍 S7-1500 PLC 与南京华太 SMARTLINK 设备的 PROFINET 通信。

西门子公司主导的 PROFINET 总线是由 PROFIBUS 国际组织推出的新一代工业以太网自动化总线标准，S7-1500 PLC 借助该总线可以将工厂自动化和企业信息管理层 IT 技术有机地融为一体，借助 PROFINET 控制器、PROFINET 设备可以组成多类型的控制系统。

南京华太推出的 SMARTLINK 设备，包含 PROFINET 工业以太网适配器通信模块 FR8210 及各种可应用于 PROFINET 的智能远程 IO 设备。智能远程 IO 设备挂到适配器下，每个适配器下的智能远程 IO 设备可多达 32 个，站点与站点之间的距离不超过 200m，单局域网络理论站点数可达 256 个，通信速率为 100Mbit/s，可以满足各类中大型项目的硬件配置需求。

第三方设备通信案例：以 FR8210（PROFINET 适配器）、FR1118（数字量输入模块）和 FR2118（数字量输出模块）作为第三方设备，通过 PROFINET 实现与 S7-1500PLC 的通信。

项目实施具体过程如下：

1）按照 FR8210 使用手册正确连接系统电源和公共端电源，图 5-57 和图 5-58 分别为 FR8210 的外观结构和电气接线图。

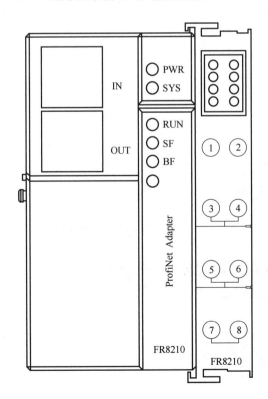

图 5-57　FR8210 的外观结构

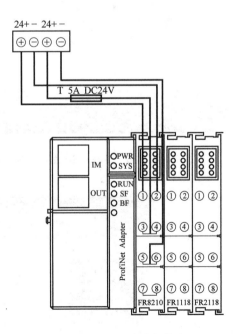

图 5-58　FR8210 的电气接线图

在南京华太自动化技术有限公司官网下载 FR8210 的 GSD 文件，文件名为"GSDML-V2.3-HDC-FR8210_v1.1.0-20191016.xml"，并导入博途，如图 5-59 所示，在硬件目录更新后会出现如图 5-60 所示的 FR8210 硬件选项。

2）在新建项目中，选择"Other field devices（其他现场设备）"→"PROFINET IO"→"I/O"→"HDC"→"SmartLinkIO"→"FR8210"，将其托入网络视图中，单击 FR8210 上的"未分配"，选择"PLC-1.PROFINET 接口_1"，如图 5-61 所示。图 5-62 是完成后的 PROFINET 设备和网络。

3）设备组态如图 5-63 所示，鼠标选中 HDC 右键→单击"设备组态"→"硬件目录"，找到模块 FR1118、FR2118 后双击，即可在设备概览中看到添加的模块，如图 5-64 所示。

4）如果 FR8210 是第一次使用，则需要手动操作分配 PROFINET 设备名。

5）硬件配置下载成功后，将 FR8210 断电后重新上电，位于 PROFINET 适配器模块前面板的指示灯，SYS 以 1HZ 的频率闪烁，RUN 常亮，SF、BF 熄灭。表 5-7 为 FR8210 模块指示灯状态说明。

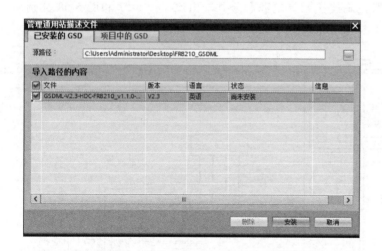

图 5-59　下载 GSD 文件并导入项目

图 5-60　FR8210 硬件选项

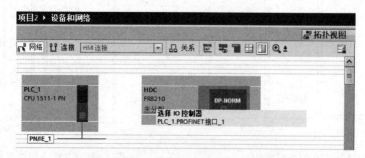

图 5-61　选择"PLC-1.PROFINET 接口_1"

第5章　S7-1500 PLC的通信及其应用

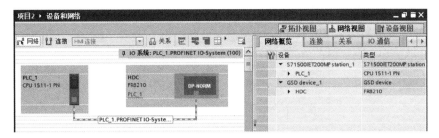

图 5-62　完成后的 PROFINET 设备和网络

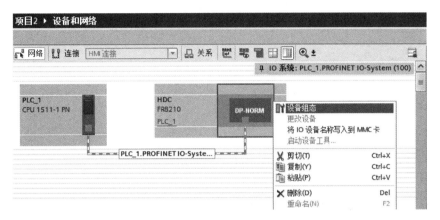

图 5-63　设备组态

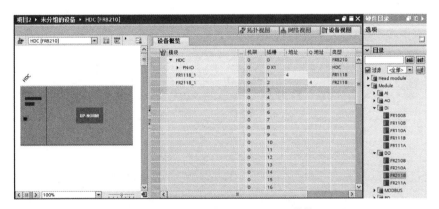

图 5-64　添加 FR1118、FR2118 模块

表 5-7　FR8210 模块指示灯状态说明

编号	指示灯	颜色	状态	含义
1	PWR,系统电源指示灯	绿色	亮	电源正常
			灭	系统电源未接或电源故障
2	SYS,系统指示灯	绿色	以 1Hz 的频率闪烁	扫描正常
			以 3~5Hz 的频率闪烁	扫描从站时,部分或全部从站丢失
3	RUN,运行指示灯	绿色	亮	从站处于运行状态
			灭	从站未运行

（续）

编号	指示灯	颜色	状态	含义
4	SF,故障诊断指示灯	红色	亮	PROFINET 诊断存在
			灭	PROFINET 诊断存在
5	BF,通信链接故障指示灯	红色	亮	没有可用的连接状态
			闪烁	连接状态良好；没有通信连接 PROFINET IO-Controller
			灭	PROFINET IO-Controller 有一个活跃的沟通连接到这个 PROFINET IO 设备

第6章

S7-1500 PLC的工艺指令应用

工艺指令是数控机床控制软件里的名词，类似于操作指令，只不过在控制软件编程中，由程序来完成工艺过程，某些控制加工部件运行的程序就是工艺指令。

> 本章主要内容：
> - PID控制功能与应用。
> - 高速计数功能与应用。
> - 运动控制功能与应用。

西门子S7-1500 PLC的工艺指令主要有3大类：PID控制、计数与测量控制、运动控制。本章重点介绍比例（Proportional）—积分（Integral）—微分（Derivative）控制器（简称PID控制器），其采用闭环控制，在目前的工业控制系统中广泛使用。PID控制器首先计算反馈的实际值和设定值的偏差，然后对该偏差进行比例、积分和微分运算处理，最后使用运算结果调整相关执行机构，来达到减小过程值与设定值偏差的目的。计数与测量控制的对象为高速计数模块（TM Count）、位置检测模块（TM PosInput）、Time-based IO 模块。运动控制的对象可以是速度轴、位置轴、外部编码器和同步轴等。

6.1 PID控制的功能与编程

6.1.1 PID控制概述

自动控制系统示意图如图6-1所示，包含输入量、控制器、扰动量、被控对象、检测元件等。控制器通过输入值和反馈值的偏差，控制执行机构，从而对被控对象进行自动调节。控制器类型多种多样，PID控制器在目前的工业控制系统中广泛使用。

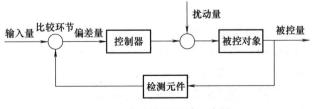

图6-1 自动控制系统示意图

1. PID 的含义和作用

在过程控制中，按偏差的比例（P）、积分（I）和微分（D）进行控制的 PID 控制器是应用最广泛的一种自动控制方式。它具有原理简单，易于实现，适用面广，控制参数相互独立，参数选定简单，调整方便等优点。

P 是比例，是输入偏差乘以一个系数。偏差一旦产生，成比例的反映系统的偏差信号，控制器立即产生控制作用以减少偏差，响应速度快，有利于系统稳定。当仅有比例控制时，系统输出存在稳态误差。

I 是积分，是对输入偏差在时间上进行积分运算。随着时间增加，即使输入偏差很小的情况下积分运算结果也会增大，使控制器的输出增大，从而使系统稳态误差减小，直到为零。比例积分（PI）控制可使系统在进入稳态之后无稳态误差，提高系统的准确性。

D 是微分，是对输入偏差进行微分运算。反映系统偏差信号的变化趋势，在偏差信号变化太大之前，在系统中引入一个有效的早期修正信号，从而加快系统的动作速度，减少调节时间，提高系统的快速性。微分控制能有效消除控制系统在克服稳态误差的调节过程中出现的震荡甚至失稳。

2. PID 控制算法

在连续控制系统中，模拟 PID 的控制规律为：

$$u(t) = K_p \left[e(t) + \frac{1}{T_i} \int e(t) \, dt + T_D \frac{de(t)}{dt} \right] \tag{6-1}$$

式中，$e(t)$ 为偏差输入函数；$u(t)$ 为调节器输出函数；K_p 为比例系数；T_i 为积分时间常数；T_D 为微分时间常数。

由于 PLC 只能处理离散数字量，须将上式的模拟量微分方程转化为离散的差分方程。式（6-1）离散化后的差分方程为：

$$u(k) = K_p \left[e(k) + \frac{1}{T_i} \sum_{t=0}^{k} T_s \times e(k-i) + T_D \frac{e(k) - e(k-1)}{T_s} \right] \tag{6-2}$$

式中，T_s 为采样周期；k 为采样序号，$k = 0, 1, 2, \cdots, i, \cdots, k$；$u(k)$ 是第 k 次采样时的输出值；$e(k)$ 是第 k 次采样时的偏差值；$e(k-i)$ 是第 $k-i$ 次采样时的偏差值。

用作 PLC 编程计算时，将式（6-2）表述为递推关系并化简为：

$$\begin{aligned} u(k) &= u(k-1) + K_p \left(1 + \frac{T_s}{T_i} + \frac{T_D}{T_s}\right) e(k) - K_p \left(1 + \frac{2T_D}{T_s}\right) e(k-1) + K_p \frac{T_D}{T_s} e(k-2) \\ &= u(k-1) + r_0 e(k) - r_1 e(k-1) + r_2 e(k-2) \\ &= u(k-1) - r_0 f(k) - r_1 f(k-1) + r_2 f(k-2) + S_p(r_0 - r_1 + r_2) \end{aligned} \tag{6-3}$$

式中，S_p 为调节器设定值；$f(k)$ 为第 k 次采样时的反馈值；r_0、r_1、r_2 为常数。

6.1.2 PID 控制器

S7-1500 PLC 的 PID 控制系统由控制器、传感器、控制元件和被控对象组成。在连接了传感器和执行器的 S7-1500 PLC 中，可通过 PID 软件控制器实现对一个受控系统的比例、积分、微分控制，使受控系统达到预期状态。

S7-1500 PLC 的 PID 控制器通过在 TIA 博途程序中调用 PID 工艺指令和组态工艺对象实现 PID 控制功能。PID 控制器的工艺对象即为指令的背景数据块，用于保存软件控制器的组态数据。S7-1500 PLC 的 PID 控制器指令分为两大类：Compact PID 和 PID 基本函数。Compact PID 指令集包括 PID_Compact、PID_3Step 和 PID_Temp 指令；PID 基本函数指令传承自 S7-300/400 PLC 的 PID 控制，这里不赘述。

1. PID_Compact 指令

PID_Compact 指令提供一个能工作在手动或自动模式下，具有集成优化功能的 PID 连续控制器，支持模拟量和脉宽输出。其连续采集控制回路内测量的过程值，将其与设定值比较后得到控制偏差。控制偏差用于计算控制器的输出值，通过输出值可以快速且稳定地将过程值调整到设定值。

在自动模式下，PID_Compact 指令可通过预调节和精确调节实现对被控对象的比例、积分和微分的自动控制。用户也可在工艺对象的"PID 参数"中手动输入调节参数。

2. PID_3Step 指令

PID_3Step 指令可对具有阀门自调节的 PID 控制器或具有积分行为的执行器进行组态，可组态带位置反馈的三步步进控制器、不带位置反馈的三步步进控制器、具有模拟量输出值的阀门控制器。

3. PID_Temp 指令

PID_Temp 指令提供了一种可对温度过程进行集成调节的 PID 控制器，可用于纯加热或加热/制冷应用。PID_Temp 指令连续采集在控制回路中测量的过程值，并将其与设定值相比较，根据比较后的控制偏差计算输出值，通过输出值将过程值调整到设定值。

PID_Temp 指令可以在手动或自动模式下使用，还可以串级使用。

6.1.3 PID_Compact 指令的 PID 控制示例

举例：控制电炉的炉温在一定范围。工作原理：设定电炉温度后，CPU1511-1PN 经过 PID 运算后由自带的模拟量输出模块输出电压信号到控制板，控制板根据该电压信号（弱电）的大小控制电热丝的加热电压（强电）；温度传感器检测电炉内温度，温度信号经控制板处理后输入到模拟量输入模块，再进入 CPU1511-1PN 参与 PID 运算，如此循环。整个系统的硬件配置如图 6-2 所示，请编写控制程序。

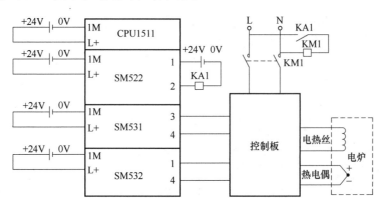

图 6-2 PID 控制示例硬件配置

模拟量输出模块 SM532 输出电压信号到控制板，从而控制电热丝加热电压。温度信号经控制板处理后输入到模拟量输入模块 SM531，再进入 CPU1511-1PN 参与 PID 运算。

1. 硬件配置

S7-1500 PLC 的硬件配置如图 6-3 所示，需进行硬件组态。

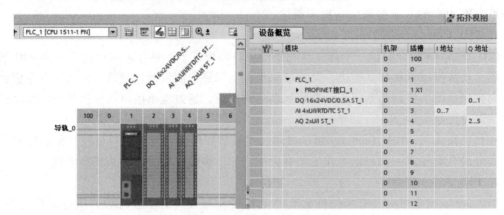

图 6-3　S7-1500 PLC 的硬件配置

AI 模块组态如图 6-4 所示。0 通道参数设置为手动，测量电压范围为 ±10V。

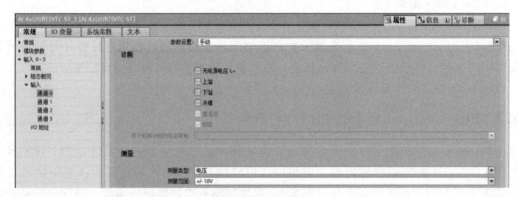

图 6-4　AI 模块组态

AQ 模块组态如图 6-5 所示。0 通道参数设置为手动，输出电压范围为 0~10V。

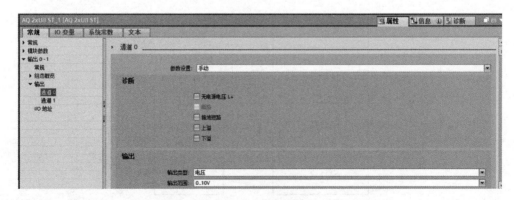

图 6-5　AQ 模块组态

2. 添加工艺对象

在 S7-1500 PLC 中添加工艺对象的方法有多种，用户可直接在现有的 PLC 项目树中单击

"工艺对象"—"新增对象",如图6-6所示。

新增对象窗口如图6-7所示,对象类型选择"PID"中的"PID_Compact",会出现PID Compact [FB 1130]选项。该PID_Compact工艺对象的数据块DB编号自动选择为1,也可手动添加。

也可在程序中调用PID指令时生成一个背景数据块,该背景数据块就是一个新的PID工艺对象。调用PID指令时也可选择已创建好的工艺对象。

图6-6 添加工艺对象

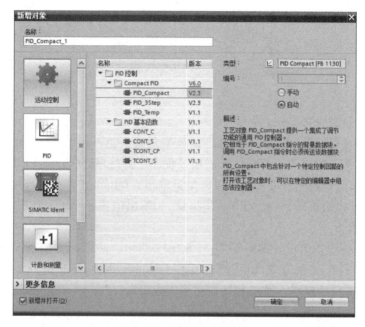

图6-7 新增对象窗口

3. PID_Compact 工艺对象组态

如图6-8所示,可在PLC项目树中查看新添加的PID_Compact工艺对象,出现"组态"和"调试"两个功能。选择"组态"后会出现图6-9所示的组态窗口,包含"基本设置"、"过程值设置"和"高级设置"。

（1）基本设置

基本设置如图6-9所示。在基本设置的"控制器类型"中可组态控制器的类型参数,为设定值、过程值和扰动量设定物理量和单位。S7-1500 PLC的PID控制器类型可设置为温度、压力、流量、速度、角速度、亮度等,本例中将单位为"℃"的"温度"作为控制器类型。如果组态"反转控制

图6-8 PID_Compact_1 [DB1] 对象

逻辑",则输出值随着过程值的变化而反方向变化(如冷却性能增加导致温度降低、阀门开度增大导致水位下降等),本例不符合此情况。还可以组态CPU重启后PID控制器的工作模式。

在基本设置的"Input/Output 参数"中可以组态设定值、过程值和输出值的源。PID_

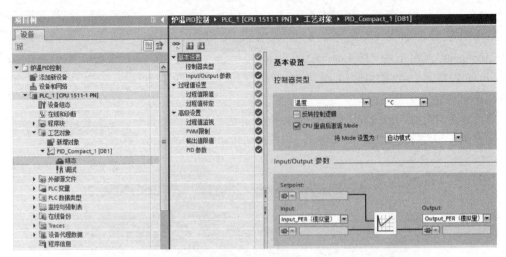

图 6-9 组态窗口

Compact 的过程值可以选择 Input 或 Input_PER（模拟量）：Input 表示经过用户程序处理的反馈值；Input_PER（模拟量）表示未经处理的模拟量输入值。PID_Compact 的输出参数也有 3 种形式：Output 表示输出至用户程序，需用户程序进行处理；Output_PER（模拟量）的输出值与模拟量转换值相匹配，可直接连接模拟量输出；Output_PWM 表示输出脉冲宽度调制信号。本例中，过程值选择 Input_PER（模拟量），输出值选择 Output_PER（模拟量）。

（2）过程值设置

PID_Compact 的过程值设置如图 6-10 和图 6-11 所示，必须为受控系统设置合适的过程值上限和下限。一旦过程值超出限值，PID_Compact 指令会报错（输出值 ErrorBits = 0001H），并会取消调节操作，停止 PID 控制器的输出。

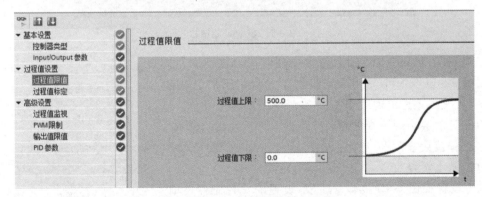

图 6-10 过程值限值

本例在基本设置中已设定过程值为 Input_PER（模拟量），需要将模拟量输入值转换为过程值的物理量。在过程值标定中设置模拟量输入的下限和上限（0.0~480.0），对应模拟量通道的下限和上限（0.0~27648.0）。

（3）高级设置

图 6-12 为高级设置中的"过程值监视"组态窗口，可组态过程值的警告上限和下限。当反馈值达到警告上限或下限时，PID_Compact 指令设置相应的输出参数为 TRUE。警告限

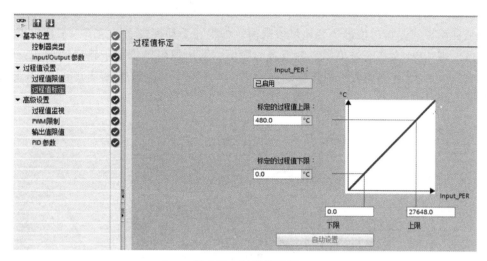

图 6-11 过程值标定

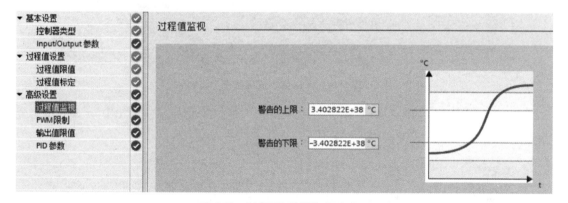

图 6-12 "过程值监视"组态窗口

值必须处于过程值的限值范围内。如未输入警告限值,警告限值将使用过程值的上限和下限。

PWM 限值组态窗口如图 6-13 所示,可以组态 PID_Compact 控制器脉冲输出 Output_PWM 的最短接通时间和最短关闭时间。如果已设置 Output 或 Output_PER 作为 PID_Compact 控制器的输出,此处的最短接通时间和最短关闭时间应设置为 0.0。

图 6-13 PWM 限值组态窗口

输出值限值组态窗口如图 6-14 所示，以百分比的形式组态输出值的限值，无论在手动模式还是自动模式，输出值都不会超过该限值。如果在手动模式下指定了一个超出限值范围的输出值，则 CPU 会将有效值限制为组态的限值。输出值限值依赖于输出的形式：设置为 Output 或 Output_PER 输出时，限值范围为 -100.0% ~ 100.0%；设置为 Output_PWM 输出时，限值范围为 0.0 ~ 100.0%。也可设置发生错误时输出的响应。

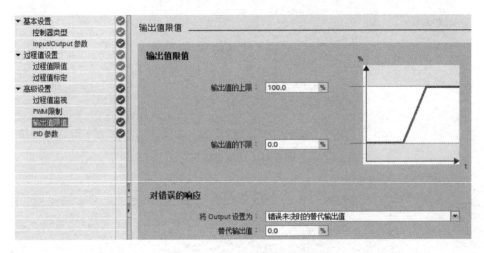

图 6-14　输出值限值组态窗口

PID 参数组态窗口如图 6-15 所示，可以手动输入适用于受控系统的 PID 参数，也可通过控制器自动调节得出 PID 参数。

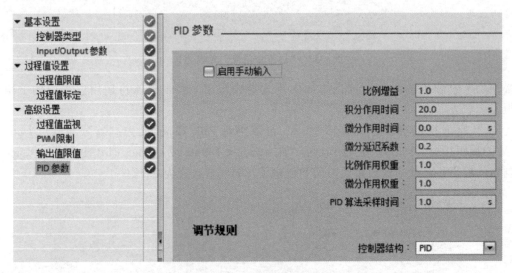

图 6-15　PID 参数组态窗口

完成以上组态后，可右键单击项目树中的 PID_Compact_1 [DB1]，打开 DB 编辑器，可进入背景数据块参数表，其输入/输出参数如图 6-16 所示，与图 6-18 所示的 PID_Compact 指令一一对应。

PID_Compact 指令的输入参数见表 6-1、输出参数见表 6-2、输入/输出参数见表 6-3。

第6章　S7-1500 PLC的工艺指令应用

	PID_Compact_1		
	名称	数据类型	起始值
1	▼ Input		
2	■ Setpoint	Real	0.0
3	■ Input	Real	0.0
4	■ Input_PER	Int	0
5	■ Disturbance	Real	0.0
6	■ ManualEnable	Bool	false
7	■ ManualValue	Real	0.0
8	■ ErrorAck	Bool	false
9	■ Reset	Bool	false
10	■ ModeActivate	Bool	false
11	▼ Output		
12	■ ScaledInput	Real	0.0
13	■ Output	Real	0.0
14	■ Output_PER	Int	0
15	■ Output_PWM	Bool	false
16	■ SetpointLimit_H	Bool	false
17	■ SetpointLimit_L	Bool	false
18	■ InputWarning_H	Bool	false
19	■ InputWarning_L	Bool	false
20	■ State	Int	0
21	■ Error	Bool	false
22	■ ErrorBits	DWord	16#0
23	▼ InOut		
24	■ Mode	Int	3

图 6-16　输入/输出参数

表 6-1　PID_Compact 指令的输入参数

参数	数据类型	默认值	说明
Setpoint	REAL	0.0	PID 控制器在自动模式下的设定值
Input	REAL	0.0	用户程序的变量用作过程值的源。如果正在使用参数 Input，则必须设置 Config. InputPerOn = FALSE
Input_PER	INT	0	模拟量输入用作过程值的源。如果正在使用参数 Input_PER，则必须设置 Config. InputPerOn = TRUE
Disturbance	REAL	0.0	扰动变量或预控制值
ManualEnable	BOOL	FALSE	出现 FALSE->TRUE 时会激活"手动模式"，而 State = 4 和 Mode 保持不变。只要 ManualEnable = TRUE，便无法通过 ModeActivate 的上升沿或使用调试对话框来更改工作模式 出现 TRUE->FALSE 沿时会激活由 Mode 指定的工作模式 建议只使用 ModeActivate 更改工作模式
ManualValue	REAL	0.0	手动值。该值用作手动模式下的输出值。允许介于 Config. OutputLowerLimit 与 Config. OutputUpperLimit 之间的值
ErrorAck	BOOL	FALSE	上升沿将复位 ErrorBits 和 Warning
Reset	BOOL	FALSE	重启控制器
ModeActivate	BOOL	FALSE	上升沿 PID_Compact 将切换到保存在 Mode 参数中的工作模式

表 6-2　PID_Compact 指令的输出参数

参数	数据类型	默认值	说明
ScaledInput	REAL	0.0	标定的过程值
Output	REAL	0.0	REAL 形式的输出值

(续)

参数	数据类型	默认值	说明
Output_PER	INT	0	模拟量输出值
Output_PWM	BOOL	FALSE	脉宽调制输出值,输出值由变量开关时间形成
可同时使用"Output"、"Output_PER"和"Output_PWM"输出			
SetpointLimit_H	BOOL	FALSE	如果 SetpointLimit_H=TRUE,则说明达到了设定值的绝对上限(Setpoint≥Config.SetpointUpperLimit) 此设定值将限制为 Config.SetpointUpperLimit
SetpointLimit_L	BOOL	FALSE	如果 SetpointLimit_L=TRUE,则说明已达到设定值的绝对下限(Setpoint≤Config.SetpointLowerLimit) 此设定值将限制为 Config.SetpointLowerLimit
InputWarning_H	BOOL	FALSE	如果 InputWarning_H=TRUE,则说明过程值已达到或超出警告上限
InputWarning_L	BOOL	FALSE	如果 InputWarning_L=TRUE,则说明过程值已经达到或低于警告下限。
State	INT	0	PID 控制器的当前工作模式。可使用输入参数 Mode 和 ModeActivate 处的上升沿更改工作模式 State=0:未激活 State=1:预调节 State=2:精确调节 State=3:自动模式 State=4:手动模式 State=5:带错误监视的替代输出值
Error	BOOL	FALSE	如果 Error=TRUE,则此周期内至少有一条错误消息处于未决状态
ErrorBits	DWORD	DW#16#0	显示了处于未决状态的错误消息 通过 Reset 或 ErrorAck 的上升沿来保持并复位 ErrorBits

表 6-3 PID_Compact 指令的输入/输出参数

参数	数据类型	默认值	说明
Mode	INT	4	指定 PID_Compact 将转换到的工作模式,包含: Mode=0:未激活 Mode=1:预调节 Mode=2:精确调节 Mode=3:自动模式 Mode=4:手动模式 工作模式由 ModeActivate 的上升沿、Reset 的下降沿和 ManualEnable 的下降沿激活

4. PID_Compact 指令调用

为了让 PID 指令按预想的采样频率运算工作,必须在循环中断 OB 中调用 PID_Compact 指令,以保证过程值精确的采样时间和 PID 控制器的控制精度。如图 6-17 所示,在程序中添加循环中断 OB(OB30),设定循环时间为 100ms。

如图 6-18 所示,在循环中断 OB30 中调用 PID_Compact 指令,选择上述已配置为 PID 工艺对象的数据块 DB1 作为其背景数据块。

5. PID 调试

项目下载到 PLC 后,就可以对 PID 控制器进行优化调试。优化调试分为预调节和精确调节两种模式,调试时如果直接进行精确调节,会先进行预调节再进行精确调节。

第6章 S7-1500 PLC的工艺指令应用

图 6-17 添加循环中断 OB

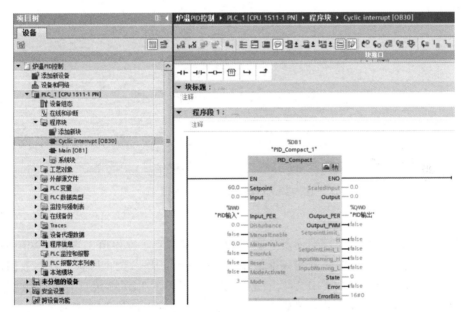

图 6-18 调用 PID_Compact 指令

（1）预调节

预调节功能可确定对输出值跳变的过程响应，并搜索拐点。根据受控系统的最大上升速率与死区时间计算 PID 参数。可在执行预调节和精确调节时获得最佳 PID 参数。过程值越稳定，PID 参数就越容易计算，结果的精度也会越高。

预调节操作步骤如下：

1）在项目树中双击"PID_Compact"—"调试"，打开如图 6-19 所示调试界面。

2）在"调节模式"下拉列表中选择条目"预调节"。

3）单击"Start"图标。

4)当"调节状态"显示为"系统已调节",预调节完成。

要使用预调节功能,需要满足以下条件:

1)在循环中断 OB 中调用"PID_Compact"指令。

2)PID_Compact 指令的 ManualEnable 和 Reset 都为 FALSE。

3)PID_Compact 处于下列模式之一:未激活、手动模式或自动模式。

4)设定值和过程值均处于组态的限值范围内。设定值与过程值的差值大于过程值上限与过程值下限之差的 30%。设定值与过程值的差值大于设定值的 50%。

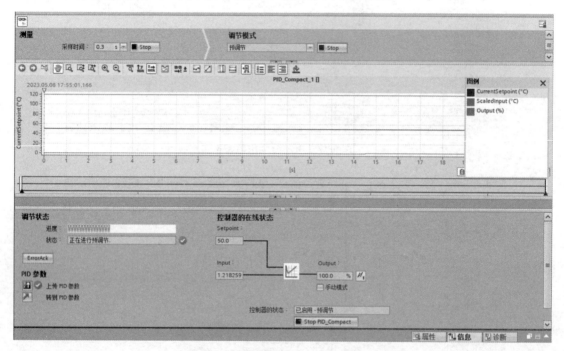

图 6-19 PID_Compact 预调节

(2)精确调节

如果预调节后的过程值震荡且不稳定,可通过精确调节使过程值出现恒定受限的振荡。PID 控制器将以过程值振荡的幅度和频率为操作点来调节 PID 参数,所有 PID 参数都根据结果重新计算。精确调节得出的 PID 参数通常比预调节得出的 PID 参数具有更好的主控和扰动特性,但调节时间长。结合执行预调节和精确调节,可获得最佳 PID 参数。

精确调节操作步骤如下:

1)在"调节模式"下拉列表中选择条目"精确调节"。

2)单击"Start"图标。

3)当"调节状态"显示为"系统已调节",精确调节完成。

要使用精确调节功能,需要满足以下条件:

1)在循环中断 OB 中调用 PID_Compact 指令。

2)PID_Compact 指令的 ManualEnable 和 Reset 都为 FALSE。

3)设定值和过程值均在组态的限值范围内。

4)在操作点处,控制回路已稳定。过程值与设定值一致时,表明到达了操作点。

5）不被干扰。

6）PID_Compact 处于下列工作模式之一：未激活、自动模式或手动模式。

调节结束后，可通过单击图 6-19 中的"上传 PID 参数"按钮进行参数上传，将调试所得的 PID 参数上传至离线项目。为了方便地使用这些参数，可打开如图 6-20 所示组态界面，单击"创建监视值快照并将该快照的设定值接受为起始值"按钮 ，将经过调节的参数保存在离线项目中。

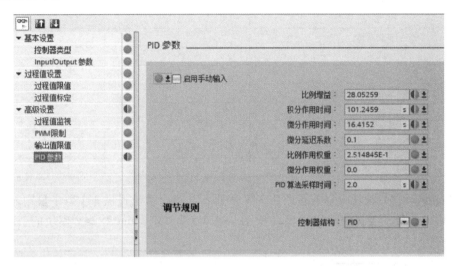

图 6-20 创建监视值快照并将该快照的设定值接受为起始值

6.2 高速计数模块的功能与编程

6.2.1 概述

S7-1500 PLC 的高速计数模块（TM Count）可分为两种型号：TM Count 1×24V 模块，可安装在 ET 200SP CPU 主机架或 ET 200SP 的分布式 IO 站；TM Count 2×24V 模块，可安装在 S7-1500 主机架或 ET 200MP 的分布式 IO 站。

TM Count 模块的性能参数见表 6-4。

表 6-4 TM Count 模块性能参数

性能	S7-1500	ET 200SP
	TM Count 2×24V	TM Count 1×24V
通道数量	2	1
最大信号频率	200kHz	200kHz
带 4 倍频评估的增量型编码器最大计数频率	800kHz	800kHz
最大计数值/范围	32bit	32bit
到增量和脉冲编码器的 RS422/TTL 连接	×	×
到增量和脉冲编码器的 24V 连接	√	√
SSI 绝对值编码器连接	×	×

(续)

性能	S7-1500	ET 200SP
	TM Count 2×24V	TM Count 1×24V
5V 编码器电源	×	×
24V 编码器电源	√	√
每个通道的 DI 数	3	3
每个通道的 DQ 数	2	2
门控制	√	√
捕获功能	√	√
同步	√	√
比较功能	√	√
频率、速度、周期测量	√	√
等时模式	√	√
诊断中断	√	√
硬件中断	√	√
用于计数信号和数字量输入的可组态滤波器	√	√

TM Count 2×24V 模块可以连接两路 24V 编码器，每个通道提供 3 个数字量输入信号和 2 个数字量输出信号，其接线图如图 6-21 所示。表 6-5 为 TM Count 2×24V 模块的引脚定义。

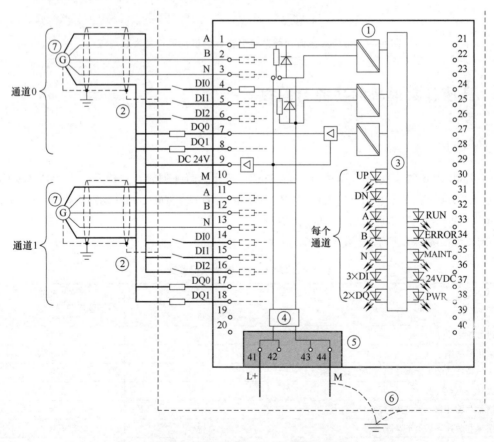

图 6-21　TM Count 2×24V 模块接线图

表 6-5 TM Count 2×24V 模块的引脚定义

信号名称		24V 增量编码器		24V 脉冲编码器		
		有 N 信号	无 N 信号	有方向信号	无方向信号	向上/下
计数器通道 0						
1	CH0.A	编码器信号 A		计数信号 A		向上计数信号 A
2	CH0.B	编码器信号 B		方向信号 B	—	向下计数信号 B
3	CH0.N	编码器信号 N		—		
4	DI0.0	数字量输入 DI0				
5	DI0.1	数字量输入 DI1				
6	DI0.2	数字量输入 DI2				
7	DQ0.0	数字量输出 DQ0				
8	DQ0.1	数字量输出 DQ1				
两个计数器通道的编码器电源和接地端						
9	DC 24V	DC 24V 编码器电源				
10	M	编码器电源、数字输入和数字输出的接地端				
计数器通道 1						
11	CH1.A	编码器信号 A		计数信号 A		向上计数信号 A
12	CH1.B	编码器信号 B		方向信号 B	—	向下计数信号 B
13	CH1.N	编码器信号 N		—		
14	DI1.0	数字量输入 DI0				
15	DI1.1	数字量输入 DI1				
16	DI1.2	数字量输入 DI2				
17	DQ1.0	数字量输出 DQ0				
18	DQ1.1	数字量输出 DQ1				
19—40	—	—				

6.2.2 TM Count 2×24V 模块的计数功能实现

示例：一台电动机与含方向信号的 24V 增量型编码器（推挽型，分辨率 1024）同轴安装，编码器与 TM Count 2×24V 模块连接后，用于测量电动机的实时转速。

1. 硬件配置

在 PLC 项目视图添加 TM Count 2×24V 模块，该模块位于硬件目录"工艺模块"—"计数"下，如图 6-22 所示。

在 TM 模块"属性"—"基本参数"—"通道 0"—"工作模式"界面下，为计数通道设置操作模式，如图 6-23 所示。有 3 种操作模式可选，在此选择默认的"使用工艺对象'计数和测量'操作"。在此操作模式下，需要使用 High_Speed_Counter 工艺对象组态通道，用户可通过 High_Speed_Counter 指令实现对工艺模块的控制与对反馈接口的访问。对于具有两个通道的 TM 工艺模块，两个通道需要工作在相同的工艺对象模式下。

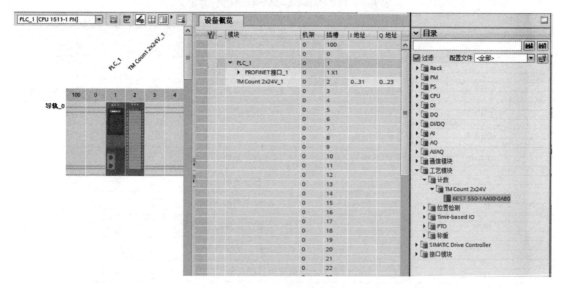

图 6-22 硬件配置

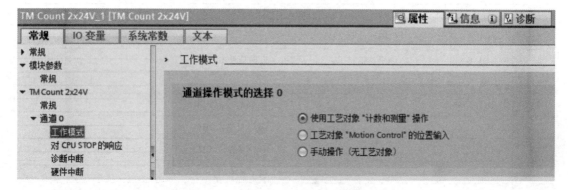

图 6-23 设置 TM 模块通道操作模式

2. 添加工艺对象

在现有的 PLC 项目树中单击"工艺对象"—"新增对象",弹出新增对象对话框,如图 6-24 所示。选择"计数和测量"中的 High_Speed_Counter,设置此工艺对象名称为默认名称 High_Speed_Counter_1。单击确定,即可完成对工艺对象的添加。

3. High_Speed_Counter 工艺对象组态

新增工艺对象后,可在弹出的工艺对象组态界面中,对工艺对象参数进行设置。如图 6-25 所示,为工艺对象选择"本地模块"中的"TM Count 2×24V_1",通道选择"通道 0"。

在"扩展参数"—"计数器输入"中设置信号类型和附加参数等,如图 6-26 所示。示例连接的是含方向信号的 24V 增量编码器,信号评估选择"单一"方式。从图中可以看到,计数器对脉冲信号 A 和方向信号 B 进行采集和评估,在"附加参数"中定义了滤波器频率、传感器类型等参数。不同信号的评估方式如图 6-27 所示。

在"扩展参数"—"计数器特性"中可以配置计数器的起始值、计数上/下限值、计数器到达限值时的状态、门启动时的计数器特性,如图 6-28 所示。示例设置起始值为 0,设置计数上限为 102400，设置计数下限为 -102400，计数器值达到限值时，计数器停止并重置为起始值 0。

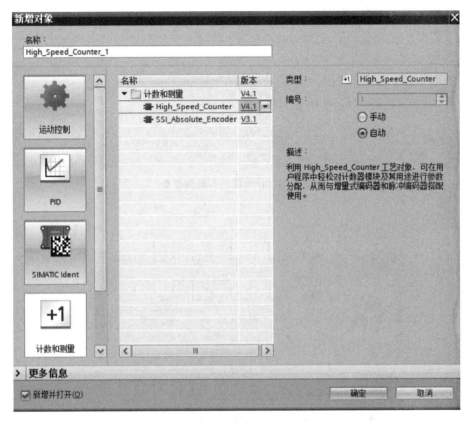

图 6-24 添加工艺对象

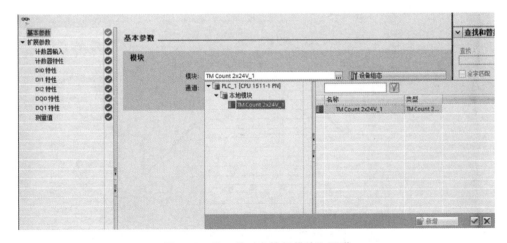

图 6-25 为工艺对象选择模块和通道

在"扩展参数"—"测量值"中指定测量值，如图 6-29 所示。示例为对速度的测量，依据编码器的分辨率设置"每个单位的增量"为 1024。

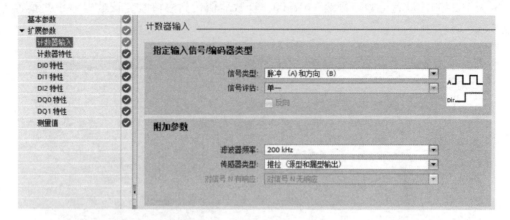

图 6-26　计数器输入参数设置

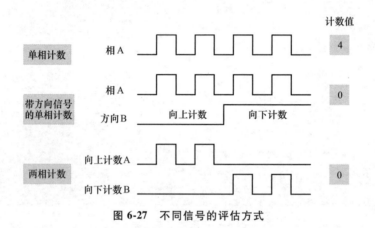

图 6-27　不同信号的评估方式

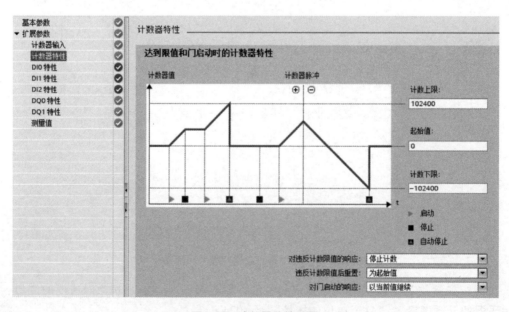

图 6-28　计数器特性设置

图 6-29 测量值设置

4. 指令调用

计数器组态完成后,要在主循环 OB 中调用"High_Speed_Counter"指令进行程序与模块间的数据交互。该指令在指令列表"工艺"—"计数和测量"下,如图 6-30 所示。

添加"High_Speed_Counter"指令时,应选择已创建的工艺对象(DB1),将其设置为指令的背景 DB,如图 6-31 所示。示例中通过 M2.0 控制"SwGate"参数,从而控制计数器的启停;计数器值通过"CountValue"参数读出,存储在 MD10 中;测量值通过"MeasuredValue"参数读出,存储在 MD18 中。

图 6-30 "High_Speed_Counter"指令位置

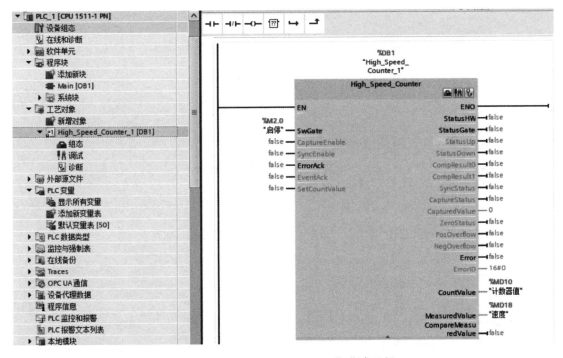

图 6-31 "High_Speed_Counter"指令示例

"High_Speed_Counter"工艺对象还有调试和诊断窗口，用于查看工艺对象的内部运行状态和相关参数。调试窗口如图6-32所示，可以获取每个状态位和实际测量值。如果模块出现故障，可在如图6-33所示的诊断窗口查看故障原因。

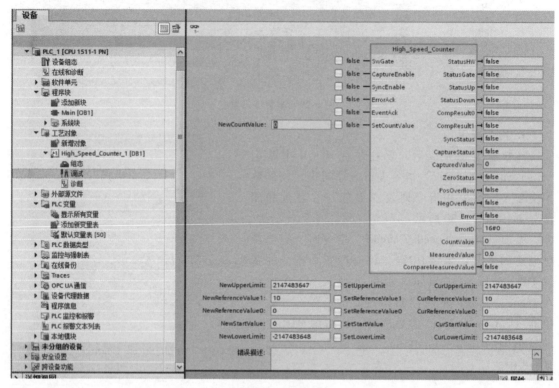

图 6-32　调试窗口

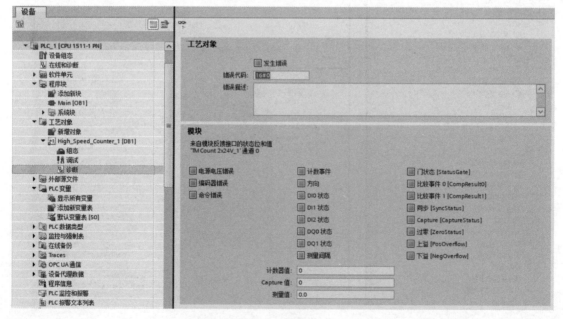

图 6-33　诊断窗口

6.3 运动控制的功能与编程

6.3.1 概述

运动控制起源于早期的伺服控制，现已广泛应用于工业控制中，如数控机床、工业机器人等都采用运动控制。S7-1500 PLC 的运动控制（Motion Control）功能支持轴的闭环定位和移动，支持速度轴、定位轴、同步轴、外部编码器、凸轮轨迹等工艺对象。具有 PROFIdrive 功能的驱动器或者带模拟量设定值接口的驱动装置，都可以通过标准运动控制指令来进行控制。

在使用 S7-1500 PLC 的运动控制功能时，通过博途软件来进行项目的创建和组态，并将组态好的程序下载到 CPU 中，运动控制功能在 CPU 中进行处理。用户可以使用专门的运动控制指令来控制最终的工艺对象，通过使用博途软件，可以应用它的调试和诊断功能，从而轻松完成驱动装置的调试和优化工作，如图 6-34 所示。

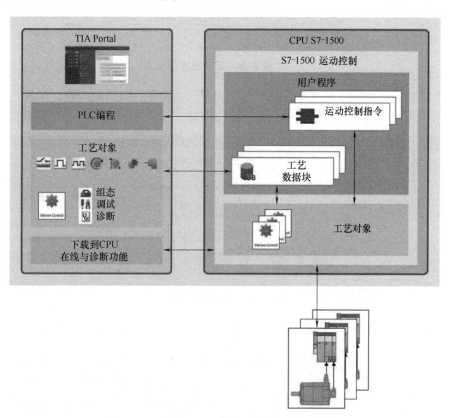

图 6-34　S7-1500 CPU 的运动控制集成示意图

6.3.2　TM PTO4 模块在运动控制中的应用

示例：S7-1500 PLC 通过 TM PTO4 工艺模块输出高速脉冲给步进驱动器，从而实现步进电机的速度控制。

1. 硬件配置

在 PLC 项目视图添加 TM PTO4 模块，该模块位于硬件目录"工艺模块"—"PTO"下，如图 6-35 所示。

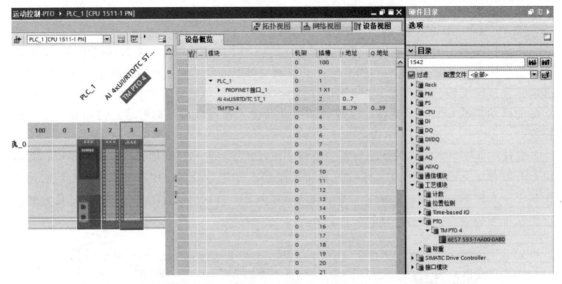

图 6-35　硬件配置

在 TM 模块"属性"—"基本参数"—"TM PTO4"界面下，对通道 0 进行配置，如图 6-36 所示。设置信号类型为脉冲和方向，从而输出 24V 的一个脉冲信号和一个方向信号。

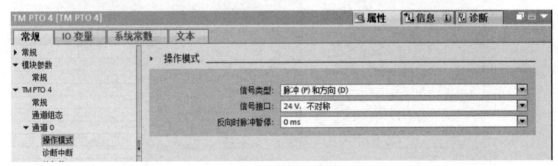

图 6-36　信号类型设置

设置轴参数时应与实际硬件相匹配，如图 6-37 所示。每转增量参数用于指定对应于驱

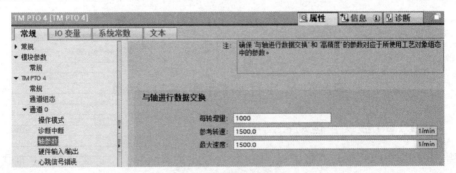

图 6-37　轴参数设置

动器一转的输入步数；参考转速参数用于定义驱动器以 100% 的转速设定值旋转时的速度。最大速度参数定义应用程序允许的最大速度。

2. 添加工艺对象

在现有的 PLC 项目树中单击"工艺对象"—"新增对象"，弹出新增对象对话框，如图 6-38 所示。选择"运动控制"中的速度轴工艺对象 TO_SpeedAxis，设置此工艺对象名称为默认名称 SpeedAxis_1，单击确定，即可完成对工艺对象的添加。

图 6-38　新增对象

3. TO_SpeedAxis 工艺对象组态

新增工艺对象后，可在项目树下看到该对象及其"组态""调试""诊断"选项。工艺对象的组态分为"基本参数"、"硬件接口"、"扩展参数"，如图 6-39 所示。在这些参数中，蓝色对号图标代表默认参数可用，红色叉号图标代表错误或未设置，绿色对号图标代表参数经过修改可使用。（本图中对号均为蓝色）

在"基本参数"选项中，根据项目实际情况设置测量单位等参数，本例选用默认值。在"驱动装置"选项中，选择驱动装置类型为 PROFIdrive，驱动装置选择为已组态的"TM PTO4"的通道 0，如图 6-40 所示。图 6-41 为已完成配置的"驱动装置"。

在如图 6-42 所示的"与驱动装置进行数据交换"选项中，设置驱动装置报文为与设备组态一致的"报文 3"，参考转速和最大转速应和设备组态中的设置相匹配。

在"扩展参数"中，用户可根据实际情况调整一些参数。在如图 6-43 所示的"机械"选项中，设置齿轮传动比为 1:1。在如图 6-44 所示的"动态限值"选项中，设置最大速度参数为 1500，其他参数保持默认值。

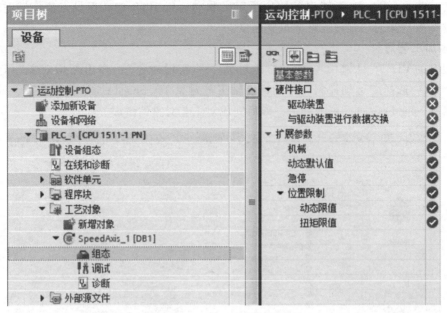

图 6-39 工艺对象组态参数

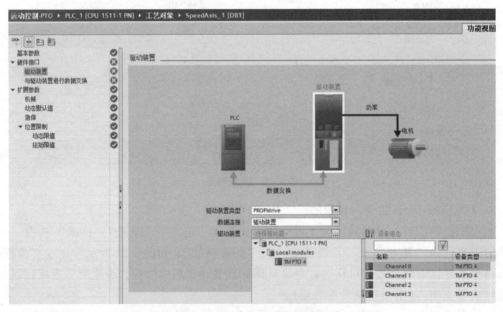

图 6-40 配置"驱动装置"

4. 在线调试

S7-1500 PLC 运动控制工艺对象自带在线调试工具,在项目树中选择"调试"后进入如图 6-45 所示的"轴控制面板",可以检验工艺对象的参数配置和基本运行状态。

在"主控制"区域选择"激活",在弹出的安全提示中单击确认后,可使"轴控制面板"获得控制权。"轴"区域的"启用"和"禁用"按钮,可以使能和失能驱动器。操作模式中可以选择"点动"和"速度设定值"操作。"控件"区域中可以设置工艺对象的速

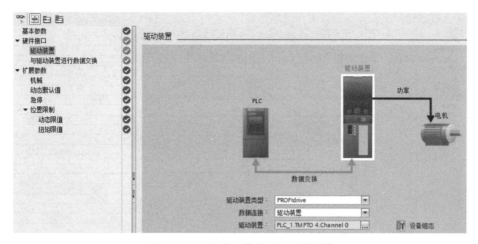

图 6-41　已完成配置的"驱动装置"

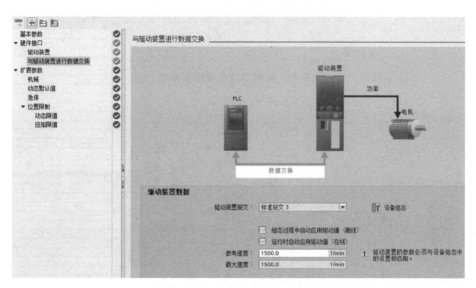

图 6-42　配置"与驱动装置进行数据交换"

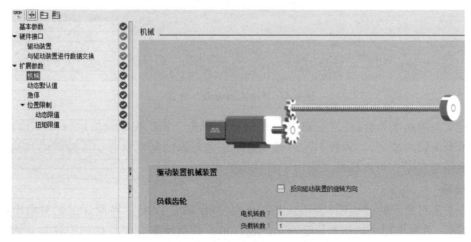

图 6-43　配置"机械"参数

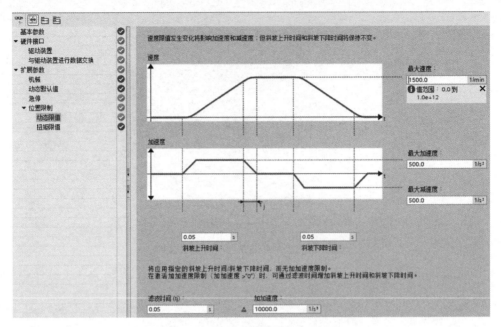

图 6-44 配置"动态限值"参数

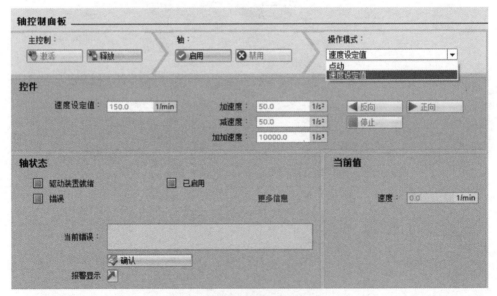

图 6-45 "轴控制面板"界面

度、加速度、减速度等参数,"正向"、"反向"、"停止"用来控制轴的运行。"当前值"区域中显示当前轴的速度。"轴状态"区域中显示工艺对象的基本状态、故障代码和描述,单击"更多信息"后,可在诊断页面中了解轴的更多状态。

5. 诊断

双击工艺对象下的"诊断",进入如图 6-46 所示的"诊断"界面。工艺对象出现错误时,"诊断"页面中相应的状态位会变为红色,单击后面的箭头可直接切换到与此错误相关的参数组态页面。

图 6-46 "诊断"界面

6. 程序编写

工艺对象经过调试运行后没有问题，就可编写程序。用户程序通过运动控制指令，可以控制工艺对象。博途软件在指令库的"工艺"中为 S7-1500 PLC 提供了运动控制指令集，如图 6-47 所示。

图 6-47 运动控制指令

以 MC_Power 和 MC_MoveVelocity 指令为例，将指令拖拽到程序段中并分配背景数据块后，为指令的"Axis"参数选择已配置的工艺对象"SpeedAxis_1"，如图 6-48 和图 6-49 所示。

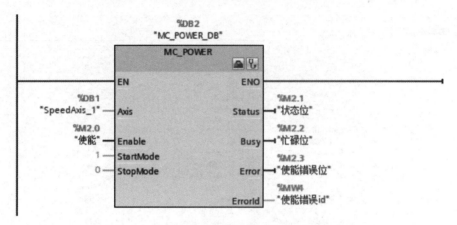

图 6-48 MC_Power 指令

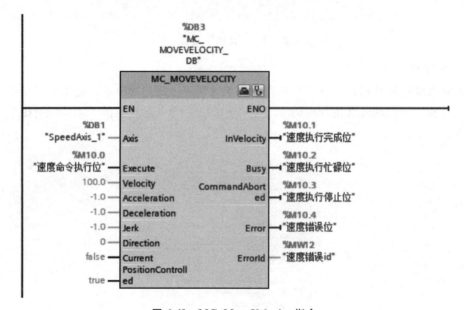

图 6-49 MC_MoveVelocity 指令

第7章

S7-1500 PLC的上位机WinCC RT

WinCC RT（WinCC Runtime）是基于 PC 的操作员控制和监视系统，用于可视化和操作员控制各个部门的流程、生产过程、机器和工厂，从简单的单用户站到分布式多用户系统以及带有 Web 客户端的跨位置解决方案，是一种 SCADA 系统。

> 本章主要内容：
> - 运行环境的搭建。
> - 组态计算机、运行计算机的设置。
> - 项目下载与运行。

本章重点内容是掌握 WinCC Runtime Professional 的实际操作与工程应用。

在 S7-1500 PLC 控制系统中，一旦任务增加、系统变得复杂，不可能仅靠增大 PLC 点数或改进机型来实现控制功能。此时，移植运行系统数据（WinCC RT）作为继电器控制（RLC 控制）技术上位机数据采集与监控（SCADA）系统就出现了。SCADA 系统的主要特征是采用 Internet 技术、面向对象技术及智能算法技术等，可以对现场的运行设备进行监视和控制，以实现数据采集、设备控制、测量、参数调节及各类信号报警等各项功能，越来越广泛地应用于工业和公用事业领域。

WinCC RT 是西门子公司推出的用于计算机的 SCADA 系统，运行系统软件：单机版需要 WinCC Runtime Professional 软件，服务器版需要 WinCC Runtime Professional 和 WinCC Server for Runtime Professional 软件。

7.1 组态计算机的设置

组态计算机是指安装了组态软件的计算机，该计算机仅用于 WinCC RT Professional 项目的组态编程。示例中的计算机安装了 SIMATIC WinCC（博途）Professional V16 组态软件，通过网络配置、共享配置、项目组态三步完成组态计算机的设置。

7.1.1 网络配置

组态计算机的 IP 地址应与运行计算机的 IP 地址在同一网段，本例设置组态计算机的 IP 为 192.168.0.210，子网掩码为 255.255.255.0。以 Win10 操作系统为例设置 IP 地址的详细操作流程如下：单击桌面左下角的"开始"图标，选择"Windows 系统"选项下的"控制面板"，如图7-1所示，双击"控制面板"图标，弹出如图7-2所示界面。

图7-1 打开电脑控制面板

图7-2 控制面板界面

选择"网络和Internet"—"网络和共享中心"—"更改适配器设置"，如图7-3所示。双击"更改适配器设置"，对IP地址和子网掩码进行设置并确认。本例设置组态计算机的IP为192.168.0.210，子网掩码为255.255.255.0，如图7-4所示。

图7-3 更改适配器操作界面

第7章　S7-1500 PLC的上位机WinCC RT

图 7-4　IP 地址设置操作界面

7.1.2　共享配置

为组态计算机进行网络共享的设置，选择"网络和 Internet"—"网络和共享中心"—"更改高级共享设置"，将其设置成在网络中可被发现，并且使共享文件可以被访问，设置结果如图 7-5 所示。

图 7-5　共享配置选择界面

7.1.3　项目组态

1. PLC 的组态

本示例在 PLC 变量表中建立了简单的 Int 型变量 TestTag（地址为 MW0），仅为了用于演示运行计算机和 PLC 的通信，读者可以按实际需求进行变量添加。

1) 在博途项目树中双击"添加新设备",选择添加控制器下的 CPU 1511-1 PN,如图 7-6 所示。

2) 在项目树内,双击 CPU 1511-1 PN 下的"设备组态"进入设备视图,选择机架上的 PLC,在"属性"—"常规"—"以太网地址"中分配 IP 地址及子网掩码,并添加新子网。注意:IP 地址在网络中必须唯一,且必须与运行计算机及本组态计算机在同一网段。本例中,设置 PLC 的 IP 为 192.168.0.1,子网掩码为 255.255.255.0,如图 7-7 所示。

图 7-6 添加控制器下的 CPU 1511-1 PN

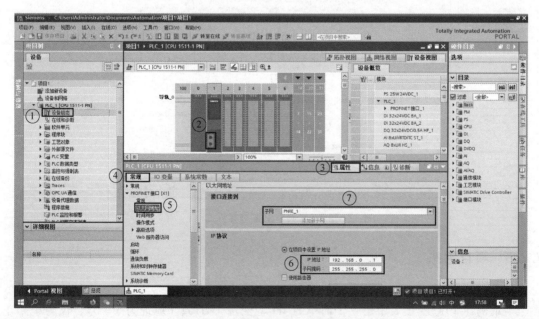

图 7-7 设置 PLC 的 IP 地址

2. PLC WinCC RT Professional 的组态

1）在博途项目树中双击"添加新设备"，选择添加 PC 系统下的 WinCC RT Professional，如图 7-8 所示。

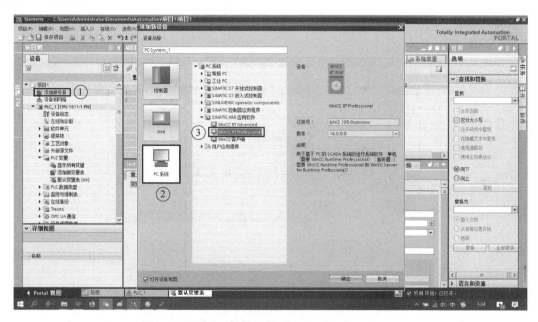

图 7-8　添加 PC 系统下的 WinCC RT Professional

2）在项目树中双击"PC-System_1"下的"设备组态"，打开设备视图，在右侧的硬件目录中选择"通信模块"—"常规 IE"，拖拽至 PC station 中的插槽内，为设备添加以太网卡，如图 7-9 所示。

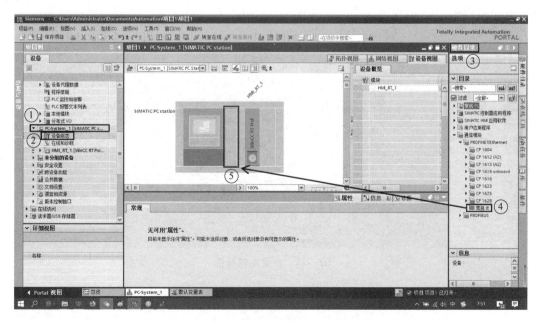

图 7-9　为设备添加以太网卡

3）在设备视图内，选中 PC station 中的以太网口，在"属性"—"常规"—"以太网地址"中分配 IP 地址及子网掩码，并将子网选为之前建立过的 PN/IE_1。

需要注意：IP 地址在网络中必须唯一，且必须与运行计算机的实际设置一致，还需与本组态计算机在同一网段。本例中，设置 IP 为 192.168.0.110，子网掩码为 255.255.255.0，如图 7-10 所示。

图 7-10　为以太网卡分配 IP 地址及子网掩码

4）首先，查询组态计算机的名称。以 Win10 操作系统为例，在桌面选择"此电脑"右键，显示如图 7-11 所示界面，单击"属性"查看计算机（或设备）名称或修改计算机（或设备）名称，如图 7-12 所示。

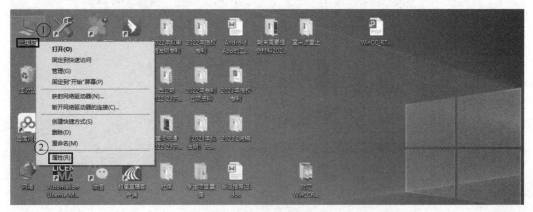

图 7-11　查看电脑属性

在设备视图内，选中 PC station，在"属性"—"常规"—"常规"中，输入 PC 名称。注意：PC 名称应与实际运行的计算机名一致，如果运行计算机的计算机名不是大写字母或数字，则需进行修改，本例中 PC 名称为"WIN10-2022PVNEG"，如图 7-13 所示。

第7章 S7-1500 PLC的上位机WinCC RT

图 7-12 查看或修改计算机名称

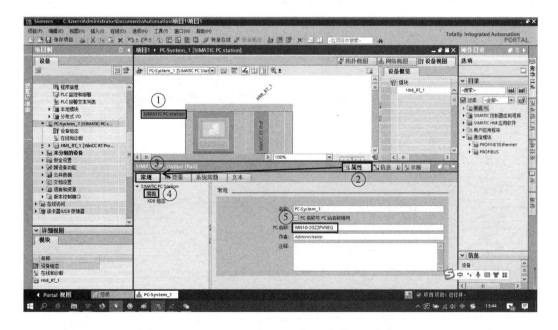

图 7-13 SIMATIC PC station [Rail] 的 PC 名称设置

5）在项目树中，双击"设备和网络"进入网络视图，单击"连接"，选中 PLC_1 的网口拖拽至 PC-System_1.mcx 的网口，将建立一个 HMI 连接，如图 7-14 所示。

6）在项目树内，双击 PC-System_1 下的"连接"，在参数内将访问点选为 S7ONLINE，如图 7-15 所示。

7) 在项目树内,在"PC-System_1"—"HMI_RT_1"—"画面"中单击添加新画面,在新画面内添加一个I/O域,在其"属性"—"常规"中添加对应的变量,即之前在PLC组态时的TestTag,如图7-16、图7-17所示。

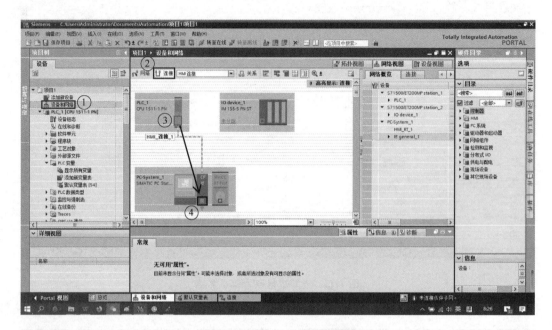

图 7-14 建立一个 HMI 连接

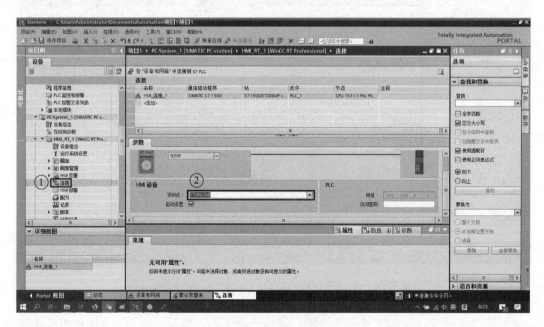

图 7-15 设置 HMI 访问点

另一种方法是,先在HMI变量内添加一个外部变量连接到PLC的TestTag上,然后将I/O域的变量对应到该HMI变量,此处不再赘述。

第7章 S7-1500 PLC 的上位机 WinCC RT

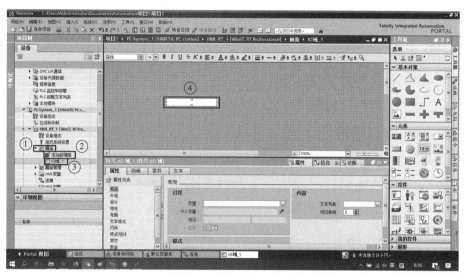

图 7-16 添加一个 I/O 域

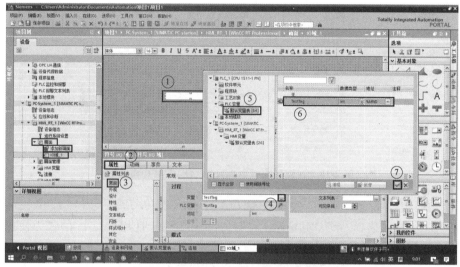

图 7-17 添加对应的变量 TestTag

7.2 运行计算机的设置

这里，运行计算机中安装有 WinCC Runtime Professional 软件（注意：该软件不同于 WinCC Professional 软件，并在默认的安装配置基础上，勾选了"SIMATIC NET PC-Software"选项），并进行了一些必要的配置，该计算机仅用于 WinCC RT Professional 项目的运行。示例中的计算机安装了 SIMATIC WinCC Runtime Professional V16 及 SIMATIC NET PC-Software，通过网络配置、共享配置、PG/PC 接口配置三步完成运行计算机的设置。

7.2.1 网络配置

设置运行计算机的以太网 IP 地址，本例设置运行计算机的 IP 为 192.168.0.110，子网掩码为 255.255.255.0。设置 IP 地址的详细操作流程参见本章 7.1.1 网络配置。

7.2.2 共享配置

为运行计算机进行网络共享的设置，将其设置成在网络中可被发现，并且使共享文件可以被访问。网络共享设置的详细操作流程参见本章 7.1.2 共享配置。

7.2.3 PG/PC 接口配置

1) 单击桌面左下角的"开始"图标，选择"Windows 系统"选项下的"控制面板"（参见图 7-1），双击"控制面板"图标。在控制面板中，选中"大图标"显示，即可找到"设置 PG/PC 接口（32 位）"，如图 7-18 所示。

图 7-18 在控制面板中寻找"设置 PG/PC 接口"

2) 双击打开"设置 PG/PC 接口（32 位）"，如图 7-19 所示，在"应用程序访问点（A）"的下拉列表中选择"S7ONLINE（STEP7）→PLCSIM.TCPIP.1"，在"为使用的接口

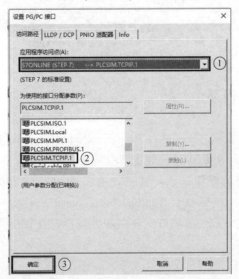

图 7-19 设置 PG/PC 接口

分配参数（P）"中点选 PLCSIM.TCPIP.1（注意：应根据运行计算机实际工作的网卡名进行选择，务必选择不带 Auto 的），然后确认即可。

7.3 项目下载与运行

项目下载包括 PLC 部分和 WinCC RT Professional 部分。

7.3.1 下载 PLC

WinCC Runtime Professional 项目下载有两种方式，即下载至本地计算机及下载至远程计算机，这里仅介绍下载至本地计算机，下载至远程计算机请参阅其他相关资料。

在项目树左侧选中 WinCC RT Professional 项目，单击菜单中"在线"，然后单击"下载到文件系统"，如图 7-20 所示。

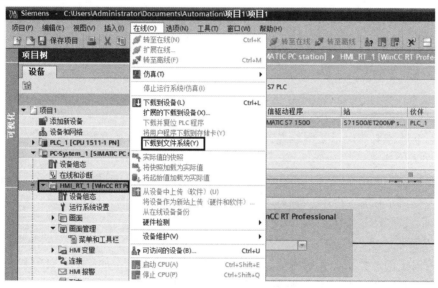

图 7-20 选择"下载到文件系统（Y）"

在弹出的"浏览文件夹"窗口中选择需要保存项目的路径，然后单击"确定"，如图 7-21 所示。

在弹出的"下载预览"窗口中，如果有复选项"打开目录并检查下一层信息"则勾选，否则忽略，然后单击"装载"按钮，完成下载，如图 7-22 所示。项目编译中有错误无法进行下载，需先行修改所有错误后方可下载。

7.3.2 下载 WinCC RT Professional

WinCC RT Professional 的下载有两种方式，可以通过以太网下载至运行计算机，也可以直接复制文件至运行计算机。

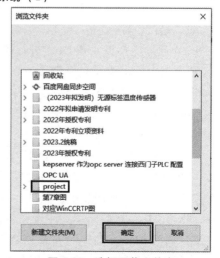

图 7-21 选择下载文件夹

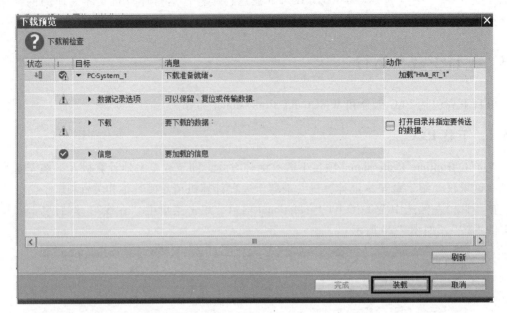

图 7-22　下载预览

1. 以太网下载方式

以太网下载需要使用以太网线缆连接两台计算机，如下方式连接均可。

（1）交叉线连接

交叉线采用 T568B 的交叉线序标准，即：一端采用 T568A 标准（绿白，绿，橙白，蓝，蓝白，橙，棕白，棕），另外一端采用 T568B 标准（橙白，橙，绿白，蓝，蓝白，绿，棕白，棕），也就是反线或者计算机直连线。

（2）直通线连接

对于西门子的工控机，其所带的以太网卡具有自适应功能，如果您的计算机也支持自适应功能，那么也可以采用直通线序标准进行下载，即：一端采用 T568B 标准（橙白，橙，绿白，蓝，蓝白，绿，棕白，棕），另外一端也采用 T568B 标准（橙白，橙，绿白，蓝，蓝白，绿，棕白，棕）。

（3）通过交换机或者 HUB 进行连接

使用以太网电缆和交换机（或者 HUB）连接组态计算机和运行计算机。

以上 3 种连接方式都能够实现下载，要确保物理连接正常，即能从组态计算机上 ping 到运行计算机，这是成功下载的前提。下面以 Win10 操作系统为例，介绍 ping 指令的详细操作流程。

1）单击桌面左下角的"开始"图标，选择"Windows 系统"选项下的"命令提示符"，如图 7-23 所示。双击"命令提示符"图标，弹出如图 7-24 所示 DOS 命令界面。

2）以测试和 192.168.0.210 的连接状态为例，在 DOS 界面中输入命令：ping 192.168.0.210，然后回车。注意：在 ping 和地址之间有一个空格，如图 7-25 所示。

3）观察 DOS 界面中的 ping 指令返回值。如包括：时间=1ms 或时间=9ms 及 TTL 等于某个数值，且丢失=0，即 ping 指令返回值正常，表明以太网连接正常，如图 7-25 所示。

4）如果连接不正常（以 IP 地址 192.168.0.110 为例），可能如图 7-26 所示，ping 指令返回值显示：请求超时或丢失值不为 0，表示本机 IP 地址和目标 IP 地址连接不通，建议检查一下连接线缆及两台计算机的 IP 地址设置。

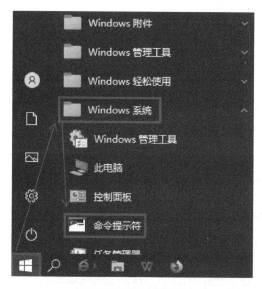

图 7-23　命令提示符

图 7-24　DOS 命令界面

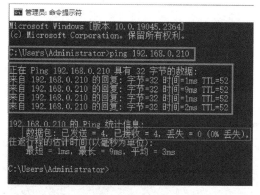

图 7-25　ping 指令返回值正常

图 7-26　ping 指令返回值异常

7.3.3　项目运行

在运行计算机上进行如下操作。

1）双击桌面上的 WinCC Runtime Start 快捷方式，打开 WinCC RT。

2）在 WinCC RT Start 启动框中单击浏览图标，浏览到已下载的项目文件 PC-System_1.mcx。如果项目是通过以太网下载至运行计算机的，则其路径为 C:\用户\公用\文件\Siemens\WinCCProjects\PC-System_1.mcx，然后单击"打开"即可，如图 7-27 所示。如果项目是复制到运行计算机的，则根据实际复制的路径来选择。

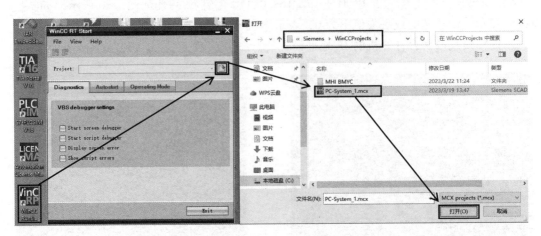

图 7-27 打开项目文件 PC-System_1.mcx

3）在 WinCC RT Start 启动框中单击启动图标即可激活项目画面，如图 7-28 所示。

4）运行项目后，若如图 7-29 所示，即运行计算机和 PLC 通信正常；如果 I/O 域中有感叹号，则说明运行计算机和 S7-1500 的通信不正常，请通过 WinCC Channel Diagnostics 检测通信连接状态，该软件的打开方式如图 7-30 所示。观察 WinCC Channel Diagnostics 的错误代码，常见如 4104 则表示未安装 SIMATIC NET，如 42C2 则表示 PG/PC 接口中的访问点的指向不正确。

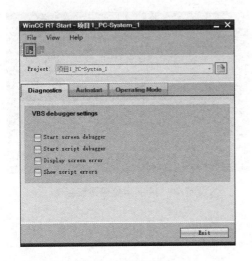

图 7-28 激活项目

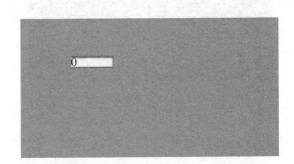

图 7-29 运行计算机和 PLC 通信正常

图 7-31 所示为设置为自动启动功能，即当计算机死机或由于其他原因需要重新启动时，计算机会自动加载 *.mcx 项目程序。双击桌面上的 WinCC Runtime Start 快捷方式 ，打开 WinCC RT，选择"Autostart"选项卡，勾选"Autostart"选项，选择项目所在路径，最后单击"Apply"选项进行确认。

第7章　S7-1500 PLC的上位机WinCC RT

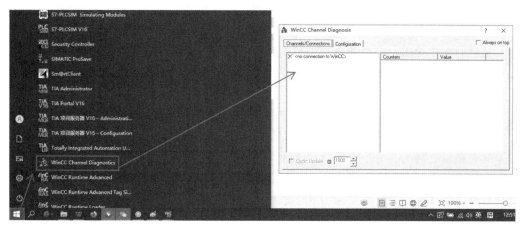

图 7-30　打开 WinCC Channel Diagnostics 软件

7.3.4　关于授权

运行 WinCC RT Professional 项目需要授权许可。

WinCC 基本授权分为 RT 授权和 RC 授权两种。RT 授权，是运行版授权，仅有运行功能，没有组态功能，通常用于仅运行 WinCC 项目的电脑。RC 授权，是完全版授权，既有运行功能，也有组态功能。通常用于工程师用来组态项目的电脑。需要注意，如果把 RT 授权和 RC 授权同时传输到一台电脑，系统将只认 RT 授权。

授权方式分为软件授权和硬件授权两种。

图 7-31　设置自动启动功能

软件授权：对于基于 PC 的 HMI 设备，若要运行 WinCC RT Professional 项目，至少需要安装含有 128 变量的 WinCC Runtime 许可证密钥，并根据实际使用的功能安装其他许可证密钥。

硬件授权：对于基于 PC 的 HMI 设备，若使用亚洲语言版本的 WinCC Runtime Professional，在项目运行期间加密狗必须始终插在 USB 端口中。

7.4　OPC UA 在 WinCC RT 上的应用

7.4.1　OPC UA 概述

OPC（OLE for Process Control）是独立于平台的，用来确保不同厂商设备之间信息无缝传输的一系列规范，用于数据安全交换时的互操作标准。

为了提高企业层面的通信标准化方面的灵活性，OPC 基金会发布了基于 OPC 统一架构的时间敏感网络技术方案 OPC UA（OPC Unified Architecture）。它是一个新的工业软件接口规范，其目的在于提出一个企业制造模型的统一对象和架构定义，具有跨平台、增强命名空间、支持负载数据内置、大量通用服务等特点。建立支持网络间互操作的时间敏感机制，突破性实现信息技术（IT）与操作技术（OT）在物理层、数据链层、网络层、传输层、会话层、表达层和应用层全面融合的技术。该技术基于国际电工委员会（IEC）及电气电子工程师协会（IEEE）国际标准搭建，可为工业互联网网络架构提供标准化模块，是建立从传感器到云端大宽带、高同步、广兼容通信的关键技术。

OPC UA 是一项开放标准，适用于从机器到机器间（M2M）的水平通信和从机器直到云端的垂直通信。该标准独立于供应商和平台，支持广泛的安全机制，并且可以与 PROFINET 共享同一工业以太网络。

OPC UA 通信的特性：
- 独立于供应商和平台。
- 集成的安全概念（加密、签名和验证）。
- 一致、端到端，并可扩展。
- 信息模型和语义服务。
- 与 PROFINET 不受限制的并行传输。

OPC UA 通信的优势：
- 标准化接口和广泛的可用性。
- 直接按照协议进行安全通信，无需额外硬件。
- 跨所有自动化层的直接连接和通信。
- 简单明了的数据解释。
- 基于以太网的简单网络，使用现有的工业以太网基础设施。
- 简单机器集成用的国际标准化接口（配套规范）。

OPC UA 采用客户端/服务器（C/S）架构，每个系统可以包含多个客户端和服务器。一个客户端可以同时与一个或多个服务器交互，每个服务器可以与一个或多个客户端交互。一个应用可以同时组合客户端和服务器，用于与其他服务器和客户端交互，其系统架构如图 7-32 所示。

图 7-32　OPC UA 系统架构

7.4.2　S7-1500 PLC OPC UA 通信功能

针对适用于所有平台和制造商的 S7 控制系统的标准化通信，西门子公司可提供通信协议 OPC UA。

自固件版本 V2.5 和 TIA Portal V15 起，S7-1500 PLC 控制系统还可通过其集成的 OPC UA 服务器为客户端提供 OPC UA 方法。借助这一附加功能，用户不仅可以读写控制系统的 OPC UA 变量，还可以通过 OPC UA 启动复杂的功能序列。因此，用户能够通过 OPC UA 进行几乎全部的 M2M 通信，实现工厂联网或从 ERP/MES 级别控制工厂。下面通过具体应用示例，介绍 S7-1500 PLC 作为 OPC UA 服务器实现通信功能。

在本应用示例中，采用 S7-1500 PLC（CPU 为 CPU1511-1PN）作为 OPC UA 服务器，采用 KepServer 作为 OPC UA 客户端，通过 OPC UA 实现两者之间的通信。OPC UA 服务器与 OPC UA 客户端的连接如图 7-33 所示。

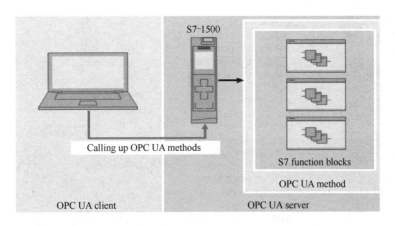

图 7-33　OPC UA 服务器与 OPC UA 客户端连接

具体步骤：

1. OPC UA 服务器端配置（S7-1500 PLC）

1）用 CPU1511-1 PN，固件版本 V2.8，如图 7-34 所示。

2）打开 CPU 的 OPC UA 选项，勾选"激活 OPC UA 服务器"和"启用 SIMATIC 服务器标准接口"，如图 7-35 所示，按需设置最大数量和端口号，如图 7-36 所示。

3）启用服务器证书，并激活安全策略，如图 7-37 所示，并添加可信客户端，如图 7-38 和图 7-39 所示。

4）启用用户身份认证，如图 7-40 所示，这里可以选择"启用访客认证"或者"启用用户名和密码认证"，这里的设置在后面客户端要用到。

5）数据块设置如图 7-41 所示，DB 块必须勾选"从 HMI/OPC UA/Web API 可访问"和"从 HMI/OPC UA Web API 可写"，以及"在 HMI 工程组态中可见"，否则无法访问。

2. OPC UA 客户端设置（KepServer）

1）新建 KepServer 通道，并配置相应参数，如图 7-42 所示。

选择 OPC UA Client，如图 7-43 所示。

将默认的端点 URL 改为 S7-1500 PLC 上的地址：opc.tcp://localhost:49320，如图 7-44 所示，输入 OPC UA 的用户名和密码，如果采用访客模式，可以直接单击"下一页"，如图 7-45 所示。

2）添加设备向导如图 7-46 所示。根据实际进行配置，新建一个设备，并导入 S7-1500

PLC 的标签名。这里需要说明的是，如果 OPC UA 设置正确才可以在线选择导入项，否则会提示错误。

添加完成后的设备如图 7-47 所示。OPC UA 验证通信成功后，单击"QC"允许客户端程序，通过图 7-48 可知，OPC UA 客户端上通信数据的读/写均正常。

图 7-34　CPU1511-1 PN 固件版本信息

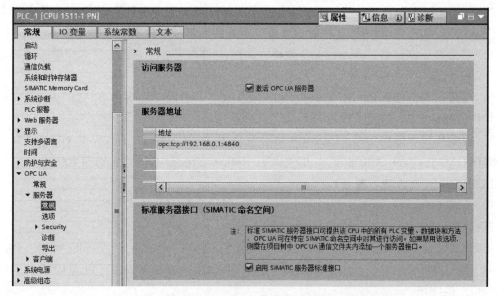

图 7-35　OPC UA 服务器选项中的"常规"选项勾选

第7章　S7-1500 PLC的上位机WinCC RT

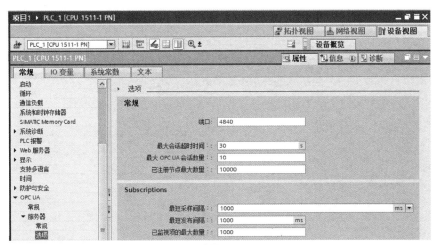

图 7-36　设置最大数量和端口号

图 7-37　启用"服务器证书"

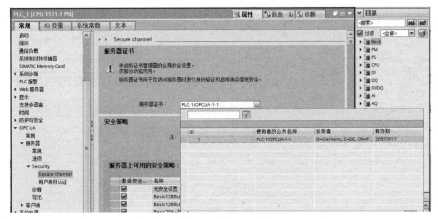

图 7-38　"可信客户端"界面 1

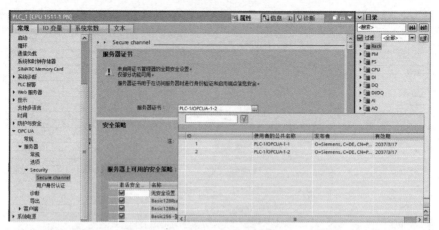

图 7-39 "可信客户端"界面 2

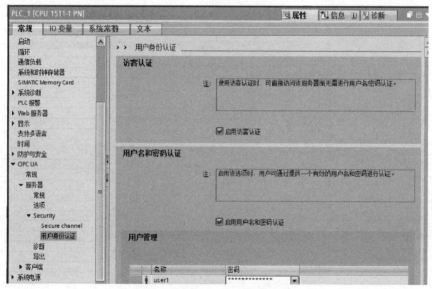

图 7-40 启用"用户身份认证"

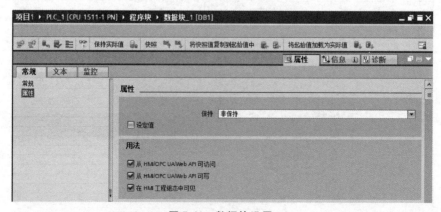

图 7-41 数据块设置

第7章 S7-1500 PLC的上位机WinCC RT

图 7-42 新建 KepServer 通道

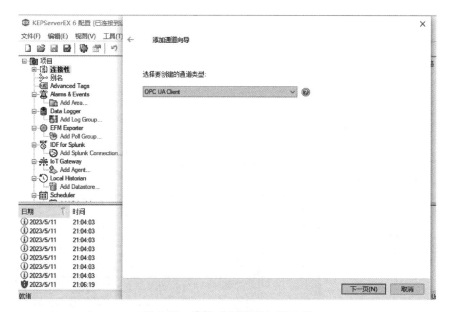

图 7-43 选择"OPC UA Client"

图 7-44 将默认的端点 URL 改为 S7-1500 PLC 上的地址

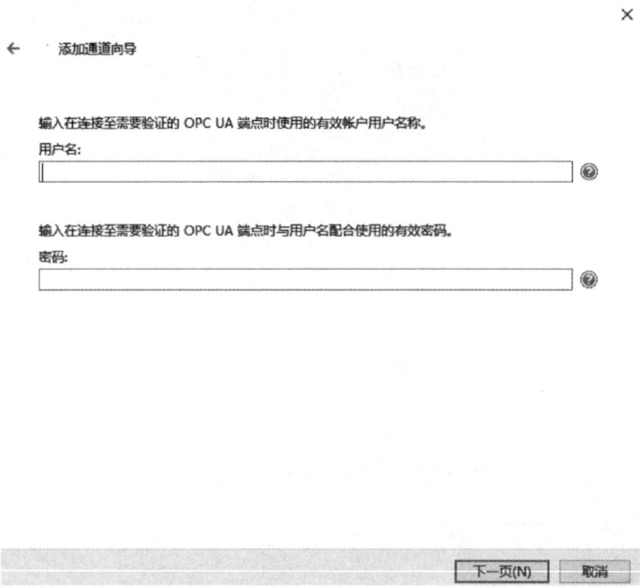

图 7-45　输入 OPC UA 的用户名和密码

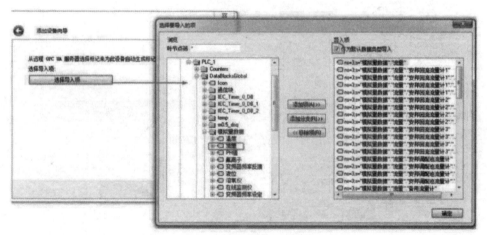

图 7-46　添加设备向导

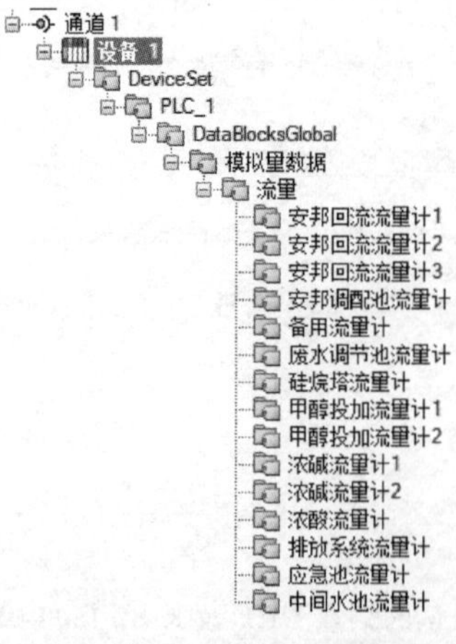

图 7-47　添加完成后的设备

第7章 S7-1500 PLC的上位机WinCC RT

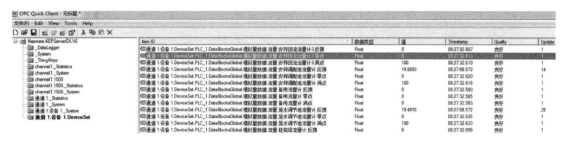

图 7-48　OPC UA 客户端上的通信数据

7.4.3　服务器为 WinCC RT 和客户端为精智面板 OPC UA 通信功能

在本应用示例中介绍西门子 HMI 产品的 OPC UA 应用。采用 WinCC V13 SP1 RT Professional 作为 OPC UA 服务器，采用 TP1500 Comfort 精智面板作为 OPC UA 客户端，并且采用安全的通信方式，TP1500 Comfort 精智面板使用 X3 以太网接口进行通信连接。

具体步骤：

（1）组态 WinCC RT Professional 服务器

为了使用 WinCC V13 SP1 RT Professional OPC UA 服务器，必须保证 WinCC V13 SP1 Runtime Professional 软件已经安装。安装时，如图 7-49 所示，确认勾选了"WinCC OPC UA Server"选项。安装后，在如图 7-50 所示的文件夹中应该有 opc 文件夹。并且该文件夹下面也有 UAServer 文件夹。

在 WinCC V13 SP1 中建立一个 RT Professional 项目，将 IE General 接口设置 IP 地址为 192.168.40.33，为 WinCC V13 计算机的本机网卡 IP 地址，如图 7-51 所示，建立一个内部变量 RTProTag，如图 7-52 所示。

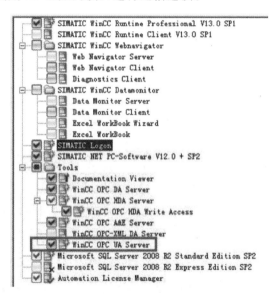

图 7-49　WinCC Runtime Professional 安装选项

图 7-50　WinCC Runtime Professional opc 文件夹结构

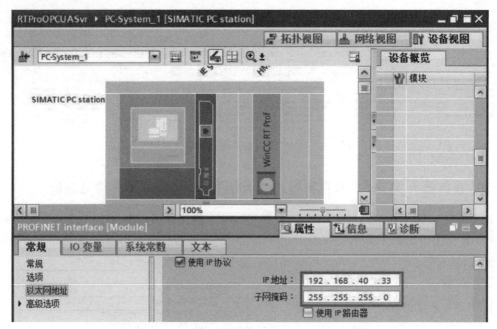

图 7-51 WinCC Runtime Professional 计算机 IP 地址

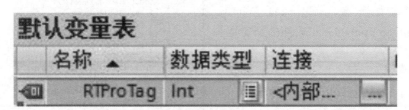

图 7-52 建立变量

新建一个画面，放置一个 I/O 域，并关联变量 RTProTag，如图 7-53 所示。

在"运行系统设置"中，设置"OPC 设置"，如图 7-54 所示，端口使用默认值 4861，安全策略使用 Basic128Rsa15，消息安全模式选择签名和加密。

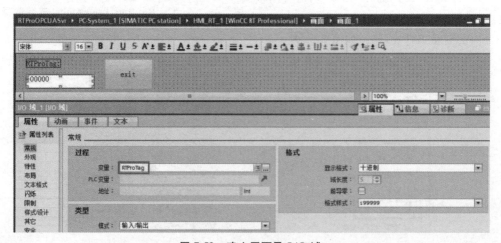

图 7-53 建立画面及 I/O 域

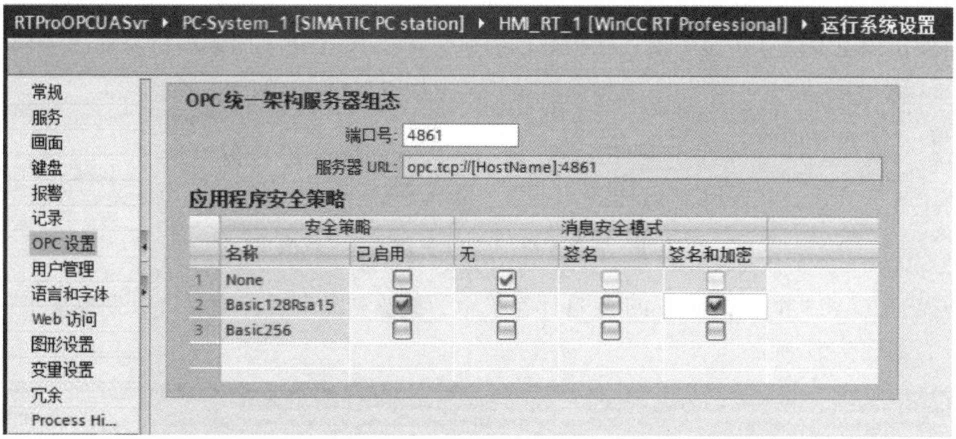

图 7-54　RT Professional OPC UA 服务器设置

然后，启动 WinCC RT Professional 运行系统，或者启动 WinCC RT Professional 仿真运行系统。WinCC V13 RT Professional 必须有授权，如果项目中使用了中文还必须有硬件加密锁，否则 OPC UA 通信无法建立。

（2）组态 TP1500 Comfort OPC UA 客户端

使用 WinCC RT HMI_1［TP1500 精智面板］项目，连接名称为 Connection_1，通信驱动程序为 OPC UA，对应的 UA 服务器为 opc.tcp：//192.168.40.33：4861，如图 7-55 所示。由于 TP1500 Comfort 组态计算机就是 WinCC V13 RT Professional 项目运行计算机，所以 IP 地址都是 192.168.40.33。

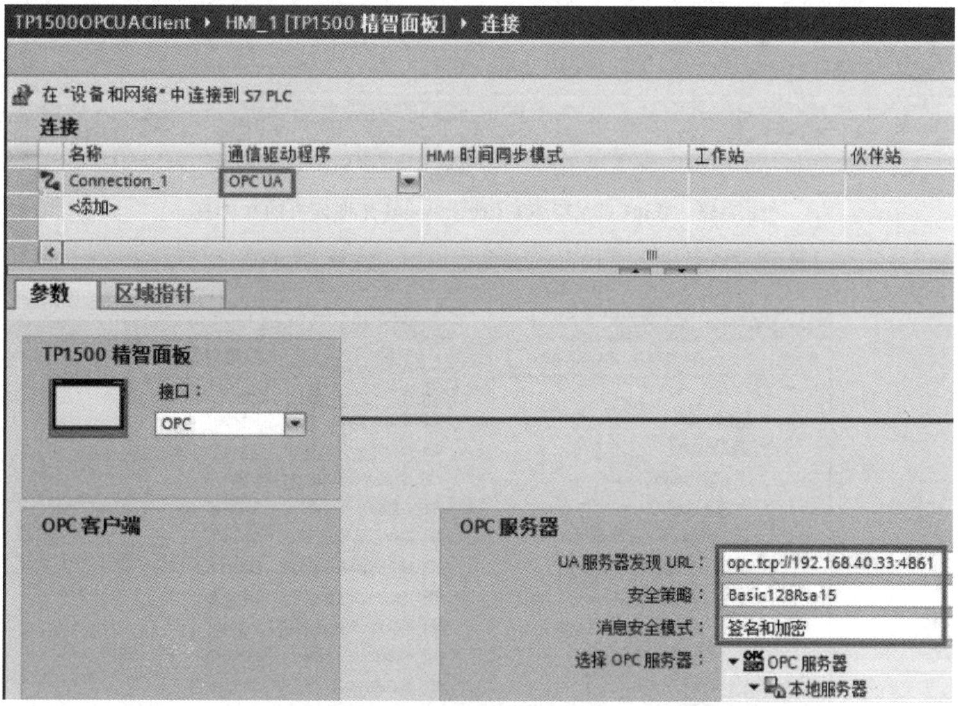

图 7-55　TP1500 Comfort 项目建立 OPC UA 连接

打开默认变量表，建立一个新变量 opctag，连接选择 Connection_1。单击地址列下拉三角，将弹出浏览 OPC UA 服务器连接失败的提示，单击 X 按钮关闭该窗口，如图 7-56 所示。

图 7-56　浏览 OPC UA 服务器连接失败提示

在 WinCC V13 RT Professional 项目计算机中，浏览到如下文件夹，可以发现被拒绝的证书文件，如图 7-57 所示。

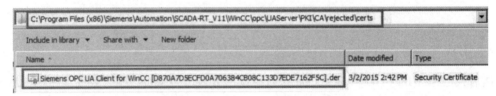

图 7-57　WinCC V13 RT Professional 拒绝证书文件夹

复制上述证书文件到如图 7-58 所示的文件夹内。然后，再次单击 TP1500 Comfort 项目变量表中的地址列下拉三角，就可以正常浏览到 WinCC V13 RT Professional OPC UA 服务器了。如图 7-59 所示，选择变量 RTProTag 后，单击 V 按钮关闭对话框。完成后的变量表如图 7-60 所示。

图 7-58　WinCC V13 RT Professional 允许证书的文件夹

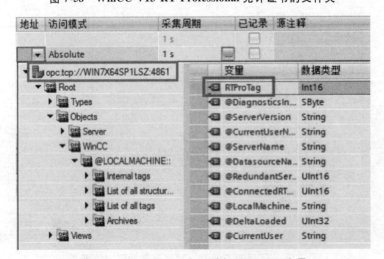

图 7-59　TP1500 Comfort 选择 OPC UA 变量

图 7-60　完成后的变量表

建立一个画面，放置一个 I/O 域，并关联到 opctag，然后将项目下载到 TP1500 Comfort 中。然后启动 TP1500 Comfort 运行系统，如图 7-61 所示，I/O 域显示#####，说明通信尚未建立。

此时退出 TP1500 Comfort 运行系统。双击触摸屏桌面上的 My Computer 图标，进入文件系统，如图 7-62 所示。

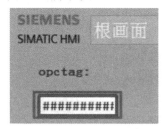

图 7-61　TP1500 Comfort 运行画面　　　　图 7-62　TP1500 Comfort 桌面

打开相应的文件夹，找到被拒绝的证书文件，如图 7-63 所示。将该证书文件复制到如图 7-64 所示的文件夹内。

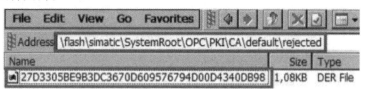

图 7-63　TP1500 Comfort 拒绝证书的文件夹

图 7-64　TP1500 Comfort 允许证书的文件夹

再次启动 TP1500 Comfort 运行系统，通信仍然没有建立。此时打开 WinCC V13 RT Professional 计算机，浏览到如图 7-65 所示的文件夹，可以发现一个新的被拒绝的证书文件。复制此证书文件至如图 7-66 所示的文件夹内。这样，就完成了认证过程，通信也成功建立。

图 7-65　WinCC V13 RT Professional 拒绝证书文件夹

图 7-66　WinCC V13 RT Professional 允许证书文件夹

如图 7-67 和图 7-68 所示，分别为 TP1500 Comfort 及 WinCC V13 SP1 RT Professional 的运行画面。

图 7-67　TP1500 Comfort 运行画面

图 7-68　WinCC V13 SP1 RT Professional 运行画面

第8章

可编程控制器系统设计与应用

可编程控制器的结构和工作方式与单片机、工控机等不尽相同,与传统的继电器控制也有本质的区别,这就决定了其控制系统的设计也不完全一样,其最大的特点是软硬件可以分开设计。

> 本章主要内容:
> - 可编程控制器系统设计一般原则与步骤。
> - 基于TIA博途软件的工程项目创建。
> - 可编程控制器在工业控制中的应用实例。
> - 提高可编程控制器系统可靠性的措施。

本章重点是可编程控制器应用程序的基本环节、设计技巧与应用实例。通过本章的学习,使读者了解可编程控制器系统设计一般原则与步骤、硬件配置及软件设计,熟悉掌握软、硬件设计的基本环节及设计技巧。

8.1 PLC控制系统设计

8.1.1 PLC控制系统设计的基本原则

对于工业领域或其他领域的被控对象来说,电气控制的目的是在满足其生产工艺要求的情况下,最大限度地提高生产效率和产品质量。为达到此目的,在可编程控制系统设计时应遵循以下原则:
1)最大限度地满足被控对象的要求。
2)在满足控制要求的前提下,力求使控制系统简单、经济、适用及维护方便。
3)保证系统的安全可靠。
4)考虑生产发展和工艺改进的要求,在选型时应留有适当的余量。

8.1.2 PLC控制系统设计的内容

PLC控制系统设计的主要内容有:
1)分析控制对象,明确设计任务和要求,这是整个设计的依据。
应用可编程控制器,首先要详细分析被控对象、控制过程与要求,熟悉工艺流程后列写出控制系统的所有功能和指标要求，如果控制对象的工业环境较差，而安全性、可靠性要求特别高，系统工艺复杂，输入输出量以开关量为多，在这种情况下，用常规继电器和接触器难以实现要求，用可编程控制器进行控制是合适的。控制对象确定后，可编程控制器的控制范围还要进一步明确。一般而言，能够反映生产过程的运行情况，能用传感器进行直接测量的参数，用人工进行控制工作量大、操作复杂、容易出错，或者操作过于频繁、人工操作不容易满足工艺要求的，往往由PLC控制。

2）选定PLC的型号，对控制系统的硬件进行配置。

PLC机型选择的基本原则应是在满足功能要求的情况下，主要考虑结构、功能、统一性和在线编程要求等方面。在结构方面对于工艺过程比较固定、环境条件较好的场合，一般维修量较小，可选用整体式结构的PLC。其他情况可选用模块式的PLC。功能方面对于开关量控制的工程项目，对其控制速度无须考虑，一般的低档机型就可以满足。对于以开关量为主，带少量模拟量控制的工程项目，可选用带A/D或D/A转换、加减运算和数据传送功能的低档机型。而对于控制比较复杂、控制功能要求高的工程项目，可视控制规模及其复杂程度，选用中档或高档机。其中高档机主要用于大规模过程控制、全PLC的分步式控制系统以及整个工厂的自动化等方面。为了实现资源共享，采用同一机型的PLC配置，配以上位机后，可把控制各个独立系统的多台PLC连成一个多级分布式控制系统，相互通信，集中管理。

3）选择所需的输入/输出模块，编制PLC的输入/输出分配表和输入/输出端子接线图。

可编程控制器输入模块的任务是检测来自现场设备的高电平信号并转换为机器内部电平信号，模块类型分为直流5V、12V、24V、60V、68V几种，交流115V和220V两种。由现场设备与模块之间的远近程度选择电压的大小。一般5V、12V、24V属于低电平，传输距离不宜太远，距离较远的设备选用较高电压的模块比较可靠。另外，高密度的输入模块同时接通点数取决于输入电压和环境温度。一般而言，同时接通点数不得超过60%。为了提高系统的稳定性，必须考虑接通电平与关断电平之差，即门槛电平的大小。门槛电平值越大，抗干扰能力越强，传输距离越远。

可编程控制器输出模块的任务是将机器内部信号电平转换为外部过程的控制信号。对于开关频率高、电感性、低功率因数的负载，适合使用晶闸管输出模块，但模块价格较高，过载能力稍差。继电器输出模块的优点是适用电压范围较宽，导通压降损失小，价格较低，但寿命较短，响应速度较慢。输出模块同时接通点数的电流累计值必须小于公共端所允许通过的电流值，输出模块的电流值必须大于负载电流的额定值。

4）根据系统设计要求编写程序规格要求说明书、电气控制要求说明书，再用相应的编程语言进行程序设计，以及设计外围电气控制电路。

程序规格说明书应该包括技术要求和编制依据等方面的内容。例如程序模块功能要求、控制对象及其动作时序、精确度要求、响应速度要求、输入装置、输入条件、输出条件、接口条件、输入模块和输出模块接口、I/O分配表等内容。根据PLC控制系统硬件结构和生产工艺条件要求，在程序规格说明书的基础上，使用相应的编程语言指令，编制实际应用程序的过程即是程序设计。

5）设计操作台、电气柜等外围控制电路，选择所需的电器元件。

根据实际的控制系统要求，设计配套适用的操作台和电气柜，并且按照系统要求选择所需的电器元件。

6）编写设计说明书和操作使用说明书。

设计说明书是对整个设计过程的综合说明，一般包括设计的依据、基本结构、各个功能单元的分析、使用的公式和原理、各参数的来源和运算过程、程序调试情况等内容。操作使用说明书主要是提供给使用者和现场调试人员使用的，一般包括操作规范、步骤及常见故障问题。

根据具体控制对象，上述内容可适当调整。

8.1.3 PLC控制系统设计的一般步骤

由于PLC的结构和工作方式与一般微机和继电器相比各有特点，所以其设计的步骤也不尽相同，图8-1所示为基于PLC的控制系统设计步骤。

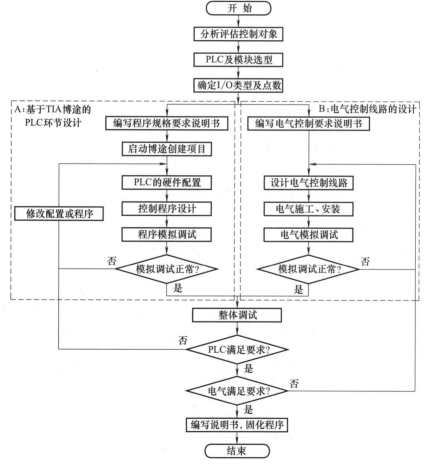

图8-1 基于PLC的控制系统设计步骤

1）详细了解被控对象的生产工艺过程，分析控制要求。
2）根据控制要求确定所需的用户输入/输出设备。
3）选择PLC类型，功能模块选型。
4）硬件配置，分配PLC的I/O点，设计I/O连接图。

5）PLC 软件设计，同时可进行外围电气线路设计和现场施工。

6）统一调试，固化程序，交付使用。

由图 8-1 可见，基于 PLC 的控制系统设计包含两个重要分支：

A：基于 TIA 博途软件的 PLC 环节设计。其主要内容包括编写程序规格说明书（设计流程图等）、PLC 硬件配置、程序设计、通信问题、调试等，具体步骤如下：

- 绘制程序流程图。
- 创建项目和硬件。
- 创建程序。
- 组态可视化。
- 仿真、调试、验收。

B：电气控制线路的设计。其主要内容包括编写电气控制要求说明书（动作要求及工艺过程等）、控制台设计、电气控制柜设计、逻辑线路以及必要的保护设计等，具体步骤如下：

- 绘制程序流程图。
- 设计电气控制原理图，计算主要技术参数。
- 设计电气元件布置图、电气安装接线图。
- 设计控制台、电气柜（箱）等非标准元件。
- 调试、验收。

最后，将 PLC 环节与电气控制线路联机进行系统整体调试，在功能满足要求的前提下，进一步完善细节，编写总体设计和维护说明书，固化软件。

8.2 基于 TIA 博途软件的工程项目创建

TIA 博途软件向用户提供了非常简便、灵活的项目创建、编辑和下载方式。用户不需要购买专用编程电缆，仅使用以太网卡和以太网线即可实现对 S7-1500 CPU 的监控和下载，也可以配合博途 PLCSIM 仿真软件在单台电脑上对程序进行仿真、调试等开发工作。

在使用 TIA 博途软件时，以下功能在实现自动化解决方案期间提供高效支持：

1）使用统一操作概念的集成工程组态，过程自动化和过程可视化"齐头并进"。

2）通过功能强大的编辑器和通用符号实现一致的集中数据管理，数据一旦创建，就在所有编辑器中都可用。更改及纠正内容将自动应用和更新到整个项目中。

3）完整的库概念，可以反复使用现成的指令及项目的现有部分。

4）多种编程语言，可以使用 5 种不同的编程语言来实现自动化任务。

下面以一个简单的工程项目为例，逐步展开介绍，使得对 TIA Portal V16 和 S7-1500 PLC 如何实施一个项目可以一目了然。

8.2.1 工程项目案例介绍

1. 功能介绍

通过 S7-1500 PLC 实现一个自动化工程师广为熟悉的"电机起停控制"逻辑。

2. 软硬件描述

软硬件情况如表 8-1 所示。

表 8-1 软硬件列表

项目	描述	订货号	数量
编程软件	TIA Portal V16	6ES7823-0AA00-1AA0	1
CPU	1516-3PN/DP	6ES7516-3AN00-0AB0	1
开关量输入模块	DI 16×24VDC HF	6ES7521-1BH00-0AB0	1
开关量输出模块	DQ 16×24VDC/0.5A ST	6ES7522-1BH00-0AB0	1
存储卡	12MB	6ES7954-8LE01-0AA0	1
安装导轨	480mm	6ES7590-1AE80-0AA0	1
前连接器	螺钉型端子	6ES7592-1AM00-0XB0	2
DC24V 电源	SITOP 24VDC/2.5A	可以选择 PM 及其他支持 ELV 的开关电源	1

注：实例项目中的选型仅供参考，用户务必根据实际要求选型。

3. 所使用的计算机操作系统

计算机操作系统采用 Windows 10 专业版。

4. I/O 地址分配

由于 TIA Portal 是基于符号的编程方式，在硬件清单确认后可事先为所有信号定义好所用通道及编程中使用的符号。I/O 地址分配情况如表 8-2 所示。

表 8-2 I/O 地址分配表

序号	符号名称	通道地址
1	启动按钮（Motor_start）	I0.0
2	停止按钮（Motor_stop）	I0.1
3	电机驱动（Motor）	Q0.0

5. 软件安装

安装 TIA Portal V16 过程可参考本书 2.3.2 节的相关介绍。如果暂时没有 PLC 实物，可以使用博途 PLCSIM 仿真软件替代 PLC 实物，完成硬件配置、程序下载、监控等操作，仿真软件安装过程可参考本书 2.3.3 节的相关介绍。

8.2.2 硬件安装与接线

硬件安装过程示意如图 8-2 所示。在安装时按图号顺序安装，总结一句话就是：先导轨，模块先左后右装，U 型连接器勿忘模块间。更多的安装指导可参考相关系统手册。

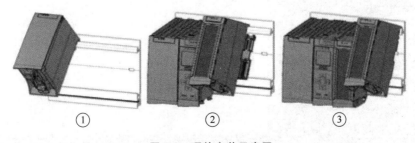

图 8-2 硬件安装示意图

各模块电源的接线应严格按照设备说明书的要求，包括连接方式、导线规格、导线颜色等。如图8-3所示，需要注意的是这里"停止"按钮使用的是"常开"按钮而非传统电气设计中使用的"常闭"按钮，所以在后续的控制程序中应该使用"常闭"触头与之对应。

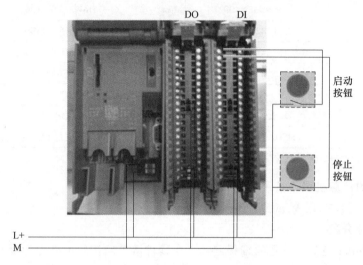

图8-3　电源、按钮接线示意图

8.2.3　项目编辑

项目编辑按照以下步骤进行操作。

1) 双击桌面上的 图标，打开 TIA Portal V16 软件。

2) 在欢迎界面中，单击"创建新项目"，填写项目名称（如"电动机启、停控制"）并选择存放路径后，请单击"创建"按钮，如图8-4所示。

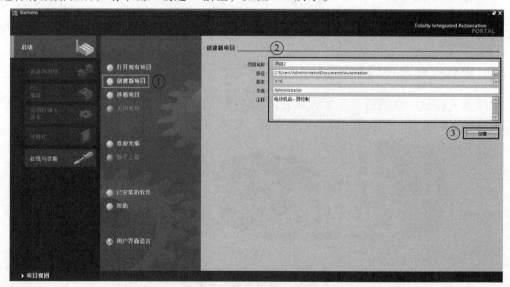

图8-4　"创建新项目"界面

3)项目成功创建后,单击左下角的"项目视图"转到编辑界面,如图 8-5 所示。

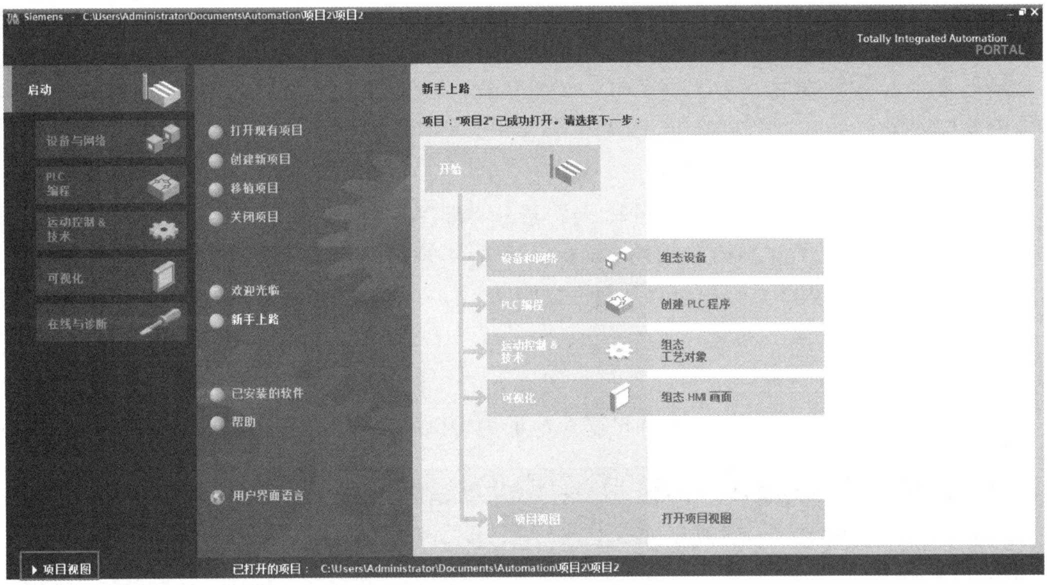

图 8-5 转"项目视图"编辑界面

4)单击项目名称左边的小箭头展开项目树,双击"添加新设备",如图 8-6 所示。

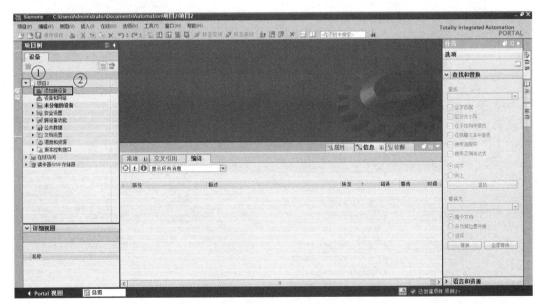

图 8-6 "添加新设备"界面

5)接下来我们先插入一个 CPU 1516-3 PN/DP:请依次单击"控制器"—"SIMATIC S7-1500"—"CPU"—"CPU 1516-3 PN/DP"左侧的小箭头展开项目树,然后选择 PLC 订货号"6ES7 516-3AN00-0AB0",最后单击"确定"按钮插入,如图 8-7 所示。

6)成功插入 PLC 后,TIA Portal V16 软件会自动跳转到设备视图。首先,添加电源模块:在"设备视图"右侧的产品目录中,依次单击"PS"—"PS 25W 24VDC"左侧的小箭头展开项目树，然后用鼠标点中订货号"6ES7 505-0KA00-0AB0"，按住鼠标左键不放，将PS模块拖拽到0号槽位上，松开鼠标，如图8-8所示。

7）接下来在主机架上插入一个16通道的数字量输出扩展模块。在"设备视图"右侧的产品目录中，依次单击"DQ"—"DQ 16×24VDC/0.5A BA"左侧的小箭头展开项目树，然后用鼠标点中订货号"6ES7 522-1BH10-0AA0"，按住鼠标左键不放，将DQ模块拖拽到2号槽位上，松开鼠标，如图8-9所示。

8）再插入一个16通道的数字量输入扩展模块。在"设备视图"右侧的产品目录中，依次单击"DI"—"DI 16×24VDC HF"左侧的小箭头展开项目树，然后用鼠标点中订货号"6ES7 521-1BH00-0AB0"，按住鼠标左键不放，将DI模块拖拽到3号槽位上，松开鼠标，如图8-10所示。

9）设备组态至此已经完成，在项目视图右方的"设备概览"中，展宽"设备概览"视窗，可以查看到系统默认分配的输出和输入地址为QB0~QB1与IB0~IB1，如图8-11所示。

图8-7 插入CPU 1516-3 PN/DP

图 8-8　插入系统电源 PS 模块

图 8-9　插入一个 16 通道的数字量输出扩展模块

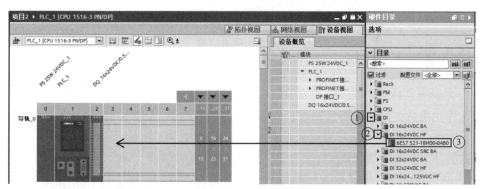

图 8-10　插入一个 16 通道的数字量输入扩展模块

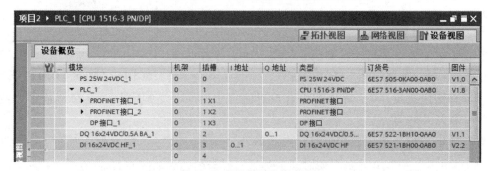

图 8-11　"设备概览"视窗

10）编写变量表。为了提高程序的可读性，需要对 I/Q 地址起一些符号名。操作步骤如下：

① 单击项目树中的"显示所有变量"，如图 8-12 所示。

② 在"PLC 变量"视窗中，定义地址 I0.0 的名称是"启动按钮"，地址 I0.1 的名称是"停止按钮"，地址 Q0.0 的名称是"电机驱动"，如图 8-13 所示。

11）接下来进入编程环节。依次单击软件界面左侧的项目树中的"PLC_1［CPU 1516-3 PN/DP］"—"程序块"左侧的小箭头展开结构，再双击"Main［OB1］"打开主程序，如图 8-14 所示。

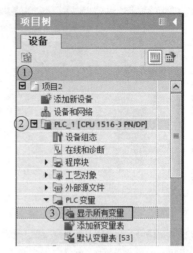

图 8-12 "显示所有变量"选项

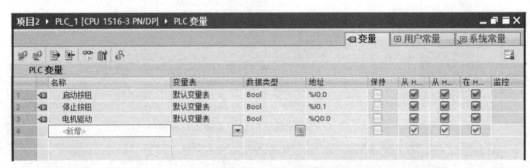

图 8-13 定义变量

12）现在开始编辑一个具有自锁功能（即电动机长动控制）的电动机起停程序。输入点 I0.0 用于启动电机，I0.1 用于停止电机，电动机起停由输出点 Q0.0 控制接触器的线圈，接触器的主触头控制电动机电源通断以实现电动机起停控制，下面是具体步骤。

① 从指令收藏夹中用鼠标左键单击选中常开触点，按住鼠标左键不放将其拖拽到绿色方点处，如图 8-15 所示。

② 重复上述操作，在已插入的常开触点下方再插入一个常开触点，如图 8-16 所示。

③ 选中下面的常开触点右侧的双箭头，单击收藏夹中的向上箭头，连接能流，如图 8-17 所示。

图 8-14 "Main［OB1］"选项

④ 同理用拖拽的方法，在能流结合点后面再添加一个"常闭"触点和"输出"线圈，如图 8-18 和图 8-19 所示。

⑤ 接下来为逻辑指令填写地址：单击指令上方的 <??.?>，依次输入地址 I0.0、I0.1、Q0.0 和 Q0.0，如图 8-20 所示。所有地址都填写好后的效果如图 8-21 所示。

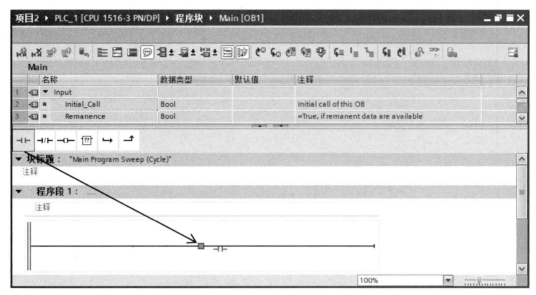

图 8-15 添加一个"常开"触点

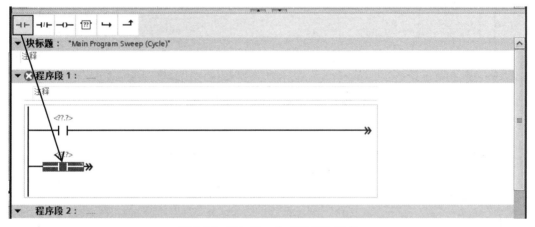

图 8-16 添加另一个"常开"触点

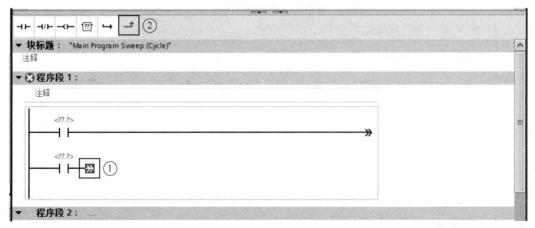

图 8-17 并联两个"常开"触点

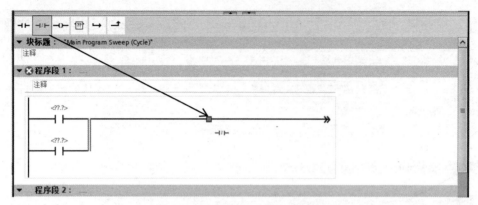

图 8-18 串联一个"常闭"触点

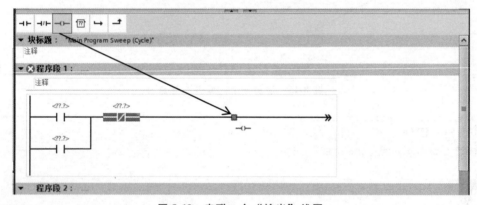

图 8-19 串联一个"输出"线圈

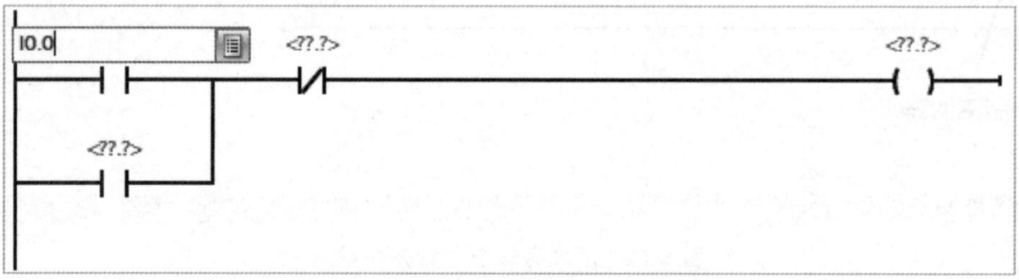

图 8-20 填写指令地址

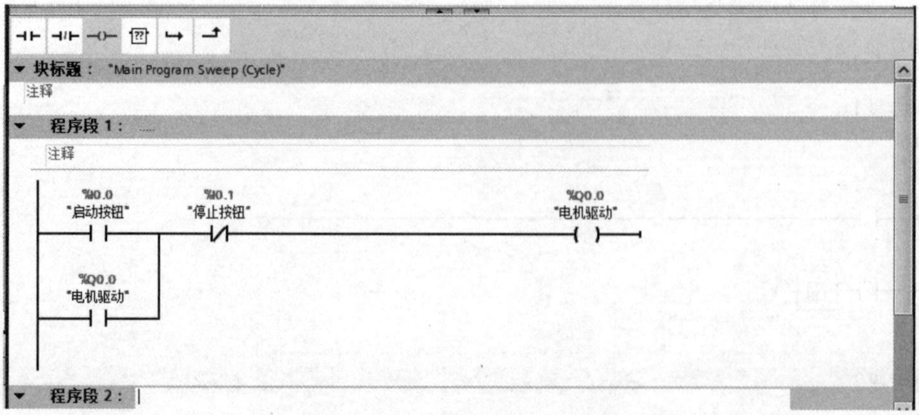

图 8-21 完成地址填写后的效果

8.2.4 项目下载

要对 S7-1500 PLC 进行项目下载，首先要设置电脑网卡的 IP 地址，然后才能进行下载操作。如果采用博途 PLCSIM 仿真软件进行仿真，该步骤可省略。

1. 设置电脑网卡 IP 地址

由于在之前的项目组态中，CPU 1516-3 PN/DP 的"PROFNET 接口_1"的默认 IP 地址是 192.168.0.1，因此要将电脑网卡的 IP 地址设为 192.168.0.2，具体步骤如下：

1）打开 Windows 10 操作系统的"控制面板"—"网络和 Internet"—"网络和共享中心"—"改变适配器设置"—"以太网"—选择"Internet 协议版本 4（TCP/IPv4）"的属性选项，如图 8-22 所示。

2）在弹出窗口中选择"使用下面的 IP 地址（s）:"，填写 IP 地址为：192.168.0.2，子网掩码为：255.255.255.0。之后依次单击"确定"按钮确认和关闭窗口，如图 8-23 所示。

图 8-22 "Internet 协议版本 4（TCP/IPv4）"属性选项

图 8-23 "Internet 协议版本 4（TCP/IPv4）"属性

2. TIA Portal V16 软件中的下载操作

1）先选中项目树中的"PLC_1 [CPU 1516-3 PN/DP]"，然后单击"在线"下拉菜单中的"扩展的下载到设备（X）…"，如图 8-24 所示。

2）在"扩展的下载到设备"窗口中：

① 选择"PG/PC 接口的类型"为"PN/IE"。

② 选择"PG/PC 接口"为"Intel（R）Ethernet Connection I218-V"。

③ 选择"接口/子网的连接"为"插槽'1×1'处的方向"

如图 8-25 所示,单击"开始搜索(S)"按钮,如果 CPU 1516-3 PN/DP 没有出现在"选择目标设备"窗口中,再勾选"显示所有兼容的设备",继续单击"开始搜索(S)"按钮。

CPU 1516-3 PN/DP 出现在"选择目标设备"窗口中后,我们就可以直接单击"下载"按钮执行下载了,如图 8-26 所示。

如果没有 PLC 实物,可采用博途 PLCSIM 仿真软件进行模拟下载操作,具体参考本书 3.5.2 节和 4.6 节相关内容。

图 8-24 "扩展的下载到设备(X)…"选项界面

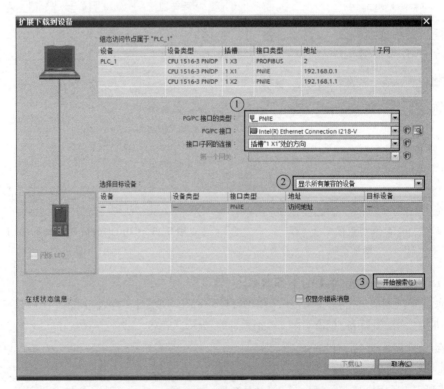

图 8-25 下载界面 1

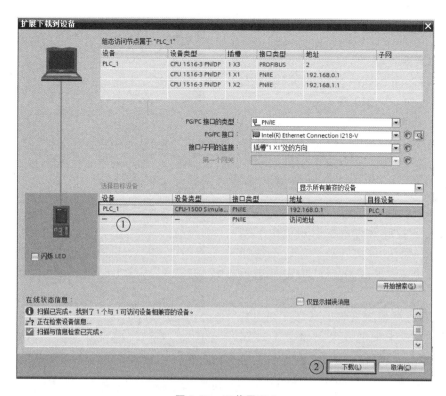

图 8-26　下载界面 2

8.2.5　项目调试

1）将 PLC 的模式开关设置为 RUN（或者开启仿真软件），如图 8-27 所示。

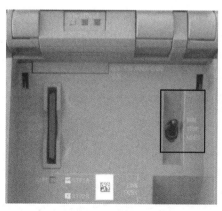

a) PLC的模式开关设置为RUN　　　　b) 开启仿真软件

图 8-27　运行 PLC 或开启仿真软件

2）按下连接在输入点 I0.0 上的按钮，即可看到输出点 Q0.0 点亮了。
3）按下连接在输入点 I0.1 上的按钮，即可看到输出点 Q0.0 熄灭了。
至此，表明程序和 PLC 运行一切正常。

8.2.6 监视程序运行

1. 监控变量状态

利用监控表可以实现监控变量的功能，具体可以通过如下步骤实现：

1）在项目树栏中依次打开"PLC_1 [CPU 1516-3 PN/DP]"—"监控与强制表"—"添加新监控表"，如图8-28所示。

2）在新建的监控表中输入监控变量，如图8-29所示。接下来单击监控按钮。

3）正常监控后就可以在监视值中看到相应的数值，如图8-30所示，是启动按钮未按下时的状态，图8-31所示为按下启动按钮时的状态。

如果仅仅是想监视变量的状态，利用变量表也可以实现类似的效果，如图8-32所示，在线监控后如图8-33所示。

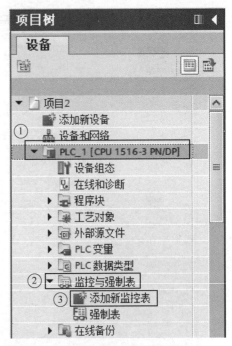

图8-28 添加新监控表

图8-29 在新建的监控表中输入监控变量

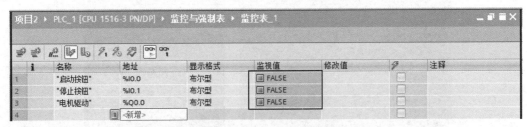

图8-30 启动按钮未按下时的状态

图8-31 按下启动按钮时的状态

图 8-32　变量表

图 8-33　在线监控

2. 程序监控状态

通过监控程序的运行状态，可以帮助我们进一步判断程序的执行情况，具体步骤如下：

1）在项目树栏中依次打开"PLC_1［CPU 1516-3 PN/DP］"—"程序块"—"Main［OB1］"，如图 8-34 所示，单击软件上部的监控按钮。

2）当启动按钮 I0.0 未按下时，程序显示如图 8-35 所示，虚线表示能流未导通。

3）启动按钮 I0.0 按下且松开后，程序显示如图 8-36 所示，实线表示能流导通。

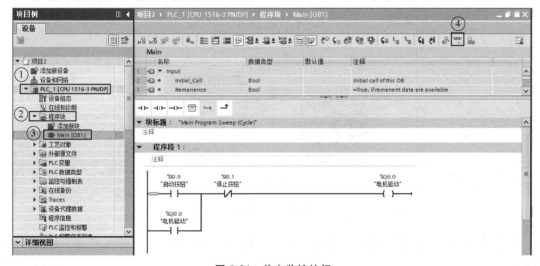

图 8-34　单击监控按钮

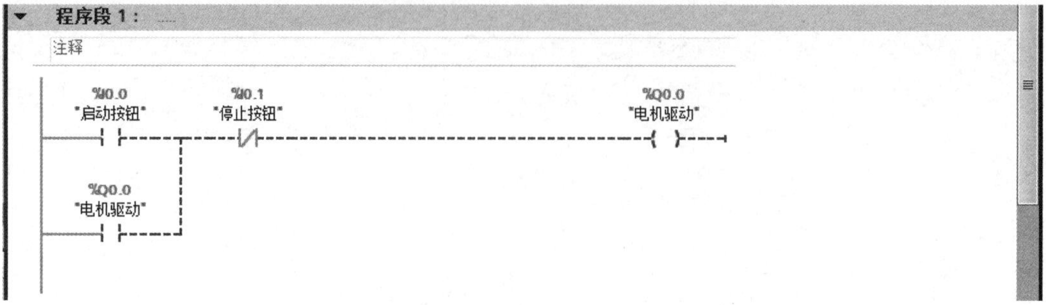

图 8-35 启动按钮 I0.0 未按下时

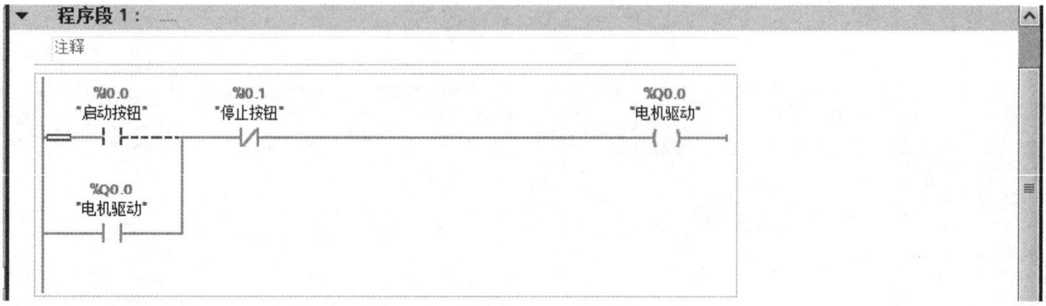

图 8-36 启动按钮 I0.0 按下时

8.2.7 在线查看故障

利用在线诊断功能可以帮助我们看到现场模块的实际状态,比如说模块是否运行等。

1) 在项目树栏中依次打开 "PLC_1 [CPU 1516-3 PN/DP]"—"设备组态"—"项目视图",进入图 8-37 的界面。

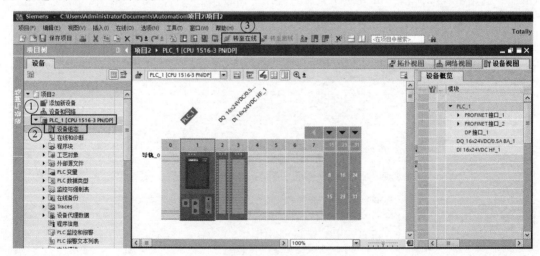

图 8-37 项目视图

2) 单击"转至在线"即可查看模块状态。模块上方的 ✓ 表示模块正常,如图 8-38 所示。

3）单击"转至离线"即可退出监控状态。

4）如果需要查看模块信息，则可以扩展下部的信息浏览区查看详细信息，如图 8-39 的显示状态。

如果想进一步查看模块的故障信息，在项目树栏中依次打开"PLC_1［CPU 1516-3 PN/DP］"—"在线和诊断"—"诊断缓冲区"，查看模块诊断信息，如图 8-40 所示。

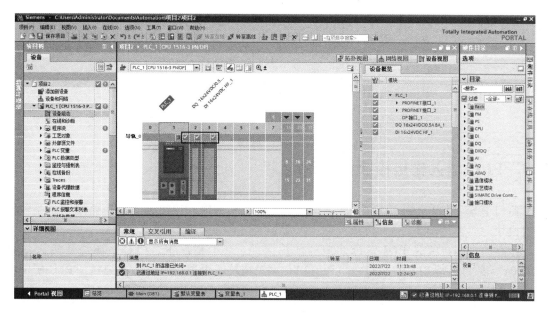

图 8-38　模块状态

图 8-39　查看详细信息

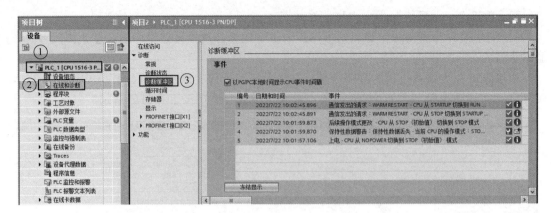

图 8-40 查看模块诊断信息

8.3 PLC 输入输出模块的接线

西门子 S7-1500 系列 PLC 的 CPU 模块本身没有集成输入输出端子，需要配置相关输入输出模块。

PLC 的正确接线是 PLC 发挥功能的前提条件。一般情况下，PLC 电源模块输入端接 AC220V，是为了给 PLC 提供运行电源，PLC 电源模块输出端口一般为 DC24V。PLC 使用过程中，输入端和输出端正确的接线是非常重要的，接线正确是 PLC 工作的前提。

8.3.1 数字量输入模块 DI 32×24VDC BA

数字量输入 DI 32×24VDC BA 模块具有下列技术特征：

1）32 点数字量输入，漏型输入电路，按每组 16 个进行电气隔离。

2）额定输入电压为直流 24V：信号"0"为 -30~+5V，信号"1"为 +11~+30V。输入电流信号"1"的典型值为 2.7mA。

3）适用于 2/3/4 线制接近开关，允许的最大静态电流（以 2 线制接近开关为例）为 1.5mA。

4）当输入电压额定值时，从"0"到"1"和从"1"到"0"的输入延时都为 3~4ms。

5）与数字量输入模块 DI 16×24VDC BA（6ES7 521-1BH10-0AA0）的硬件兼容。

图 8-41 为 DI 32×24VDC BA 模块的接线与通道分配，其中 ▬▬▬ 为外接按钮或接近开关信号等，xL 为电源电压 DC24V，xM 为接地，32× 表示 32 个通道或通道状态 LED 指示灯（绿色），RUN 为状态 LED 指示灯（绿色），ERROR 为错误 LED 指示灯（红色）。

8.3.2 数字量输出模块 DQ 32×24VDC/0.5A HF

数字量输出 DQ 32×24VDC/0.5A HF 模块具有下列技术特征：

1）32 点数字量输出，按每组 8 个进行电气隔离。

2）额定输出电压 DC24V，每个通道的额定输出电流 0.5A。

3）可组态替代值（按通道），可组态诊断（按通道）。

4）适用于电磁阀、直流接触器、指示灯及所连执行器的开关循环计数器，负载电阻范围 48Ω~12kΩ。

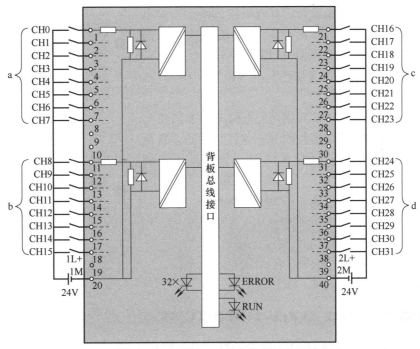

图 8-41　DI 32×24VDC BA 模块的接线与通道分配

5）从"0"到"1"的输出延时 100μs，从"1"到"0"的输出延时 500μs。

6）与数字量输出 DQ 16×24VDC/0.5A BA ST（6ES7 522-1BH00-0AB0）等模块的硬件相兼容。

图 8-42 为 DQ 32×24VDC/0.5A HF 模块的接线与通道分配，其中 ━▭━ 为外接电磁

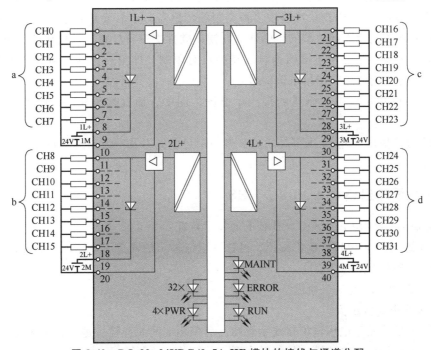

图 8-42　DQ 32×24VDC/0.5A HF 模块的接线与通道分配

阀、直流接触器的驱动线圈或指示灯等负载，xL 为电源电压 DC24V，xM 为接地，32× 表示 32 个通道或通道状态 LED 指示灯（绿色），RUN 为状态 LED 指示灯（绿色），ERROR 为错误 LED 指示灯（红色），PWR 为 POWER 电源电压 LED 指示灯（绿色）。

如果要将 4 个负载组连接到相同的电位上（非隔离），则可以使用前连接器随附的电位跳线。这样可以防止将两根线接到同一个端子上。如图 8-43 所示，按以下步骤操作：

1) 将 DC24V 电源连接到端子 19 和 20 上。

2) 在 9 和 29（L+）、10 和 30（M）、19 和 39（L+）、20 和 40（M）端子之间插入电位跳线。

3) 在端子 29 和 39 之间、30 和 40 之间插入跳线。

4) 使用端子 9 和 10 为下一个模块供电。

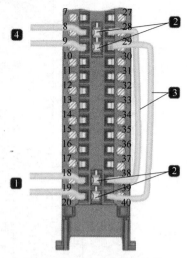

图 8-43 电位跳线操作步骤

8.3.3 模拟量输入模块 AI 8×U/I/RTD/TC ST

模拟量输入 AI 8×U/I/RTD/TC ST 模块具有下列技术特征：

1) 8 个模拟量输入通道，按照通道设置电压的测量类型、电流的测量类型、热电偶（TC）的测量类型、4 通道的电阻测量类型、4 通道的热电阻（RTD）测量类型。

2) 16 位精度（包括符号）。

3) 可组态的诊断（每个通道）。

4) 可按通道设置超限时的硬件中断（每个通道设置 2 个下限和 2 个上限）。

AI 8×U/I/RTD/TC ST 模块可连接多种类型的传感器，不需要量程卡进行内部跳线，使用不同序号的端子连接不同类型的传感器，在博途软件中进行配置。该模块的优势是没有通道组的概念，相邻通道之间连接的传感器类型没有限制，即第一个通道可用于测量电压信号，第二个通道可同时用于测量电流信号。

图 8-44 为模块用于电压测量的接线示意图。图中，通过端子 42 和 43 为下一个模块供电。

图 8-45 为模块用于外部/内部补偿的非接地型热电偶以及参考通道上热电阻（RTD）的接线示意图。

8.3.4 模拟量输出模块 AQ 8×U/I HS

模拟量输出 AQ 8×U/I HS 模块具有下列技术特征：

1) 基于通道的 8 模拟量输出选择，可选择电流输出的通道、电压输出的通道。

2) 16 位精度（包括符号）。

3) 可组态的诊断（每个通道）。

4) 可快速更新输出值。

图 8-46 为模块用于电压输出接线示意图，可采用 2 线制连接，也可采用 4 线制连接。

图 8-47 为模块用于电流输出接线示意图。

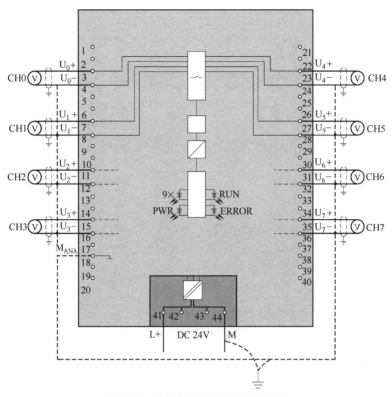

图 8-44 用于电压测量的接线示意图

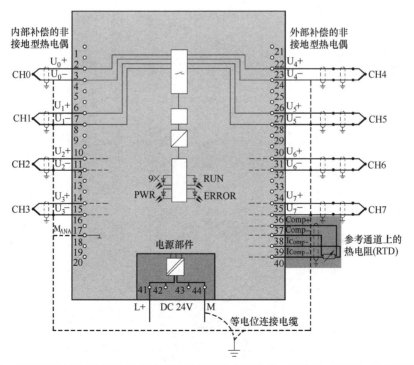

图 8-45 用于外部/内部补偿的非接地型热电偶以及参考通道上热电阻（RTD）的接线示意图

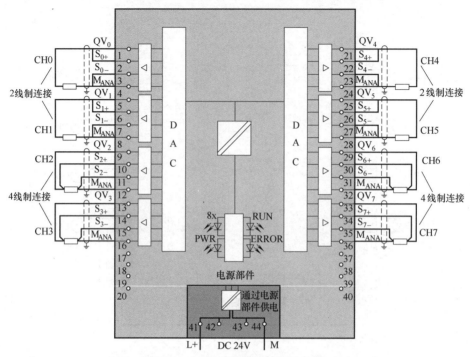

图 8-46 用于电压输出接线示意图

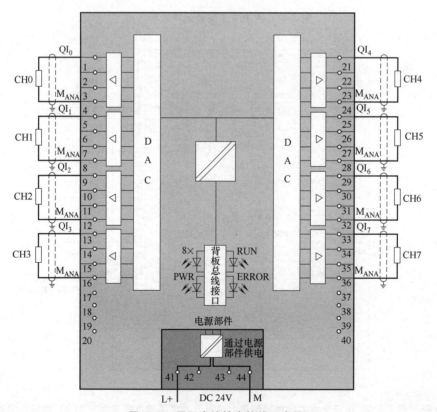

图 8-47 用于电流输出接线示意图

该模块可连接 3 种类型的执行器件，其接线端子是固定的，连接电压和电流类型执行器的端子分配如下：

（1）连接 2 线制电压型负载

使用通道 4 个端子中的第 1、第 4 端子连接负载，第 1 和第 2 端子需要短接，第 3 和第 4 端子需要短接。

（2）连接 4 线制电压型负载

使用通道 4 个端子中的第 1、第 4 端子连接负载，第 2 和第 3 端子同样需要连接到负载。连接负载的电缆会产生分压作用，加在负载两端的电压可能不准确。使用通道中的 S_+、S_- 端子连接相同的电缆到负载侧，测量实际的阻值，并在输出端加以补偿，可确保输出的正确性。

（3）连接电流负载

使用通道 4 个端子中的第 1、第 4 端子连接负载。

8.4　PLC 应用的典型环节及设计技巧

复杂的控制程序一般都是由一些典型的基本环节有机地组合而成的，因此，掌握这些基本环节尤为重要。它有助于程序设计水平的提高。以下是几个常用的典型环节。

1. 多地点控制

有些电气设备，如大型机床、起重运输机等，为了操作方便，常要求能在多个地点对同一台电动机实现控制。图 8-48 所示为三地点控制线路。设置 3 个停止按钮 SB1、SB2、SB3，3 个启动按钮 SB4、SB5、SB6，接触器 KM，I/O 分配表见表 8-3。I/O 接线图如图 8-49 所示。

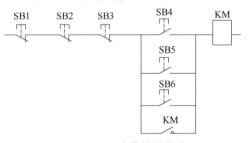

图 8-48　三地点控制线路

表 8-3　I/O 分配表

输入信号		输出信号	
停止按钮	SB1	I0.0	接触器 KM Q0.0
	SB2	I0.1	
	SB3	I0.2	
启动按钮	SB4	I0.3	
	SB5	I0.4	
	SB3	I0.5	

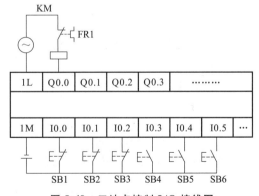

图 8-49　三地点控制 I/O 接线图

梯形图程序如图 8-50 所示，当任一个启动按钮按下时，即 I0.3、I0.4、I0.5 任意一个为 1 时，输出 Q0.0 为 1，即接触器 KM 通电。当任一个停止按钮按下时，即 I0.0、I0.1、I0.2 任意一个为 1 时，输出 Q0.0 为 0，即接触器 KM 断电。

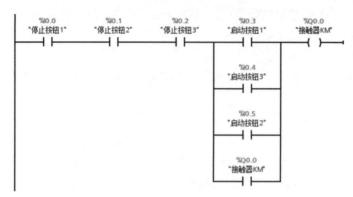

图 8-50 三地点控制梯形图

2. 电动机的正、反转控制程序

电动机的正、反转控制是常用的控制形式，输入信号设有停止按钮 SB1、正向启动按钮 SB2、反向启动按钮 SB3，输出信号应设正、反转接触器 KM1、KM2，I/O 分配表见表 8-4。I/O 接线图如图 8-51 所示。

电动机可逆运行方向的切换是通过两个接触器 KM1、KM2 的切换来实现的。切换时要改变电源的相序。在设计程序时，必须防止由于电源换相所引起的短路事故，例如，由正向运转切换到反向运转时，当正转接触器 KM1 断开时，由于其主触点内瞬时产生的电弧，使这个触点仍处于接通状态，如果这时使反转接触器 KM2 闭合，就会使电源短路。因此必须在完全没有电弧的情况下才能使反转的接触器闭合。

由于 PLC 内部处理过程中，同一元件的常开、常闭触点的切换没有时间的延迟，因此必须采用防止电源短路的方法，图 8-52 所示梯形图中，采用定时器 T1、T2 分别作为正转、反转切换的延迟时间，从而防止了切换时发生电源短路故障。

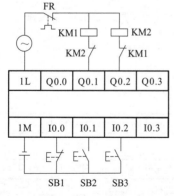

图 8-51 电动机正、反转 I/O 接线图

表 8-4 I/O 分配表

输入信号		输出信号	
停止按钮 SB1	I0.1	正转接触器 KM1	Q0.1
正向启动按钮 SB2	I0.1	反转接触器 KM2	Q0.2
反向启动按钮 SB3	I0.2		

3. 电动机星形-三角形减压起动控制程序

电动机的起动与停止是最常见的控制，其中异步电动机的星形-三角形减压起动控制方式尤为常见，通常需要设置启动按钮、停止按钮及接触器等电器。由图可得 I/O 分配表见表 8-5。PLC 的 I/O 接线图如图 8-53 所示。

梯形图如图 8-54 所示，按下启动按钮，I0.0 接通为 ON，Q0.0 接通为 ON 并形成自锁，

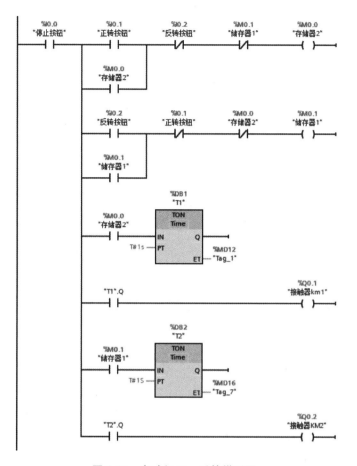

图 8-52 电动机正、反转梯形图

Q0.1 接通为 ON，定时器 T1 开始计时，电源接触器闭合，接通电动机电源，星形接触器闭合，电动机星形连接起动。T1 定时器计时 8s 后，T1.Q 输出为 ON，Q0.1 输出为 OFF，Q0.2 输出为 ON，星形接触器断开，三角形接触器闭合，电动机三角形连接起动运行。按下停止按钮，I0.1 接通为 ON，常闭触点断开，Q0.0 输出为 OFF，Q0.2 输出为 OFF，电源接触器、三角形接触器断开，电动机停止运行。

表 8-5　I/O 分配表

输入信号		输出信号	
停止按钮 SB1	I0.0	电源接触器 KM1	Q0.0
启动按钮 SB2	I0.1	星形接触器 KM2	Q0.1
		三角形接触器 KM3	Q0.2

4. 数学运算指令

在实际的应用系统中，需要经常用到数学运算指令，本例通过一个简单的算式来编写程序，梯形图如图 8-55 所示，当 I0.0 接通为 ON 时，将 IW2 中的 INT 数据类型转换为 DINT 类型，然后乘以 10000 再除以 27648，将结果存放在 MD10 中。

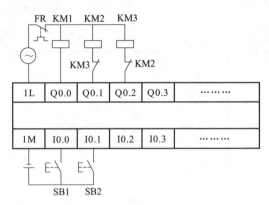

图 8-53 PLC 的 I/O 接线图

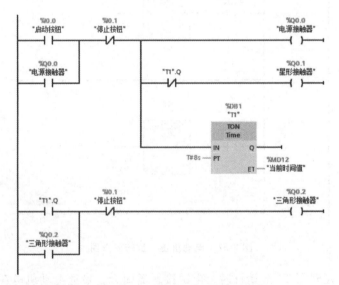

图 8-54 星形-三角形减压起动梯形图

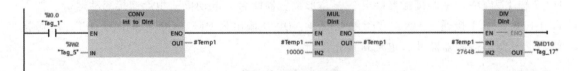

图 8-55 数学运算指令梯形图

5. 报警电路

报警是电气自动控制中不可缺少的重要环节，标准的报警功能应该是声光报警。当故障发生时，报警指示灯闪烁，报警电铃或蜂鸣器响。操作人员知道故障发生后，按消铃按钮，把电铃关掉，报警指示灯从闪烁变为长亮。故障消失后，报警灯熄灭。另外还应设置试灯、试铃按钮，用于平时检测报警指示灯和电铃的好坏。图 8-56、图 8-57 为标准故障报警梯形图、时序图，图中的输入/输出信号地址分配如下：

输入信号　I0.0 为故障信号；I1.0 为消铃按钮；I1.1 为试灯、试铃按钮。

输出信号　Q0.0 为报警灯；Q0.7 为报警电铃。

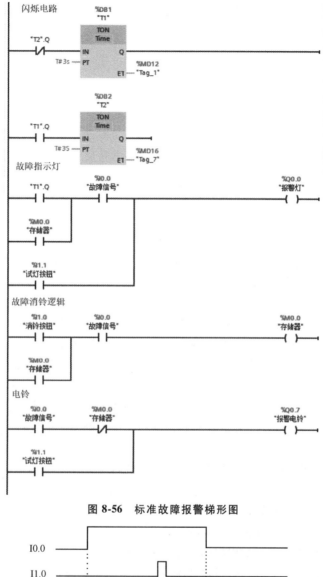

图 8-56 标准故障报警梯形图

图 8-57 标准故障报警时序图

8.5 PLC 在工业控制中的应用

随着经济的发展和社会的进步，各种工业自动化不断升级，对于工人的素质要求也逐渐提高。在生产的第一线有着各种各样的自动加工系统，其中多种原材料混合在加工中是最为常见的一种。在炼油、化工、制药等行业中，多种液体混合是必不可少的工序，而且也是其生产过程中十分重要的组成部分。

8.5.1 S7-1500 PLC控制液体混料机

在工艺加工最初，把多种液体原材料按一定比例混合到一起，一直都是由人来定量、定时搅拌而成，在整个生产工艺中存在较多不可控的人为因素和非人为因素，无法保证配料过程的准确性、稳定性、可靠性。而且，这些行业中多为易燃易爆、有毒有腐蚀性的介质，某些化工原料在不通风的环境下，人体吸入后，严重影响健康，以致现场工作环境十分恶劣，不适合人工现场操作。在后来多用继电器系统对顺序或逻辑的操作过程进行自动化操作，但是现在随着时代的发展，这些方式已经不能满足工业生产的实际需要，实际生产中需要更精确、更便捷的控制装置。为了提高产品质量，缩短生产周期，适应产品迅速更新换代的要求，产品生产正在向缩短生产周期、降低成本、提高生产质量等方向发展。另外，生产要求液体混合系统要具有混合精确、控制可靠等特点，这也是人工操作和半自动化控制所难以实现的。

随着科学技术的发展，自动控制技术在人类活动的各领域中的应用越来越广泛，自动控制的水平已成为衡量一个国家生产和科学技术先进与否的一项重要标志。采用可以实现多种液体混合的自动控制装置，从而达到液体混合的目的。控制装置利用可编程控制器实现在混合过程中精确控制，提高了液体混合比例的稳定性，运行稳定、自动化程度高，适合工业生产的需要。

可编程控制器液体自动混合系统是集成自动控制技术、计量技术和传感器技术等于一体的机电一体化装置。充分吸收了分散式控制系统和集中控制系统的优点，采用标准化、模块化、系统化设计，配置灵活、组态方便。

采用可编程控制器实现多种液体自动混合控制的特点：

① 系统自动工作，无须人工干预材料进入。
② 以周期循环方式控制装置运行。
③ 由系统送入设定的参数实现自动控制。
④ 启动后就能自动完成一个周期的工作，并循环。
⑤ 可编程控制器指令丰富，可以接各种输出、输入扩充设备。

本节利用可编程控制器实现多种液体自动混合装置的自动控制。以简单控制为例，如图8-58所示为3种液体混合装置，SQ1、SQ2、SQ3、SQ4为液面传感器，液面淹没时接通，液体A、B、C与混合液阀门由电磁阀YV1、YV2、YV3、YV4控制，M为搅拌电动机。

1. 控制要求

（1）初始状态

装置投入运行时，液体A、B、C阀门关闭，混合液阀门打开20s，将容器放空后关闭。

（2）启动操作

按下启动按钮SB1，装置开始按下面给定规律运转：

① 液体A阀门打开，液体A流入容器。当液面达到SQ3时，SQ3接通，关闭液体A阀门，打开液体B阀门。

② 当液面达到SQ2时，关闭液体B阀门，打开液体C阀门。

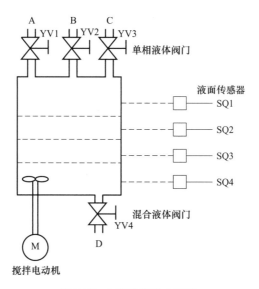

图 8-58 3 种液体混合装置

③ 当液面达到 SQ1 时,关闭液体 C 阀门,搅拌电动机开始搅拌。

④ 搅拌电动机工作 1min 后停止搅动,混合液体阀门打开,开始放出混合液体。

⑤ 当液面下降到 SQ4 时,SQ4 由接通变断开,再过 20s 后,容器放空,混合液体阀门关闭。再次按下启动按钮,开始下一周期。

2. PLC 系统配置

控制系统完成对系统参数的检测、时间把控、阀门控制等功能。在整个液体自动混合过程中,系统需要控制与检测的变量有:5 个数字量输入(DI)和 5 个数字量输出(DO)。I/O 分配表见表 8-6,I/O 接线图如图 8-59 所示。

表 8-6 I/O 分配表

输入信号		输出信号	
启动按钮 SB1	I0.0	A 阀门	Q0.0
SQ4	I0.1	B 阀门	Q0.1
SQ3	I0.2	C 阀门	Q0.2
SQ2	I0.3	混合阀门	Q0.3
SQ1	I0.4	搅拌电机	Q0.4

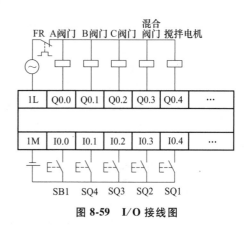

图 8-59 I/O 接线图

PLC 系统采用的是 S7-1500,其编程软件采用博途软件完成。

3. 控制实现及仿真

编程采用梯形图语言编程,完成上述功能的程序,梯形图如图 8-60 所示。仿真过程采用仿真软件,可模拟实际控制过程,根据状态监视表监视运行过程,如图 8-61 所示。

8.5.2 S7-1500 PLC 控制的工业识别系统

从 STEP 7 Basic/Professional V13 SP1 开始，编程指令卡的选件包中集成了 SIMATIC Ident 配置文件和 Ident 指令块，使用 TIA Portal 进行组态与编程的 S7-300/400、S7-1200/1500 可以使用这些指令对工业识别系统进行操作。详细信息请参考 SIMATIC Ident 系统的标准功能。

S7-1500 PLC 可以使用 PROFINET 总线，通过 RF180C 模块，实现与西门子工业识别系统的通信。本案例将介绍通过 S7-1500 CPU1515-2PN 的集成 PN 口和 RF180C，使用 Ident 指令块，实现对 RF300 进行操作。本案例用到的主要硬件设备：

- CPU1515-2PN：6ES7 515-2AM01-0AB0
- RF180C：6GT2 002-0JD00
- RF340R：6GT2 801-2BA10
- RF340T：6GT2 800-5BB00
- 5m 电缆线：6GT2 891-4FH50，连接 RF180C 和 RF340R

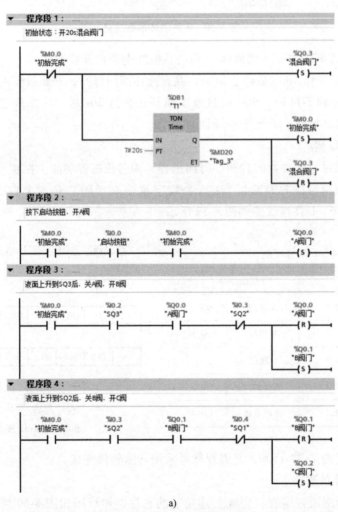

a)

图 8-60 三种液体混合梯形图

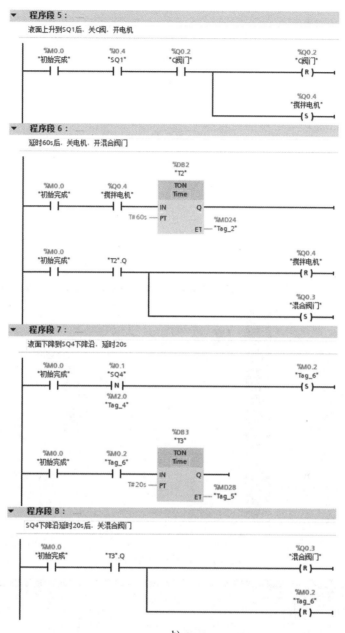

b)

图 8-60 三种液体混合梯形图（续）

图 8-61 三种液体混合程序仿真界面

1. 系统配置

S7-1500 CPU1515-2PN 做 PROFINET 控制器，CPU 通过集成的 PN 口连接 RF180C 以及 RF340R。在 TIA Portal V16 的软件环境下，CPU1515-2PN 使用 SIMATIC Ident 指令块实现对 RF340R 及其数据载体（标签）进行通信与操作。系统配置如图 8-62 所示。

2. 设备组态

（1）在 TIA Portal 项目中添加控制器

在 TIA Portal 新建项目文件 "S71500-RF180C"，双击 "添加新设备" 在项目中添加控制器 S7-1500 PLC，选择 CPU 1515-2 PN，如图 8-63 所示。

在 PLC_1 的 "设备组态"，单击 CPU PN 口添加子网，并设置 IP 地址。本例 CPU PN 口 IP 地址为 192.168.0.1，如图 8-64 所示。

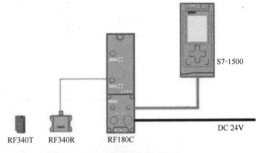

图 8-62　系统配置

图 8-63　添加 S7-1500 PLC

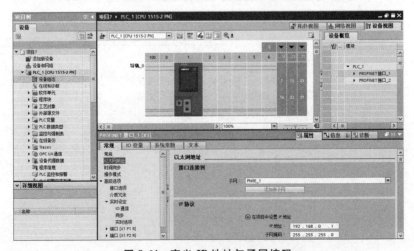

图 8-64　定义 IP 地址与子网掩码

（2）在网络视图中添加 RF180C

切换到网络视图，在"硬件目录"—"Detecting & Monitoring"（检测与监视）—"Ident systems"（Ident 系统）—"SIMATIC Communications modules"（SIMATIC 通信模块），将 RF180C 拖入视图，并将 RF180C 分配给 PLC_1，如图 8-65 所示。

图 8-65　组态 RF180C

选择 RF180C 的 PN 口，配置 RF180C 的以太网地址为 192.168.0.2，子网掩码为 255.255.255.0，如图 8-66 所示。

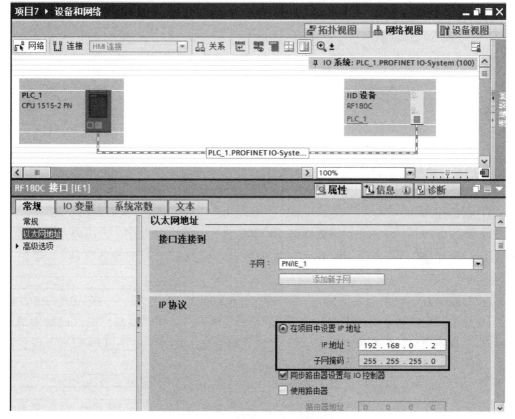

图 8-66　配置 RF180C IP 地址

(3) 设置 RF180C

双击 RF180C 模块，进入 RF180C 的设备视图。双击设备名称，设置或修改 RF180C 的设备名称，如图 8-67 所示。

图 8-67　设置 RF180C 设备名称

在 RF180C 模块的"设备概览"中，检查通信接口参数，要保证输入输出的起始地址相同，即"I 地址"="Q 地址"，如图 8-68 所示。

(4) 下载组态

在下载组态之前，首先在网络视图对 RF180C 进行设备名称分配。方法是，单击"分配设备名称"图标 ，或选择 PN/IE_1，单击鼠标右键执行"分配设备名称"，如图 8-69 所示。

在"分配 PROFINET 设备名称"对话框进行选择和操作。首先在"组态的 PROFINET 设备"选择要分配设备名称的设备 RF180C，选择正确的 PG/PC 接口，在"网络中的可访问节点"中找到 RF180C 设备并选择，执行"分配名称"操作，所有 PROFINET 设备名称分配完之后，关闭该对话框，如图 8-70 所示。

选择 S7-1500 PLC 站进行组态下载，PROFINET 连接成功，如图 8-71 所示。

CPU1515-2PN 运行后，RF180C 上 ON、DC24V 指示灯亮，表明 RF180C 与控制器建立了通信连接。

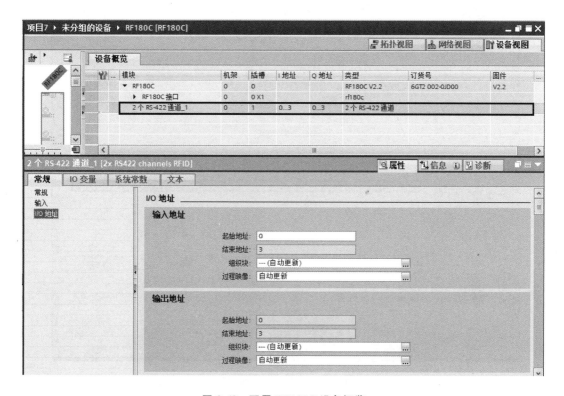

图 8-68　配置 RF180C 设备概览

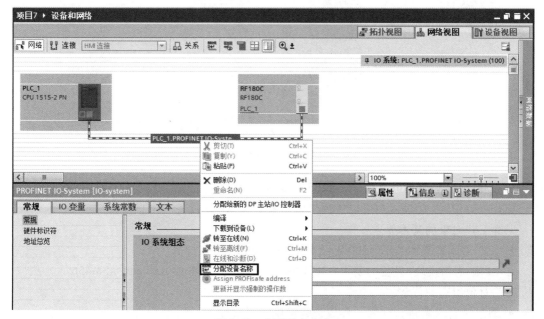

图 8-69　分配设备名称

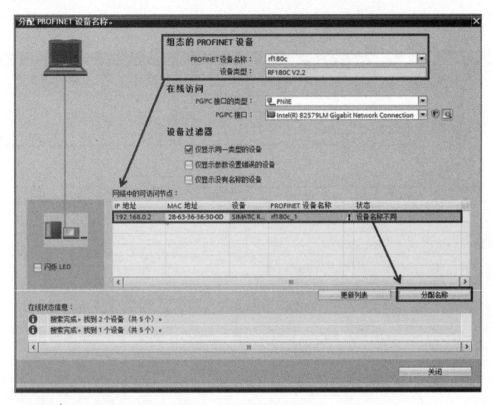

图 8-70 分配设备名称操作

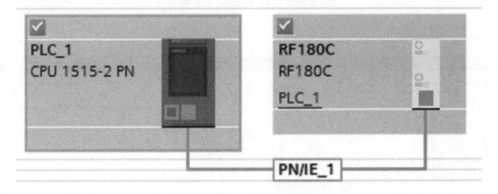

图 8-71 PROFINET 通信建立

3. 使用 SIMATIC Ident 工艺对象组态编程

TIA V14 SP1 及后续版本可以使用工艺对象组态 RFID 设备。

配置工艺对象的基本要求：

- 控制器固件版本：S7-1200 >= V4.0，S7-1500 >= V1.8。
- RFID 通信模块/设备的要求：RF120C/RF170C/RF180C/RF68xR/ASM456。

工艺对象组态的优势：

- 通过工艺对象进行配置，参数设置清晰可见。
- 无须创建连接参数 DB，直接将工艺 DB 块关联到指令的"HW_CONNECT"参数。

本案例使用编程软件 TIA Portal STEP7 V16，控制器 CPU1515-2PN V2.8，满足了组态工艺对象的基本要求。

（1）添加组态 SIMATIC Ident 工艺对象

如图 8-72 所示，双击工艺对象下的"新增对象"，在"SIMATIC Ident"中，选择工艺对象"TO_Ident"，单击"确定"关闭"新增对象"窗口。

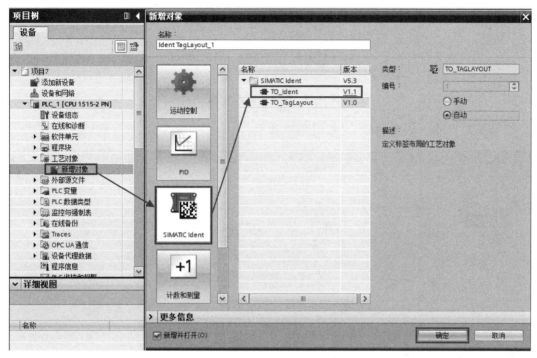

图 8-72 配置新增工艺对象

在接下来的"组态"—"基本参数"选择 Ident 设备及通信接口，单击 ✓ 确认选择，如图 8-73 所示。

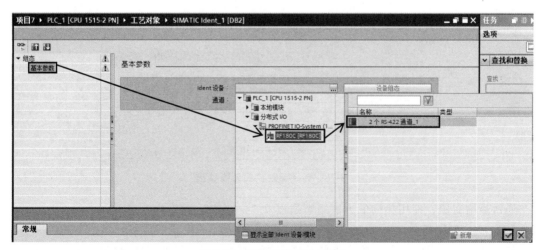

图 8-73 配置选择 Ident 设备

然后，配置"基本参数"。Ident 设备选择已组态的 RF180C，使用通道 1，阅读器参数分配选择 RF300 Gen2 general（RF340R 订货号 6GT2 801-2BA10），如图 8-74 所示。

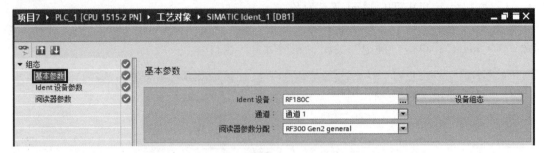

图 8-74 配置"基本参数"

选择配置"Ident 设备参数"，如图 8-75 所示。

图 8-75 配置"Ident 设备参数"

选择配置"阅读器参数"，如图 8-76 所示。转发器（标签）类型选择 RF300（本案例使用的是 RF340T）。

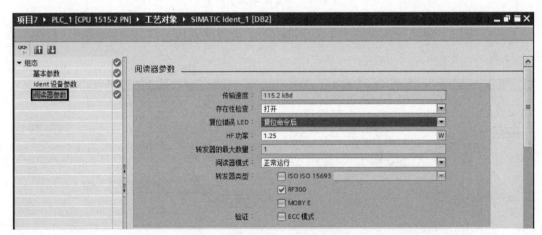

图 8-76 选择配置"阅读器参数"

通过新增对象，使用相同的方法组态通道 2。
（2）简单程序指令

在 TIA Portal STEP7 V16 指令卡的选件包中，包含了 S7-1500 PLC 对西门子工业识别系统产品的操作指令。使用工艺对象组态的 Ident 设备，SIMATIC Ident 程序块指令版本要高于或等于 V5.0。

打开 PLC 的编程界面，通过双击或拖拽的方式使用添加指令块，如图 8-77 所示。

图 8-77 SIMATIC Ident 指令

1) Reset_Reader。借助"Reset_Reader"块，可以复位通过"SIMATIC Ident"工艺对象组态的西门子 RFID 阅读器，指令块参数如图 8-78 所示，参数说明见表 8-7。

2) Write，写指令。将"IDENT_DATA"缓冲区中的用户数据写入标签。数据的物理地址和长度通过"ADDR_TAG"和"LEN_DATA"参数传送，指令块参数如图 8-79 所示，参数说明见表 8-8。

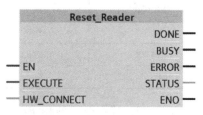

图 8-78 Reset_Reader 指令

表 8-7 Reset_Reader 参数说明

变量名	输入/输出	变量类型	说明
EXECUTE	输入	BOOL	上升沿执行操作
HW_CONNECT	输入/输出	TO_IDENT	Ident 设备的工艺对象
DONE	输出	BOOL	作业已执行
ERROR	输出	BOOL	作业因错误停止
BUSY	输出	BOOL	作业正在执行
STATUS	输出	DWORD	在"ERROR"置位时，显示错误消息

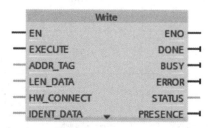

图 8-79 Write 指令

表 8-8 Write 参数说明

变量名	输入/输出	变量类型	说明
EXECUTE	输入	BOOL	上升沿执行操作
ADDR_TAG	输入	DWORD	写入数据到标签的起始地址
LEN_DATA	输入	WORD	要写入的数据长度
LEN_ID	输入	BYTE	EPC-ID/UID 的长度,单标签默认值:0x00
EPCID_UID	输入	Array	用于最多 62 字节 EPC-ID、8 字节 UID 或 4 个字节的句柄 ID
IDENT_DATA	输入	Any/Variant	带写入数据的数据源缓冲区 对于 S7-1200/1500,当前只能使用"Array_of_Byte"
HW_CONNECT	输入/输出	TO_IDENT	Ident 设备的工艺对象
DONE	输出	BOOL	作业已执行
ERROR	输出	BOOL	作业因错误停止
BUSY	输出	BOOL	作业正在执行
STATUS	输出	DWORD	在"ERROR"置位时,显示错误消息
PRESENCE	输出	BOOL	检测到标签在天线场内

3) Read,读指令。使用 Read 指令,可以从标签读取数据,并将这些数据输入到"IDENT_DATA"缓冲区中。数据的物理地址和长度通过"ADDR_TAG"和"LEN_DATA"参数传送。指令块参数如图 8-80 所示,参数说明见表 8-9。

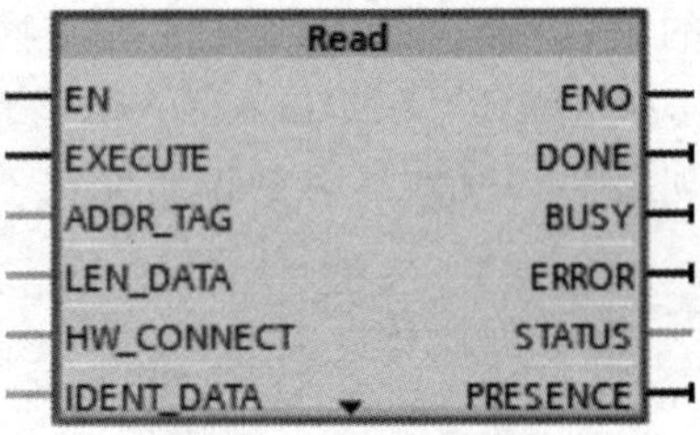

图 8-80 Read 指令

4. 程序测试

(1) 编程

主程序调用"Reset_Reader"。将已组态的"SIMATIC Ident_1"工艺对象,通过拖拽的方式赋值到"HW_CONNECT",如图 8-81 所示。

表 8-9 Read 参数说明

变量名	输入/输出	变量类型	说明
EXECUTE	输入	BOOL	上升沿执行操作
ADDR_TAG	输入	DWORD	读取场内标签的起始地址
LEN_DATA	输入	WORD	要读取数据的长度
LEN_ID	输入	BYTE	EPC-ID/UID 的长度,单标签默认值:0x00
EPCID_UID	输入	Array	用于最多 62 字节 EPC-ID、8 字节 UID 或 4 个字节的句柄 ID
HW_CONNECT	输入/输出	TO_IDENT	Ident 设备的工艺对象

(续)

变量名	输入/输出	变量类型	说明
IDENT_DATA	输入	Any/Variant	带写入数据的数据源缓冲区。对于 S7-1200/1500，当前只能使用"Array_of_Byte"
DONE	输出	BOOL	作业已执行
ERROR	输出	BOOL	作业因错误停止
BUSY	输出	BOOL	作业正在执行
STATUS	输出	DWORD	在"ERROR"置位时，显示错误消息
PRESENCE	输出	BOOL	检测到标签在天线场内

添加用户数据块 MOBY_Data，如图 8-82 所示。

调用"Write"指令，将"MOBY_Data".Write 中前 10 个字节的数据，写入标签中从 0 开始的地址区域，如图 8-83 所示。

调用"Read"指令，将标签中从地址 0 开始的 10 个字节数据，读取并存储到数据块"MOBY_Data".Read 的前 10 个单元，如图 8-84 所示。

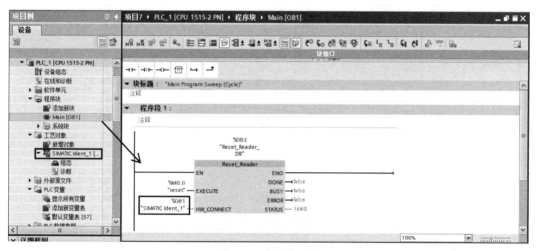

图 8-81　复位阅读器

图 8-82　用户数据块

（2）测试

指令"Reset_Reader"的"EXECUTE"由 0 到 1 执行阅读器复位。复位成功后，连接在 RF180C 通道 1 上的阅读器 RF340R，LED 指示灯由蓝色变为绿色；将标签 RF340T 放置到阅读器附近，RF340R 上的 LED 指示灯变为橘黄色，说明已检测到标签。

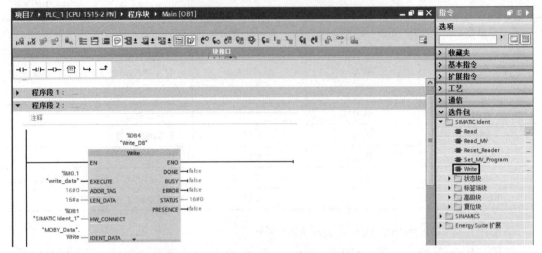

图 8-83 写指令

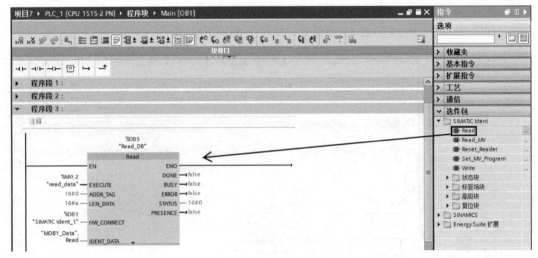

图 8-84 读指令

阅读器复位成功后才可以进行读、写操作。

首先,通过监控与强制表给"MOBY_Data".Write 中前 10 个单元赋值。"Write"指令的"EXECUTE"由 0 到 1,执行"Write"操作,将"MOBY_Data".Write 的数据写入标签。

然后再执行"Read"指令,"Read"指令的"EXECUTE"由 0 到 1,将写入标签的数据从标签读出并存储到"MOBY_Data".Read 中。测试结果如图 8-85 所示。

需要说明的是,当使用 TIA Portal STEP7 V14 SP1(不包括)以前的软件,或 PLC 版本较低(S7-1200 <V4.0,S7-1500<V1.8),不支持工艺对象组态 RFID 设备,则需要使用 IID_HW_CONNECT 结构生成的参数连接 RFID 阅读器。使用的 SIMATIC Ident 指令块版本不得高于 V4。

5. 错误诊断

当系统发生故障时,可以使用以下方法进行诊断。

图 8-85 读写测试

（1）使用 RF180C 上 LED 灯进行诊断

参考 RF180C 操作说明 7.1 使用 LED 进行诊断。具体见 https：//support. industry. siemens. com/cs/cn/zh/view/30012157。

（2）使用 RF340R 上 LED 灯进行诊断

SIMATIC RF300 系统手册 10.1 错误代码，关于 RF340R 上红色 LED 闪烁的信息。具体见 https：//support. industry. siemens. com/cs/cn/zh/view/21738946。

（3）使用 IDENT 指令块状态字进行诊断

参考 SIMATIC Ident 功能手册 4 错误信息部分。具体见 https：//support. industry. siemens. com/cs/cn/zh/view/106368029。

第9章

项目资料的打印与归档

如果一个项目的处理时间比较长，则可能会产生大量文件，尤其是在使用扩展硬件配置时。因此，用户可能会希望缩小项目的大小，例如，在将项目归档到外部硬盘驱动器上时，或者在通过电子邮件发送项目需要使用较小的文件时。

> 本章主要内容：
> - S7-1500 PLC 设计资料概述。
> - S7-1500 PLC 资料的打印与文档设置。
> - S7-1500 PLC 资料的归档方法。

本章重点是了解 S7-1500 PLC 设计文件所包含的内容，掌握资料的打印设置与文档设置，掌握 S7-1500 PLC 资料的归档方法。

9.1 打印功能与内容

一旦创建了项目，就能以易于阅读的格式打印内容。可以打印整个项目或项目内的单个对象。结构良好的打印输出有助于编辑项目或执行服务工作。打印输出也可用于客户演示文档或完整的系统文档。

9.1.1 打印功能

可以按标准的电路手册格式准备项目，并以统一的版面打印。可以限制打印输出的范围。可以选择打印整个项目、单个对象及其属性或项目的紧凑型总览。此外，可以打印已打开编辑器的内容。

打印输出通常由以下部分组成：
- 封面（只有在从项目树打印时）。
- 目录（只有在从项目树打印时）。
- 项目树内对象的名称和路径。
- 对象数据。

可以在"打印"对话框中取消激活封面或目录的打印输出。

可以打印以下内容：

- 项目树中的整个项目。
- 项目树中的一个或多个项目相关的对象。
- 编辑器的内容。
- 表格。
- 库。
- 巡视窗口的诊断视图。

不能在下列区域打印：
- Portal 视图。
- 详细视图。
- 总览窗口。
- 比较编辑器。
- 除诊断视图外的巡视窗口的所有选项卡。
- 除库外的所有任务卡。
- 大部分对话框。
- 与项目无关的 PG/PC 属性。

打印输出的范围：

打印时，必须至少选择一个可打印的元素。

如果打印一个选中的对象，则也打印所有下级对象。例如，如果在项目树中选择了一个设备，则也打印该设备的所有数据。如果选择打印项目树中的所有项目，则将打印全部项目信息，但不包含图形视图，图形视图必须单独打印。也无法打印项目树中不属于项目的项，例如，在线门户网站、所连接的读卡器和 USB 存储设备。当打印表格内容时，打印表格中选中了单元格的所有行。为了打印一个或多个表列，必须选择期望的列。如果没有选择任何单元格或列，则打印整个表格。

打印时的限制条件：

通常，打印可在用户界面上显示所有的对象。相反，这表示不能打印无法访问的对象。如果打印输出失败，则可能的原因包括以下各项：
- 不存在有效的许可证来显示对象。
- 没有对象的设备描述。
- 显示对象所需的软件组件没有安装。

9.1.2 打印设置

可以对打印的常规属性进行设置，这是针对 TIA 博途软件的设置，与项目无关。在 TIA 博途软件菜单栏中选择"选项"—"设置"—"常规"选项卡，"打印设置"栏中设置打印属性，如图 9-1 所示。

1. 常规

在图 9-1 中，如果选择了"始终将表格数据作为值对打印"选项，则不以表格形式而以键和数值对的形式打印表格，如表 9-1，在这种情况下，打印输出具有以下外观：

对象 A

属性 1：数值 A1

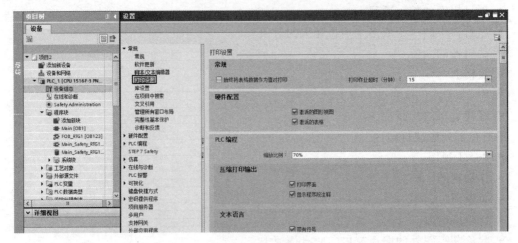

图 9-1 打印设置

属性 2：数值 A2
对象 B
属性 1：数值 B1
属性 2：数值 B2

表 9-1 以键和数值对的形式打印表格

对象名称	属性 1	属性 2
对象 A	数值 A1	数值 A2
对象 B	数值 B1	数值 B2

如果某些对象无法完整打印，则在可选的组态超时时间（默认 15min）后将显示一条信息。

2. 硬件配置

"激活的图形视图"：表示打印时是否也要打印网络和设备视图的图形。

"激活的表格"：表示打印时是否要将编辑器中设备的属性以表格形式打印出来。

3. PLC 编程

该项内容包括指定待打印块的大小、块的接口、块的注释、基于文本的编程语言及程序代码的行号。

缩放比例：按照一定比例打印 LAD/FBD/STL/GRAPH 程序段。

打印界面：程序块的接口声明是否包含在打印输出中。

显示程序段注释：LAD/FBD/STL 程序段的注释信息是否包含在打印输出中。

带有行号：对于基于文本的编程语言，是否打印程序代码行号。

4. 运动控制 & 工艺

对话框/图形：如果编辑器支持，其内容将以图形的方式打印。

表格：以表格形式打印工艺对象的参数。

5. HMI 画面

显示制表键顺序：在打印输出中，可以指定通过 TAB 键选择运行时对象的顺序。

9.1.3 框架与封面选择

可以根据个人要求设计打印页面的布局。例如，在项目文档中添加自己公司的徽标或者公司设计。可以创建任意多个设计形式作为框架和封面，这些框架和封面将存储在项目树的"文档设置"项下面，并作为项目的一部分。可以在框架和封面内插入占位符，代表先前输入文档信息中的数据。在打印期间，将使用合适的元数据自动对他们进行填充。如果不想设计个人模板，则提供现成的框架和封面，其中包括符合 ISO 标准的技术文档模板。

在项目树的"文档设置"下，在"文档信息"中添加自定义的文档信息，并关联相应的打印框架和封面，可以创建多个"文档信息"，关联不同的打印框架和封面；在"框架"中单击"添加新框架"，在弹出的对话框中填写"名称"和选择"纸张类型"及"方向"后，单击"添加"完成添加自定义的框架；在"封面"中单击"添加新封面"，在弹出的对话框中填写"名称"和选择"纸张类型"及"方向"后，单击"添加"完成添加自定义的封面。如图 9-2 所示为新建的框，可对其进行编辑。

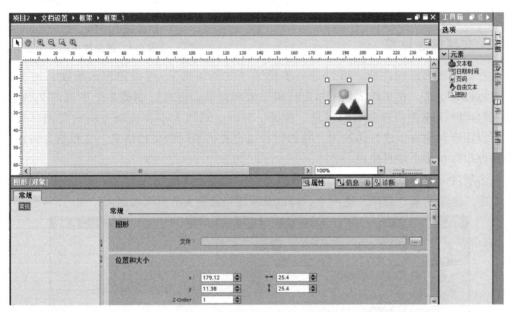

图 9-2 自定义框架或封面

在右侧的"工具箱"中，可以将其中的元素（占位符）添加到框中，然后对这些元素进行编辑，这样打印出来的文本中会显示这些元素。可以使用以下类型的元素：

（1）文本框

文本框代表文档信息中的文本元素占位符。在文本框的属性中，可设置在打印过程中应自动插入文档信息中的哪些文本。

（2）日期和时间

打印时，将插入日期和时间而非占位符，这可以是创建日期或上一次对项目进行更改的时间点。在巡视窗口的属性中，指定打印哪个日期或时间。

（3）页码

打印时会自动应用正确的页码。

(4)自由文本

可以在文本框的属性中输入可自由选择的文本。该文本是静态的，不会受打印时所选文档信息的影响。

(5)图形

在巡视窗口的"图形"属性中选择图像文件，可以使用BMP、JPEG、PNG、EMF 或 GIF 格式的图像。具体做法是从其他文件里添加图形元素，然后在其属性对话框中导入图形文件。

TIA 博途软件集成的框架和封面存储于库中，如图 9-3 所示。在全局库的""中包含可在项目中使用的框架和封面，可以使用拖放操作将框架和封面从系统库移动复制到项目树中，然后根据项目要求，再调整项目树中的框架和封面。也可以将框架和封面从项目树移动到全局库，以便在其他项目中使用。

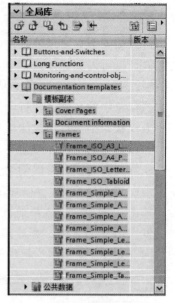

图 9-3 使用库中的框架和封面

9.1.4 文档信息设置

设计好框架和封面之后，可以进一步设计"文档信息"。可以使用系统默认的文档信息，也可以自定义。在文档信息中指定打印框架和封面，也可以创建多个不同的文档信息，以便在打印时快速切换包含不同信息、框架、封面、页面大小和页面方向的文档信息。例如，可以用多种语言生成打印输出，并为每种语言提供不同的文档信息。文档信息可以保存在全局库中以供多个项目使用。

双击项目树中的"文档设置"—"文档信息"—"添加新文档信息"，就可以立即创建新文档信息。在"框架"和"封面"选项下，可以选择用户自定义的框架和封面，如图 9-4 所示。

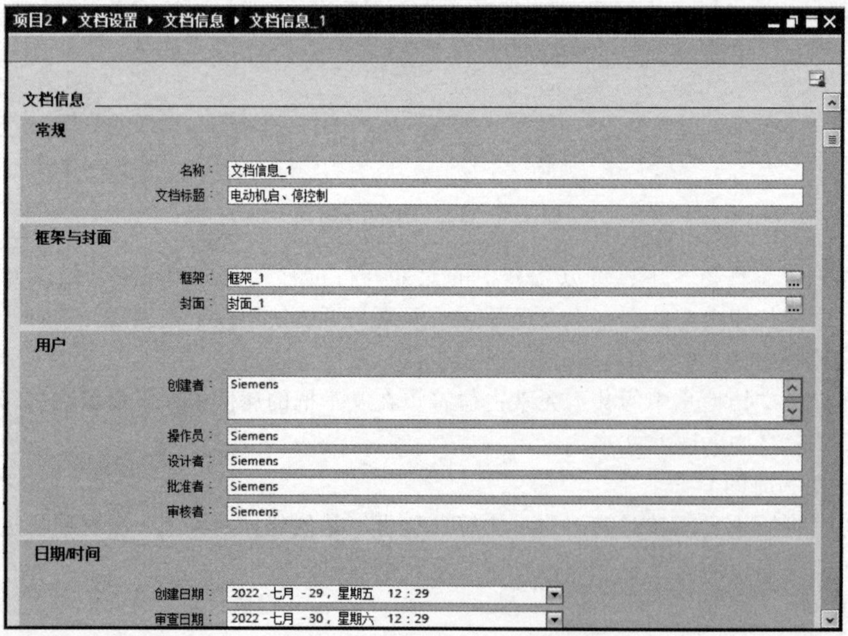

图 9-4 创建新的文档信息

第9章 项目资料的打印与归档

选择软件界面左侧的项目树中的"PLC_1 [CPU 1516F-3 PN/DP]",然后单击"菜单"中打印按钮 或者使用快捷组合键 Ctrl+P,在弹出的"打印"对话框中,可以选择库中的模板或者自定义的文档信息,如图 9-5 所示。

图 9-5 打印版面设置

9.1.5 打印预览

在"项目"菜单中,选择"打印预览"命令,如图 9-6a 所示,将打开"打印预览"对话框,如图 9-6b 所示。在对话框中,可以选择用于打印输出的文档信息;选择"打印对象/

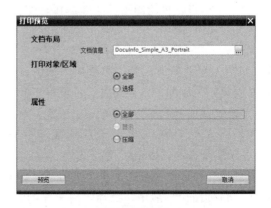

a) 选择打印预览　　　　　　　　　　　b) 打印预览界面

图 9-6 打印预览

255

区域"是编辑器中的所有对象还是选中的对象；在属性中选择"全部"还是"压缩"，"全部"是指打印全部项目数据，"压缩"是指以精简格式打印项目数据。

9.2 归档和恢复项目

用户可以通过创建项目归档来缩小项目的大小。TIA Portal 项目归档都是压缩或解压缩文件，每个归档都包含一整个项目，其中包括项目的整个文件夹结构。在将项目目录压缩成归档文件之前，所有文件将减少至只包含基本组件，从而进一步缩小项目大小。项目归档的文件扩展名为".zap［TIA Portal 的版本号］"。由 TIA Portal V16 创建的项目，文件扩展名为".zap16"。

要打开项目归档，则需对该项目归档进行恢复。通过恢复，可将归档文件及其包含的项目文件都解压缩到项目的初始目录结构中。

9.2.1 项目归档方法

项目的当前项目版本可归档为压缩文件或非压缩文件。为此，待归档的项目不得在 TIA 博途中打开。

归档有 2 种方法：

1. 项目压缩归档方式

TIA 博途软件项目压缩归档就是将项目存储为一个压缩文件，文件包含一个完整项目，即包含项目的整个文件夹结构。在将项目文件压缩成归档文件之前，所有的文集将减少至只包含基本的组件，从而进一步缩小项目的大小，因此项目归档非常适合使用电子邮件进行发送。项目归档的文件扩展名为".Zap［TIA 博途的版本号］"，例如由 TIA 博途 V16 创建的项目归档文件扩展名为".Zap16"。

2. 项目最小化归档方式

可以不对项目文件进行压缩，而是只创建项目副本。副本中所包含的文件只有该项目的基本元素，因而所需的空间会降至最低。这样不仅可以保存项目的完整功能，也可以由 TIA 博途软件直接打开。

要归档一个项目，可按照下列步骤操作：

1）从"项目"菜单中，选择"归档..."命令，打开"归档"对话框，如图 9-7 所示。

2）"归档"对话框中，在"源路径"域中，选择扩展名为".zap16"的项目文件。

3）要创建一个压缩的归档文件，可选择"归档为压缩文件"选项。不选择则以项目最小化归档方式保存项目副本。

4）如果不希望归档搜索索引和 HMI 编译结果，则可选择选项"丢弃可恢复的数据"。必要时，可以恢复丢弃的数据。

5）要自动添加日期和时间信息，可选择"将日期和时间"添加到目标名称中。

6）在"目标路径"域中，选择归档文件的保存目录或该项目的新目录。在"选项"—"设置"—"常规"—"归档的存储设置"—"项目归档的存储位置"中，可设置默认目录。

7）单击"归档"。

图 9-7 恢复归档项目

9.2.2 项目恢复

使用"打开"功能,提取 TIA 博途的项目归档。这将恢复包含所有项目文件的项目目录结构。

要提取项目归档,请按以下步骤操作:

1) 在"项目"菜单中,选择"打开"命令,"打开项目"对话框随即打开。
2) 单击"浏览"。
3) 选择项目归档。
4) 单击"打开"。
5) 选择归档项目解压缩的目标目录。
6) 单击"选择文件夹"。

项目将解压缩到所选择的目录中并立即打开。如果所提取的项目归档中包含采用产品版本 V13 SP1 创建的项目,则可能需要升级该项目。在打开项目时,将立即自动显示该提示信息。

参 考 文 献

[1] 邓则名,程良伦,谢光汉. 电器与可编程控制器应用技术 [M]. 3版. 北京:机械工业出版社,2008.
[2] 陈建明,白磊. 电气控制与PLC原理及应用:西门子S7-1200PLC [M]. 2版. 北京:机械工业出版社,2023.
[3] 崔坚. SIMATIC S7-1500与TIA博途软件使用指南 [M]. 2版. 北京:机械工业出版社,2020.